高等职业教育新业态新职业新岗位系列教材

STM32 应用技术项目实践

马 颖 主 编

电子工业出版社
Publishing House of Electronics Industry
北京·BEIJING

内 容 简 介

本书以 STM32CubeIDE、STM32CubeMX+MDK Keil 两种开发平台为例，介绍 STM32F407 芯片的系统功能和常用外设的编程开发方法，内容包括 STM32 软硬件开发基础、GPIO、外部中断、串行通信、定时器、LCD、PWM 输出、ADC 等。

本书编写力求通俗易懂，针对职业教育特点，采用"项目导向、任务驱动"教学模式构建内容体系，全书由 4 个项目共 13 个任务构成，主要包括开发平台的搭建、软件的使用、基于 HAL 库的 STM32 工程创建和 STM32F4 系统时钟、GPIO 的配置，并基于 STM32F407 开发板实施 LED 控制设计、三人抢答器设计和智能调光灯设计等。书中融入了大量互动式学习内容，读者可以扫描书中的二维码获得开发代码及解决问题的思路等。

本书附有完整的开发代码、PPT 课件及思考练习答案，读者可登录华信教育资源网（www.hxedu.com.cn）注册后免费下载。

本书适用于高等职业教育电子信息类专业学生学习或 STM32 的初学者入门学习。

未经许可，不得以任何方式复制或抄袭本书之部分或全部内容。
版权所有，侵权必究。

图书在版编目（CIP）数据

STM32 应用技术项目实践 / 马颖主编. -- 北京 ：电子工业出版社，2025. 8. -- ISBN 978-7-121-49612-7

Ⅰ．TP368.1

中国国家版本馆 CIP 数据核字第 20253QU402 号

责任编辑：王昭松
印　　刷：天津画中画印刷有限公司
装　　订：天津画中画印刷有限公司
出版发行：电子工业出版社
　　　　　北京市海淀区万寿路 173 信箱　邮编　100036
开　　本：787×1 092　1/16　印张：12.75　字数：326.4 千字
版　　次：2025 年 8 月第 1 版
印　　次：2025 年 8 月第 1 次印刷
定　　价：54.00 元

凡所购买电子工业出版社图书有缺损问题，请向购买书店调换。若书店售缺，请与本社发行部联系，联系及邮购电话：（010）88254888，88258888。

质量投诉请发邮件至 zlts@phei.com.cn，盗版侵权举报请发邮件至 dbqq@phei.com.cn。
本书咨询联系方式：wangzs@phei.com.cn。

前 言

本书是 STM32 开发应用的入门教材。编者通过三年项目教学改革实践，结合高职院校职业技能大赛相关赛项技能要求组织编写本书内容。采用"项目导向、任务驱动"教学模式，精心选择项目载体，将 STM32 软硬件开发基础、GPIO、外部中断、串行通信、定时器、LCD、PWM 输出、ADC 等内容融入各项目。

本书的主要特点如下。

（1）根据高职教学要求，精选 4 个项目，分解为 13 个任务，由浅入深地介绍 STM32 的应用技术。

项目 1 为搭建 STM32 开发环境，介绍 STM32F407 芯片及其开发板资源，两种 STM32 开发软件的安装、使用及程序下载、调试等内容。

项目 2 为 LED 控制设计，介绍 STM32F4 的时钟系统配置、GPIO 输出控制 LED、按键输入控制 LED、USART 串行通信控制 LED 的设计。

项目 3 为三人抢答器设计，该项目是综合设计项目，根据电路功能拆分为三个任务，分别实现按键模块设计、限时抢答设计和显示界面设计，最后将三个任务整合到一起实现完整的抢答器功能设计。

项目 4 为智能调光灯设计，该项目是综合工程设计案例，分别用 PWM 实现调光灯手动模式设计、用 ADC 及传感器测光实现调光灯自动模式设计，以及用 LCD 显示汉字及图片的界面设计，最后将三个任务整合到一起实现智能调光灯的全部功能。

（2）介绍两种 HAL 库开发平台，以满足不同教学场景的使用需求。一是基于 HAL 库开发的 STM32 主流平台 STM32CubeMX。使用该软件进行 STM32 项目建立和初始化配置，可快速生成基于 HAL 库的程序框架，并在 Keil MDK 软件上对代码进行编写和调试，直至完成最终项目开发。二是使用意法半导体公司在 2019 年推出的 STM32CubeIDE 开发平台，它将 STM32CubeMX 和 Keil MDK 集成在一起，不需要安装多个开发平台就可以实现一体化的开发。这两款开发平台紧跟当前 ST 技术发展趋势，可满足不同教学场景需求。

（3）融入高职院校职业技能大赛的技能点考核要求。本书基于职业教育特点，融入职业技能大赛技能点，由浅入深、循序渐进，从简单到复杂，不断提高学习难度，每个项目配有考核评分表和拓展训练，学生可以借此清楚地了解自身学习情况，进而制定有效的改进措施，进行巩固训练，提升职业技能，同时培养思维迁移能力，增强其自学能力及创新能力。

　　本书使用 STM32F4 开发板进行项目设计，在编写过程中参考了正点原子的相关例程及技术资料，也得到了正点原子工程师的技术支持。本书提供教学资源包（包括课件、程序代码、思考练习答案等教学资源），可登录华信教育资源网（www.hxedu.com.cn）免费注册后下载。

　　本书由四川信息职业技术学院马颖主编，在编写过程中得到了四川信息职业技术学院电子与物联网学院领导和同事的支持与帮助，在此表示衷心的感谢。书稿在策划与编辑的过程中，得到了电子工业出版社编辑的帮助，在此表示诚挚的感谢。

　　限于编者水平，本书在内容取舍、编写方面难免存在疏漏之处，恳请读者批评指正，编者邮箱：370129952@qq.com。

编　者

目 录

项目 1　搭建 STM32 开发环境　1

任务 1.1　认识 STM32F4 开发板　2
任务描述　2
任务学习　2
1.1.1　初识 STM32　2
1.1.2　认识 STM32F407 芯片　3
1.1.3　认识 STM32F4 开发板　8
任务实施　9
步骤 1：搜集芯片数据手册及开发板的相关资料　9
步骤 2：查找 STM32F4 开发板的连接外设的引脚　9

任务 1.2　安装 STM32 开发软件　10
任务描述　10
任务学习　11
1.2.1　STM32 的开发方式　11
1.2.2　STM32 的开发软件　11
任务实施　12
步骤 1：检查 Java 运行环境　12
步骤 2：安装 CubeIDE 软件　13
步骤 3：安装 CubeMX 软件及固件包　14
步骤 4：安装 Keil MDK 软件及固件包　16

任务 1.3　创建 STM32 工程　19
任务描述　19
任务学习　19
1.3.1　认识主要项目文件及 CMSIS 标准　19
1.3.2　LED 的硬件电路及其 GPIO 配置　21
任务实施 1：CubeMX 软件工程配置　22
步骤 1：选芯片新建工程，认识软件界面　22

V

       步骤 2：配置系统时钟 ·· 24
       步骤 3：配置 GPIO ·· 27
       步骤 4：生成初始化代码 ·· 28
     任务实施 2：在 Keil MDK 软件中编写控制 LED 的代码 ································· 30
       步骤 1：认识 Keil MDK 软件界面，设置输出 hex 文件 ································ 30
       步骤 2：Keil MDK 软件的几个设置技巧 ··· 32
       步骤 3：编写控制 LED 闪烁的代码 ··· 34
     任务实施 3：使用 CubeIDE 配置工程，编写代码 ·· 35
       步骤 1：创建 STM32 工程 ··· 35
       步骤 2：配置系统时钟和 GPIO ·· 38
       步骤 3：生成初始化代码，认识编辑界面 ··· 38
       步骤 4：编写控制 LED 亮灭的代码 ··· 43
       步骤 5：设置输出 hex 文件 ·· 43

  任务 1.4　程序下载与调试 ·· 44
     任务描述 ·· 44
     任务学习 ·· 44
       1.4.1　STM32F4 的程序下载方式 ·· 44
       1.4.2　开发板的串口一键下载电路 ··· 45
     任务实施 ·· 46
       步骤 1：安装 CH340 串口驱动程序 ··· 46
       步骤 2：使用 FlyMcu 软件实现串口下载 ·· 47
       步骤 3：安装 ST-LINK 驱动程序 ··· 48
       步骤 4：在 Keil MDK 软件中使用 ST-LINK 下载程序 ································ 50
       步骤 5：在 CubeIDE 软件中使用 ST-LINK 下载程序 ································· 52
     拓展训练：声光报警器设计 ·· 53
  项目评价 ··· 55
  思考练习 ··· 55

项目 2　LED 控制设计 ·· 57

  任务 2.1　8 位跑马灯设计 ·· 58
     任务描述 ·· 58
     任务学习 ·· 58
       2.1.1　STM32F4 的时钟系统及其初始化函数 ··· 58
       2.1.2　STM32F4 的 GPIO 及其配置 ··· 61
       2.1.3　GPIO 相关的 API 函数 ·· 64
     任务实施 ·· 66

步骤 1：8 位跑马灯硬件电路设计 ……………………………………………… 66
　　步骤 2：CubeMX 工程配置 …………………………………………………… 67
　　步骤 3：查看和分析项目初始化配置代码 …………………………………… 68
　　步骤 4：编写 LED 控制函数 …………………………………………………… 70
　　步骤 5：上板验证跑马灯功能 ………………………………………………… 72
　拓展训练：循环点亮 RGB 灯 …………………………………………………… 73

任务 2.2　按键控制 LED 设计 …………………………………………………… 74
　任务描述 …………………………………………………………………………… 74
　任务学习 …………………………………………………………………………… 75
　　2.2.1　按键工作原理 ………………………………………………………… 75
　　2.2.2　独立按键输入检测函数设计 …………………………………………… 76
　任务实施 …………………………………………………………………………… 77
　　步骤 1：硬件电路设计 ………………………………………………………… 77
　　步骤 2：CubeMX 工程配置 …………………………………………………… 78
　　步骤 3：创建外设驱动文件，添加文件路径 ………………………………… 79
　　步骤 4：编写按键检测函数及 LED 宏函数 ………………………………… 85
　　步骤 5：实现按键控制 LED 设计 …………………………………………… 87
　拓展训练：按键控制 RGB 灯 …………………………………………………… 88

任务 2.3　串口控制 LED 设计 …………………………………………………… 88
　任务描述 …………………………………………………………………………… 88
　任务学习 …………………………………………………………………………… 89
　　2.3.1　串行通信概述 ………………………………………………………… 89
　　2.3.2　异步串行通信协议 ……………………………………………………… 90
　　2.3.3　串口操作的 HAL 库相关函数 ………………………………………… 92
　技能训练 1：串口发送信息 ……………………………………………………… 92
　　步骤 1：硬件电路设计 ………………………………………………………… 92
　　步骤 2：串口 CubeMX 工程配置 ……………………………………………… 93
　　步骤 3：复制外设驱动文件，添加文件路径 ………………………………… 96
　　步骤 4：分析串行通信配置代码 ……………………………………………… 97
　　步骤 5：添加串口重定向代码 ………………………………………………… 98
　　步骤 6：实现串口发送功能 …………………………………………………… 99
　技能训练 2：串口发送及接收信息 ……………………………………………… 100
　　步骤 1：复制串口通信工程 …………………………………………………… 100
　　步骤 2：编写串口接收信息功能代码 ………………………………………… 101
　　步骤 3：下载调试串口发送及接收信息功能 ………………………………… 103
　任务实施 …………………………………………………………………………… 103
　　步骤 1：编写串口控制 LED 代码 …………………………………………… 103

步骤 2：下载程序并测试串口控制 LED 功能 ········· 104
拓展训练：串口控制 RGB 灯 ········· 105
项目评价 ········· 106
思考练习 ········· 106

项目 3 三人抢答器设计 ········· 108

任务 3.1 三人抢答器按键模块设计 ········· 109

任务描述 ········· 109
任务学习 ········· 109
3.1.1 中断概述 ········· 109
3.1.2 NVIC 中断优先级 ········· 111
3.1.3 EXTI 外部中断 ········· 111
3.1.4 EXTI 相关 HAL 函数 ········· 113
任务实施 ········· 113
步骤 1：外部中断按键引脚配置 ········· 113
步骤 2：CubeMX 工程配置 ········· 114
步骤 3：外部中断按键代码设计 ········· 115
拓展训练 1：给三人抢答器添加三个选手指示灯 ········· 117
拓展训练 2：通过外部中断方式实现按键控制 RGB 灯 ········· 118

任务 3.2 三人抢答器限时抢答设计 ········· 118

任务描述 ········· 118
任务学习 ········· 119
3.2.1 STM32 定时器概述 ········· 119
3.2.2 通用定时器 ········· 121
3.2.3 基本定时器 ········· 123
3.2.4 定时器的 HAL 驱动函数 ········· 124
技能训练：通用定时器设计 ········· 125
步骤 1：通用定时器参数计算 ········· 125
步骤 2：通用定时器 CubeMX 工程配置 ········· 125
步骤 3：实现通用定时器控制 LED 闪烁 ········· 128
任务实施 ········· 129
步骤 1：基本定时器参数计算 ········· 129
步骤 2：基本定时器 CubeMX 工程配置 ········· 129
步骤 3：限时抢答代码设计及浮点数输出 ········· 130

任务 3.3 三人抢答器显示界面设计 ········· 134

任务描述 ········· 134

任务学习 ·· 134
　　　3.3.1　TFTLCD 概述 ··· 134
　　　3.3.2　FSMC 简介 ·· 136
　　技能训练：TFTLCD 显示 ··· 139
　　　步骤 1：连接 TFTLCD 硬件电路 ····································· 140
　　　步骤 2：TFTLCD 的 CubeMX 工程配置 ···························· 141
　　　步骤 3：分析代码，移植 LCD 驱动文件 ···························· 142
　　　步骤 4：编写 TFTLCD 显示代码 ····································· 148
　　任务实施 ·· 149
　　　步骤 1：复制工程 ·· 149
　　　步骤 2：编写代码 ·· 149
　　拓展训练 1：在 TFTLCD 上显示自己设计的 LOGO ················ 151
　　拓展训练 2：添加 48 号字体在 LCD 显示 ····························· 152
　　项目整体实施 ··· 153
　　　步骤 1：三人抢答器工程配置 ·· 153
　　　步骤 2：移植三人抢答器显示界面代码 ····························· 154
　　　步骤 3：下载程序，检测三人抢答器整体功能 ···················· 155
　　项目评价 ·· 155
　　思考练习 ·· 156

项目 4　智能调光灯设计 ·· 157

　任务 4.1　调光灯手动模式设计 ··· 158
　　任务描述 ·· 158
　　任务学习 ·· 158
　　　4.1.1　PWM 工作原理 ·· 158
　　　4.1.2　PWM 相关的 HAL 函数 ·· 160
　　任务实施 ·· 161
　　　步骤 1：PWM 参数计算 ··· 161
　　　步骤 2：PWM 的 CubeMX 工程配置 ································· 161
　　　步骤 3：实现按键调光灯设计 ·· 163
　　拓展训练：使用 USB_LED 设计按键调光灯 ·························· 165
　任务 4.2　调光灯自动模式设计 ··· 167
　　任务描述 ·· 167
　　任务学习 ·· 168
　　　4.2.1　STM32F4 的 ADC ·· 168
　　　4.2.2　光敏传感器 ··· 170

  技能训练：光敏传感器及 ADC 检测 171
    步骤 1：硬件电路设计 171
    步骤 2：ADC 的 CubeMX 工程配置 172
    步骤 3：编写光敏传感器实现代码 173
  任务实施 176
    步骤 1：配置工程，编写 ADC 代码 176
    步骤 2：编写主函数代码 176
    步骤 3：下载程序，测试功能 178

任务 4.3　汉字及图片的 LCD 界面设计 178
  任务描述 178
  任务学习 179
    4.3.1　汉字显示原理 179
    4.3.2　图片显示格式 180
  技能训练 1：汉字显示设计 181
    步骤 1：通过 PCtoLCD 2002 软件进行汉字取模 181
    步骤 2：编写显示汉字的应用函数 182
    步骤 3：编写汉字显示代码 183
  技能训练 2：图片显示设计 183
    步骤 1：添加图片显示驱动文件 183
    步骤 2：通过 Image2Lcd 软件进行图片取模 184
    步骤 3：编写代码实现图片显示 185
  任务实施 185
    步骤 1：对 ASCII 码取模 48 号字符集 185
    步骤 2：在主函数中编写智能调光灯 LCD 显示的代码 185

项目整体实施 187
  步骤 1：复制工程，移植 LCD 文件 188
  步骤 2：添加汉字及图片的 LCD 界面设计相关代码 188
  步骤 3：上板测试 189

项目评价 189

思考练习 190

附录 A　开发板部分电路原理图 191

参考文献 194

项目 1　搭建 STM32 开发环境

项目描述

本项目将介绍 STM32F407 芯片（见图 1-1）的功能、特点、内部结构，以及 STM32F4 开发板的基本结构和硬件电路。

开发环境可以使用 STM32CubeIDE（以下简称 CubeIDE）软件，也可以使用 STM32CubeMX（以下简称 CubeMX）+Keil MDK 软件实现。本项目将介绍这两种开发环境搭建的过程；使用 CubeMX 软件或 CubeIDE 软件创建一个 STM32 工程，编写点亮 LED 的代码；通过串口和 ST-LINK 下载程序到开发板进行功能调试，测试整个 STM32 开发环境是否搭建成功。

图 1-1　STM32F407 芯片

任务 1.1　认识 STM32F4 开发板

任务描述

【任务要求】

了解 STM32F407 芯片的功能、特点、内部结构，以及 STM32F4 开发板的基本结构；识读 STM32F4 开发板的硬件电路原理图；会查找各个外设连接的引脚及端口。

【学习目标】

知识目标	技能目标	素质目标
➢ 能说出 STM32F407 芯片的功能、特点、内部结构 ➢ 能根据芯片的型号，说出芯片的特点 ➢ 能识读 STM32F4 开发板的硬件电路原理图，说出几个常用外设的连接电路	➢ 会搜集 STM32F407 芯片的数据手册、中文参考手册 ➢ 会查找 STM32F4 开发板的相关资料，如原理图、开发指南、学习视频等 ➢ 能根据 STM32F4 开发板的原理图及资料，配置各个外设连接的引脚及端口	➢ 树立数字化意识 ➢ 培养信息检索能力和专业探索能力

任务学习

1.1.1　初识 STM32

STM32 是意法半导体公司（STMicroelectronics）基于 ARM 公司 Cortex-M 内核设计生产的一系列 32 位微控制器。

STM32 以其性能高、功耗低、外设一流、简单易用等特点在近几年迅速发展，占领了很大市场，得到了很多开发者的青睐。STM32 自带各种常用通信接口，如 USART（Universal Synchronous/Asynchronous Receiver/Transmitter，通用同步/异步串行接收/发送器）、IIC（Inter-Integrated Circuit）、SPI（Serial Peripheral Interface，串行外设接口）等，可以连接多种传感器，可以控制很多设备，其应用领域包括工业控制、医疗电子产品、消费电子产品、通信系统、网络系统、无线移动应用等。

STM32 有很多系列，根据内核划分，有 Cortex-M0（L0、F0、G0 系列）、Cortex-M3（L1、F1、F2 系列）、Cortex-M4（F3、F4 系列）、Cortex-M7（F7、H7 系列）和 Cortex-A7（MP1 系列）。微控制单元（Microcontroller Unit，MCU）一般只有一个处理器内核，可分为无线 MCU、超低功耗 MCU、主流 MCU 和高性能 MCU。同时集成 Cortex-M4 和 Cortex-A7

的是双核微处理器（Microprocessor Unit，MPU）。基于 Cortex 内核的 STM32 MCU 和 MPU 如图 1-2 所示，图中显示了 STM32 系列芯片的最大工作频率、内核及各类 MCU 的 CoreMark 测试值。

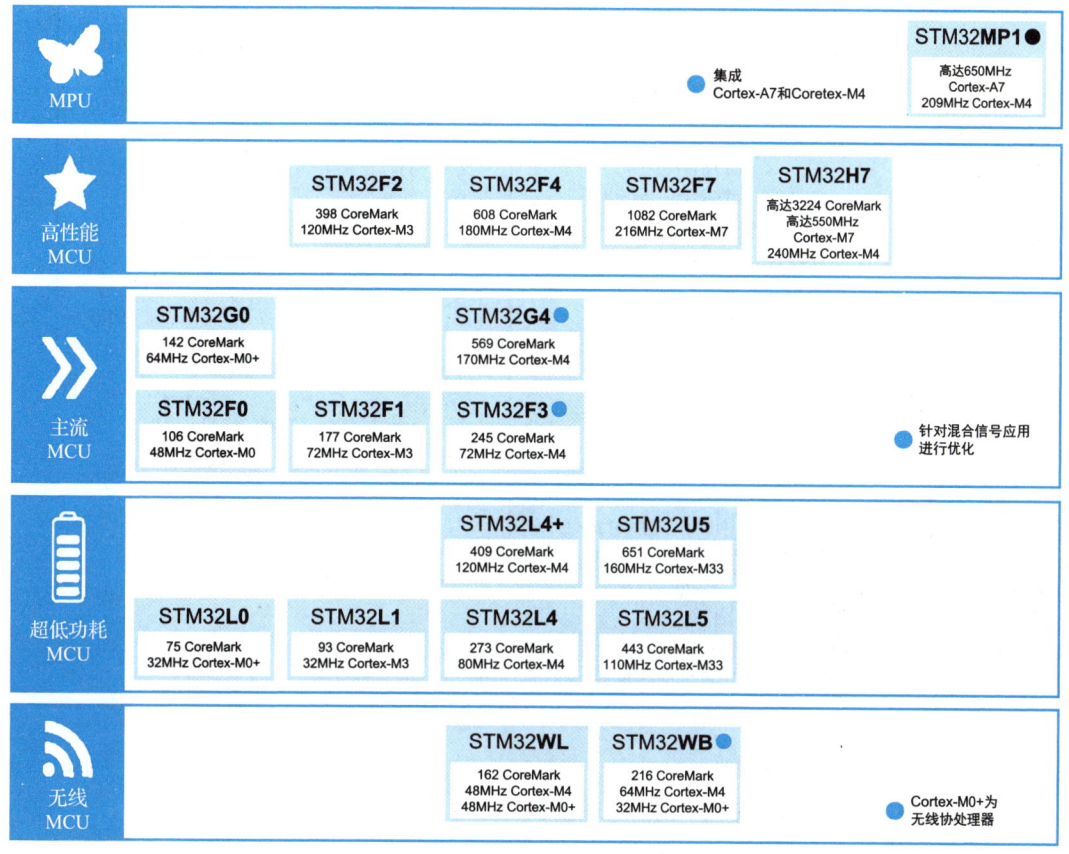

图 1-2　基于 Cortex 内核的 STM32 MCU 和 MPU

CoreMark 是由 EEMBC（Embedded Microprocessor Benchmark Consortium，嵌入式微处理器 Benchmark 联盟）提出的 MCU 性能测试标准，包含多种不同的计算任务，不仅包括浮点数、整数、缓存、内存等方面的测试，还提供了一套测试单核处理器核心的方法，测试的数字值越大，说明测试的 MCU 性能越好。

STM32 系列产品型号命名规则：ST 表示意法半导体公司；M 是微控制器对应英文 Microcontroller 的首字母；32 表示 32 位微控制器，其余参数含义如图 1-3 所示。

1.1.2　认识 STM32F407 芯片

本书配套的开发板选择 STM32F407ZGT6 作为主控芯片，其详细功能可查阅 STM32F407 数据手册。STM32F407 的内部功能分块结构如图 1-4 所示。

1. STM32F407 的主要功能及参数

这里简要介绍 STM32F407 的主要功能及参数。

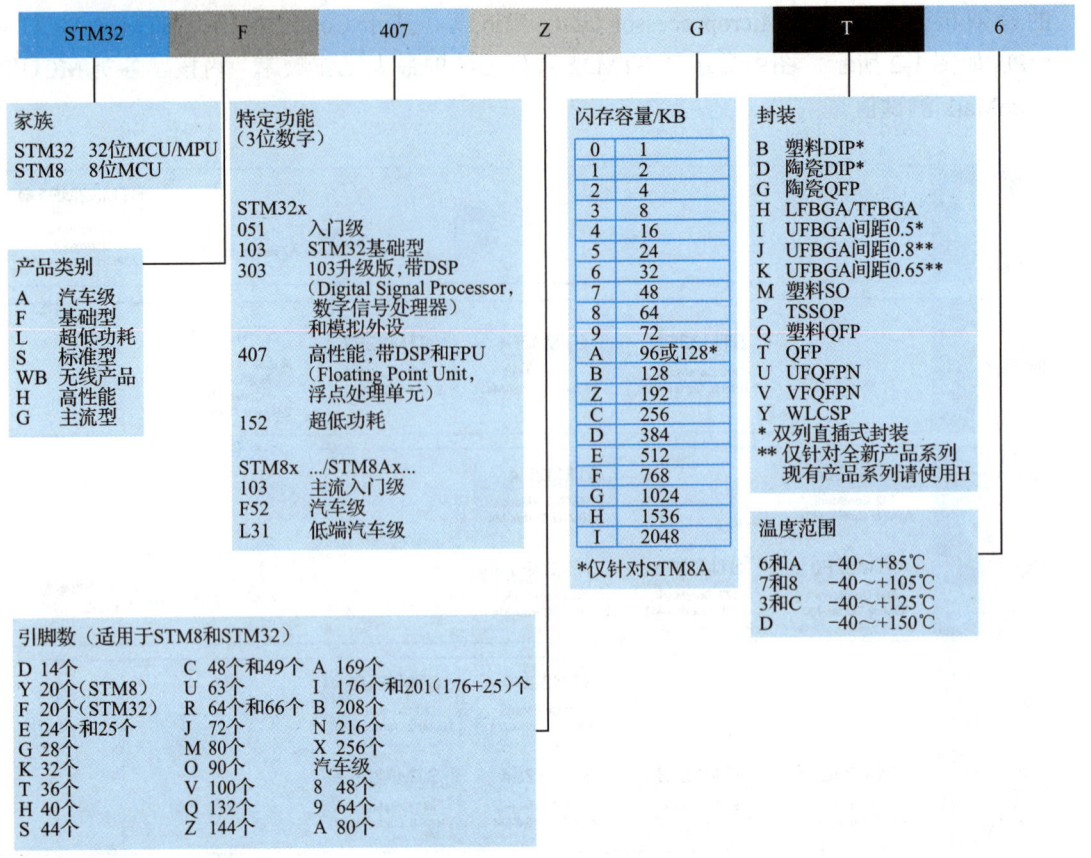

图 1-3　STM32 系列产品型号命名规则

❶ 内核：
- 配备 32 位高性能 Cortex-M4 处理器。
- CPU 的最高主频为 168MHz。
- 带有 FPU，支持 DSP 指令集。

❷ 引脚及 GPIO：
- STM32F407 共有 144 个引脚。
- GPIO 包含 7 组端口 [组别用符号 A～G 表示，简称为 PAx、PBx……PGx（x 取值为 0～15），每组有 16 个 I/O 引脚] 和 2 个 H 组端口（PH0 和 PH1），共 114 个 GPIO 引脚，大部分 GPIO 引脚（模拟通道除外）都耐 5V 电压。
- 支持调试 SWD 接口和 JTAG 接口，在调试 SWD 接口时只需要 2 根数据线。

❸ 存储器：配置 128KB SRAM、1024KB FLASH。

❹ 时钟、复位和电源管理：
- 芯片工作电压是 1.8～3.6V。
- 内置上电复位模块，有掉电复位功能和可编程电压监控器。
- 时钟系统有 5 个时钟源，分别为 HSI（High Speed Internal Clock Signal，高速内部时钟源）、HSE（High Speed External Clock Signal，高速外部时钟源）、LSI（Low Speed Internal Clock Signal，低速内部时钟源）、LSE (Low Speed External Clock Signal，低速外部时钟源）、PLL（锁相环倍频输出）。

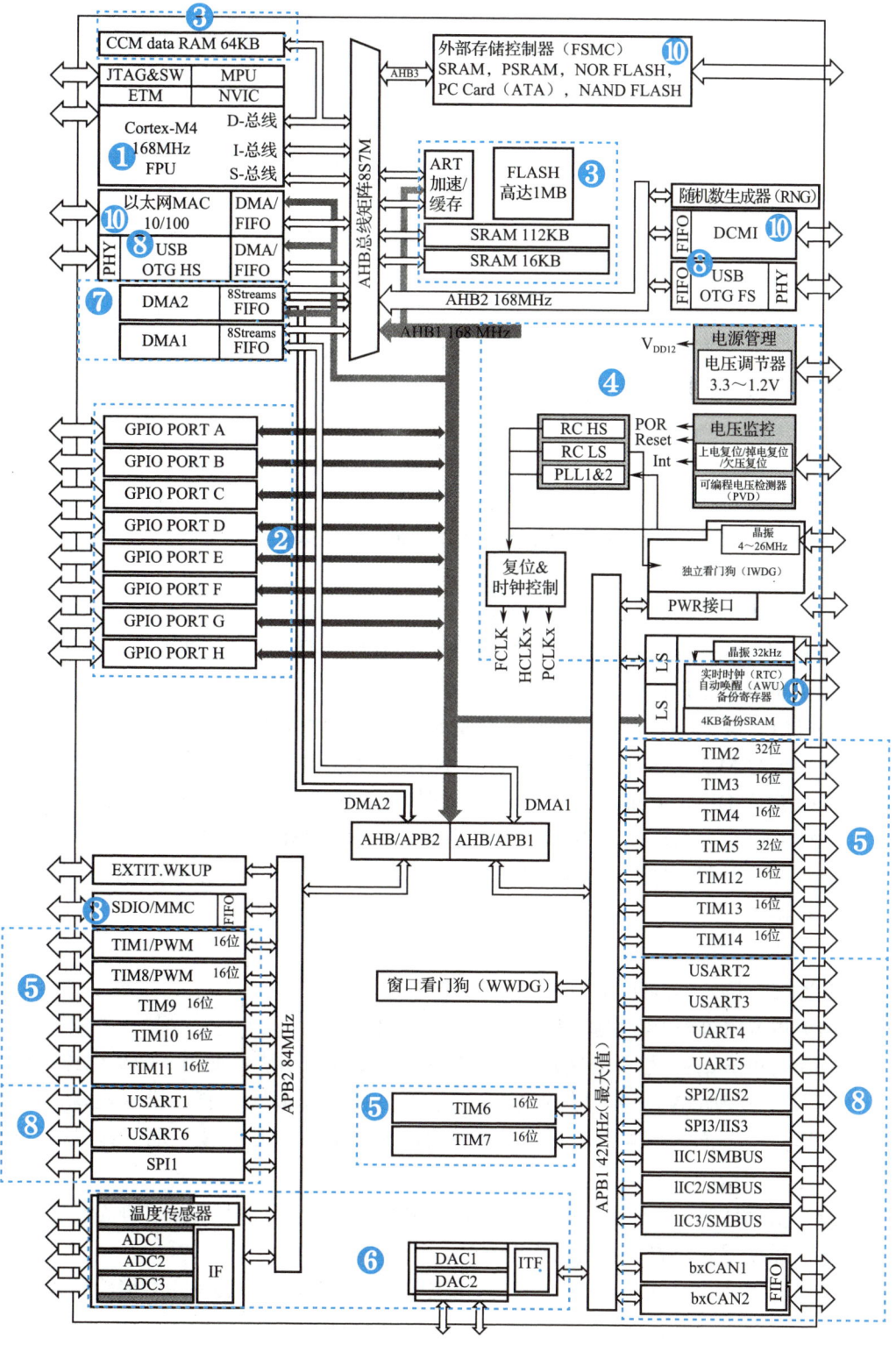

图 1-4　STM32F407 的内部功能分块结构

❺ 定时器:
- 10 个通用定时器(其中 2 个是 32 位的,其余是 16 位的)。
- 2 个 16 位基础定时器。
- 2 个 16 位高级定时器。

❻ ADC(Analog to Digital Converter,模数转换器)和 DAC(Digital to Analog Converter,数模转换器):
- 3 个 12 位 ADC,多达 24 个外部测试通道,内部通道可以用于内部温度测量。
- 2 个 12 位 DAC。

❼ DMA(Direct Memory Access,直接内存访问)控制器:共 2 个。2 个控制器共有 16 个通道,带 FIFO(First Input First Output,先进先出)模式和突发模式。

❽ 通信接口:多达 17 个,具体如下。
- 3 个 SPI。
- 3 个 IIC。
- 6 个串口 USART/UART。
- 1 个 SDIO(Secure Digital Input and Output,安全数字输入输出)。
- 2 个 CAN。
- 2 个 USB(支持 HOST /SLAVE)。

❾ RTC(Real Time Clock,实时时钟):有日历功能,精度可达亚秒级别。

❿ 其他外设接口:
- FSMC(Flexible Static Memory Controller,可变静态存储控制器)接口 1 个,支持 SRAM、PSRAM、NOR FLASH PC Card、NAND FLASH。
- DCMI(Digital Camera Interface,数字摄像头接口)1 个,最高传输速度为 54MB/s。
- 10/100M 以太网 MAC 接口 1 个,要使用专用的 DMA 控制器。

LQFP144 封装的 STM32F407ZGT6 引脚图如图 1-5 所示,各引脚的详细定义参见 STM32F407ZGT6 数据手册。

2. 引脚分类

STM32F407ZGT6 的引脚主要分为三大类,具体如下。

(1)电源引脚。电源引脚用于连接各种电源和地。

① V_{DD} 引脚、V_{SS} 引脚分别是数字电源引脚和数字地引脚,使用 +3.3V 电源供电。

② V_{DDA} 引脚、V_{SSA} 引脚分别是模拟电源引脚和模拟地引脚。模拟电源为 ADC 和 DAC 供电,简化的电源电路设计中用 V_{DD} 引脚连接 V_{DDA} 引脚。模拟地引脚和数字地引脚必须共地。

③ V_{REF+} 引脚是 ADC 参考电压引脚,简化的电源电路设计中用 V_{DD} 引脚连接 V_{REF+} 引脚。这里也可以使用专门的参考电压芯片为 V_{REF+} 引脚供电。

④ V_{BAT} 引脚是备用电源引脚,可以在主电源掉电的情况下为备用存储器和 RTC 供电,一般使用 1 个纽扣电池作为备用电源。

⑤ V_{CAP_1} 引脚和 V_{CAP_2} 引脚是芯片内部 1.2V 域调压器用到的 2 个引脚,需要分别接 1 个 2.2μF 电容后接地。

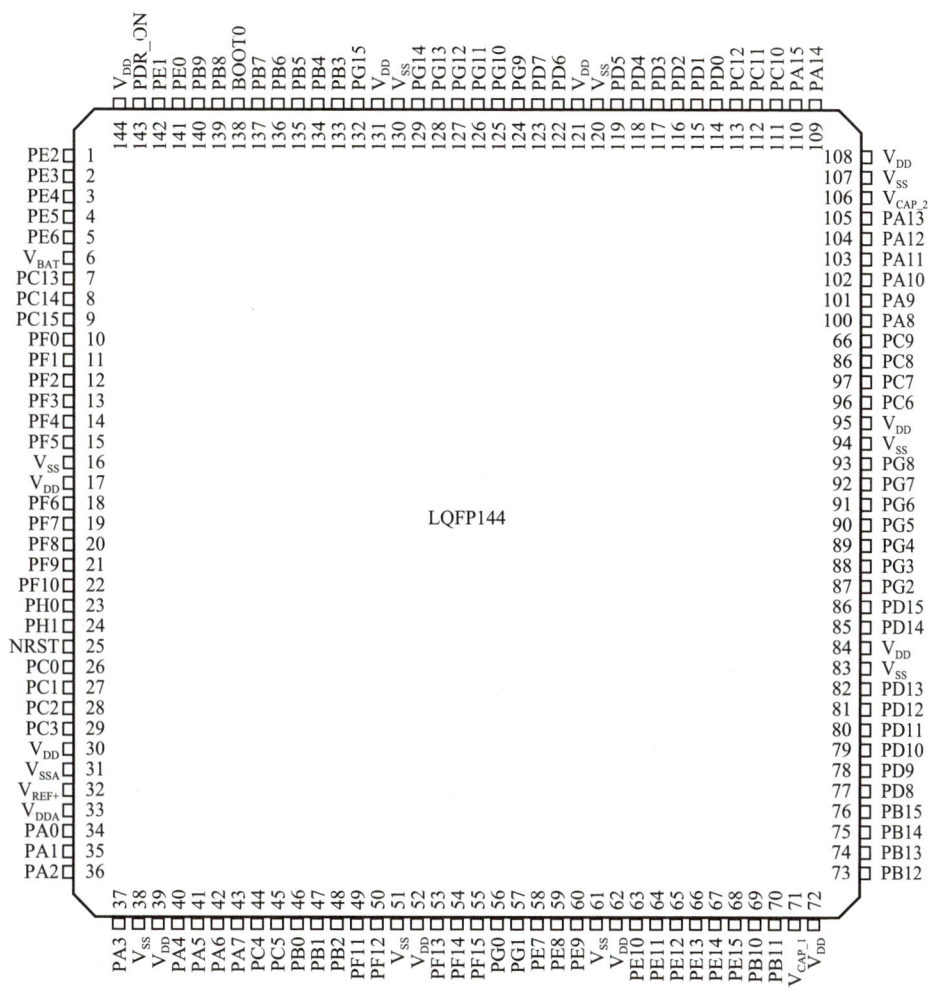

图 1-5　LQFP144 封装的 STM32F407ZGT6 引脚图

（2）GPIO 引脚。GPIO 引脚共有 114 个，可以作为普通输入或输出引脚，也可以复用为各种外设的引脚；可分为 7 组端口（从 PA 到 PG）（每组 16 个引脚，如 PA0～PA15）和 2 个 H 组的端口——PH0 和 PH1（这 2 个端口一般用来接外部高速晶振）。

STM32F407 绝大部分 GPIO 引脚兼容 5V 电平，具体哪些引脚兼容可查看芯片数据手册。凡是引脚定义有"FT"标志的，都是兼容 5V 电平的 GPIO 引脚，这类 GPIO 引脚可以直接接 5V 的外设。

【注意】如果引脚被设置为模拟输入模式，则不能接 5V 电平！

（3）系统功能引脚。除了电源引脚和 GPIO 引脚，STM32F407ZGT6 还有一些具有特定功能的引脚。

① 系统复位引脚 NRST：低电平复位。

② 自举配置引脚 BOOT0：可以配置不同的自举模式。

③ PDR_ON 引脚：在接高电平时会开启内部电源电压监测功能。

1.1.3 认识 STM32F4 开发板

本书使用的是正点原子探索者 STM32F407 开发板，其资源图如图 1-6 所示。

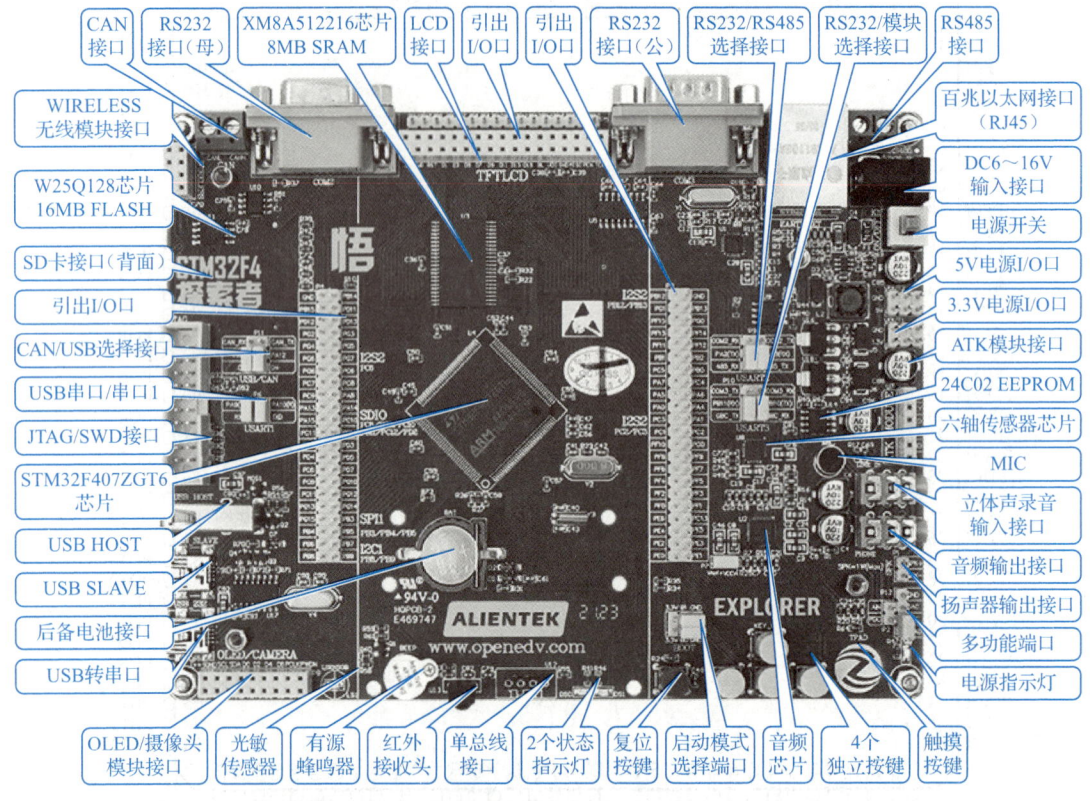

图 1-6　正点原子探索者 STM32F407 开发板资源图

STM32F4 开发板板载的主要资源如下。

◆ CPU：STM32F407ZGT6 芯片，封装形式为 LQFP144，FLASH 容量是 1024KB，SRAM 容量是 192KB。

- 外扩 SRAM：采用容量是 1MB 的 XM8A51216 芯片。
- 外扩 SPI FLASH：采用容量是 16MB 的 W25Q128 芯片。
- 1 个电源指示灯（蓝色）、2 个状态指示灯（DS0：红色；DS1：绿色）。
- 1 个有源蜂鸣器，1 个录音头（MIC）。
- 1 个光敏传感器，1 个红外接收头，并配备一款小巧的遥控器。
- 1 个 EEPROM：型号是 24C02，容量是 256B。
- 1 个六轴传感器芯片：型号是 MPU6050。
- 1 个音频芯片：型号为 WM8978。
- 1 个 2.4GHz 无线模块接口，支持 NRF24L01 无线模块。
- 1 个 CAN 接口（采用 TJA1050 芯片），1 个 RS485 接口（采用 SP3485 芯片）。
- 2 个 RS232 接口（一对公母）（采用 SP3232 芯片）。
- 1 路单总线接口，支持 DS18B20/DHT11 等单总线传感器。

- 1个ATK模块接口，支持正点原子的蓝牙/GPS模块。
- 1个标准的2.4/2.8/3.5/4.3/7寸（1寸=3.33cm）LCD（Liquid Crystal Display，液晶显示器）接口，支持电阻/电容触摸屏。
- 3组引出I/O口，分别在LCD接口上方和LCD左右两侧。
- 1个OLED/摄像头模块接口。
- 1个USB串口，用于程序下载和代码调试。
- 1个USB SLAVE，用于USB从机通信。
- 1个USB HOST，用于USB主机通信。
- 1个RS232/RS485选择接口，1个RS232/模块选择接口。
- 1个CAN/USB选择接口，1个SD卡接口（在开发板背面）。
- 1个百兆以太网（RJ45）接口。
- 1个串口选择接口，1个JTAG/SWD接口。
- 1个音频输出接口，1个立体声录音输入接口。
- 1个扬声器输出接口，可接1W左右的小喇叭。
- 1组多功能端口（DAC/ADC/PWM DAC/AUDIO IN/TPAD），同时可作为参考电压设置接口。
- 1组5V电源I/O口，1组3.3V电源I/O口。
- 1个直流电源（DC6～16V）输入接口，1个RTC后备电池接口。
- 1个复位按键（复位MCU和LCD），1个启动模式选择接口。
- 4个独立按键，其中KEY_UP（WK_UP）兼具唤醒功能。
- 1个触摸按键。
- 1个电源开关，用于控制整个开发板的电源。

任务实施

步骤1：搜集芯片数据手册及开发板的相关资料

通过ST官网或其他网络渠道下载STM32F407的数据手册、中文参考手册；通过正点原子官网，下载STM32F4开发板相关资料，具体如下。

（1）开发板的电路原理图。
（2）开发板的引脚分配表。
（3）STM32F4开发指南-HAL（Hardware Abstraction Layer，硬件抽象层）库版本。
（4）其他学习资料，如视频、演示文档等。

步骤2：查找STM32F4开发板的连接外设的引脚

为STM32F4开发板接电源，如图1-7所示。开发板既可以使用12V/1A的电源适配器供电，也可以使用USB数据线通过计算机供电（注意，USB数据线接USB_232接口）。

按下右上角的电源开关，此时开发板右下角的蓝色电源指示灯会亮。

根据STM32F4开发板的电路原理图或引脚分配表，查找各个外设连接的引脚及GPIO名称，填写表1-1。

USB_232
接口

图 1-7 STM32F4 开发板上电检查

表 1-1 STM32F4 开发板的连接外设的引脚及端口

外设	GPIO 名称	引脚号	外设	GPIO 名称	引脚号
LED0（红色）			按键 KEY0		
LED1（绿色）			按键 KEY1		
蜂鸣器 BEEP			按键 KEY2		
红外接收端 REMOTE			按键 KEY_UP		
光敏传感器 LIGHT_SENSOR			USB 接口的电源控制引脚 USB_PWR		
温湿度传感器接口 DHT11、DS18B20			OLED/CAMERA 接口的 D1 引脚		

任务 1.2 安装 STM32 开发软件

任务描述

【任务要求】

本任务的 STM32 开发环境可以使用 CubeIDE 软件实现，也可以使用 CubeMX+Keil MDK 两个软件共同实现，选择其中一种开发平台来进行 STM32 开发设计。

（1）使用 CubeIDE 软件，下载并安装该软件。
（2）分别下载、安装 CubeMX 软件和 Keil MDK 软件。

项目 1　搭建 STM32 开发环境

【学习目标】

知识目标	技能目标	素质目标
➢ 了解 STM32 开发使用的软件 ➢ 能说出使用 CubeIDE 软件开发 STM32，以及使用 CubeMX+Keil MDK 软件开发 STM32 的特点	➢ 能从官网下载最新版的 CubeIDE 软件，并正确安装 ➢ 能从官网下载 CubeMX 软件和 Keil MDK 软件，并正确安装软件及其固件包	➢ 能够分析并解决软件安装过程中出现的问题，具有较强的动手能力和解决问题的能力 ➢ 具有较强的沟通协调能力和良好的团队合作能力

任务学习

1.2.1　STM32 的开发方式

STM32 目前有三种开发方式：寄存器配置、标准外设库（库函数）、HAL 库。

1. 寄存器配置

寄存器配置开发方式较麻烦，每个设置都要查看芯片的数据手册，开发难度很大。目前很少采用这种开发方式。

2. 标准外设库（库函数）

标准外设库（库函数）是基于寄存器版本进行二次封装后推出的开发方式，它的优势是使用方便。目前使用最多的 ST 库几乎全部使用 C/C++ 实现，不再需要手动配置寄存器。但是，库函数是针对某一系列芯片而言的，没有可移植性。

3. HAL 库

HAL 库是意法半导体公司提供的标准库，是用来取代之前的标准外设库的。相比标准外设库，HAL 库便于定义一套通用的用户友好的 API（Application Programming Interface，应用程序编程接口），可以轻松实现从一个 STM32 产品移植到另一个系列不同的 STM32 产品。HAL 库是意法半导体公司未来主推的库。从 2020 年开始意法半导体公司新出的芯片就已经没有标准外设库了，如 F7 系列。目前，HAL 库已经支持 STM32 全线产品。

1.2.2　STM32 的开发软件

1. Keil MDK 软件

Keil 软件是由德国 Keil 公司（2005 年被 ARM 公司收购）开发的微控制器软件开发平台，目前是 ARM 内核单片机开发的主流工具。Keil 软件提供了包括 C 编译器、宏汇编、连接器、库管理和一个功能强大的仿真调试器在内的完整开发方案，这些功能通过一个集成开发环境（μVision）组合在一起。μVision 具有界面相似、界面友好、易学易用的特点，在调试程序、软件仿真方面也有很强大的功能。

使用 Keil MDK 5 软件可以采用标准外设库开发 ARM 内核单片机，也可以采用 HAL 库开发 ARM 内核单片机，但无论采用哪种方式，都需要下载对应芯片的固件安装包文件。若使用标准外设库开发 ARM 内核单片机，则需要移植工程文件，自行编写设备驱动代码，整个开发过程的代码编写较为烦琐。若使用 HAL 库开发 ARM 内核单片机，并搭配使用 CubeMX 软件创建工程，则可以大大降低开发难度。

2. CubeMX 软件

基于 HAL 库开发的主流软件是 CubeMX，该软件是意法半导体公司推出的图形化配置工具，通过简单的操作便能实现相关配置，能生成 C/C++ 代码，支持多种工具链。但是 CubeMX 软件只能用于快速生成工程模板，要进行工程代码编辑仍然要在 Keil MDK 软件中实现，即使这样也比基于标准库的 MDK 开发移植方便许多。

3. CubeIDE 软件

意法半导体公司在 2019 年推出了一款免费的多功能集成的开发工具 CubeIDE，它集成了 True Studio 软件和 CubeMX 软件，它是 STM32Cube 软件生态系统的一部分，不需要安装多个开发平台即可实现一体化开发；沿用了 CubeMX 软件的图形化配置工具，能大大减少编写底层驱动代码的烦琐工作，这也是意法半导体公司关于这款开发软件未来主推的方向，目前在不断推出更新。

CubeIDE 软件是一个先进的 C/C++ 开发平台，具有 STM32 的 IP 配置、代码生成、代码编译和调试功能。它的主要特点如下。

（1）内部集成了 CubeMX 软件。
- 可选择各种型号的 STM32。
- 可进行图形化的引脚配置、时钟配置、IP 配置、中间件配置等操作。
- 可创建项目，生成初始化代码。

（2）提供基于 Eclipse-CDT 框架的集成开发环境。
- 支持使用 Eclipse 插件。
- 使用 GNU C/C++ 编译器，支持用 C/C++ 进行编程。
- 支持使用 GNU C/C++ 编译器中的 ARM 工具链和 GDB。

（3）提供其他高级调试功能。
- 具有 CPU、IP 寄存器和内存视图功能。
- 具有实时变量监视功能。
- 具有系统分析和实时跟踪功能。
- 支持使用 ST-LINK 和 J-LINK 调试探头。

任务实施

步骤 1：检查 Java 运行环境

若想安装 STM32Cube 软件，必须具备 Java 运行环境。确认计算机具备 Java 运行环境的方法：按快捷键 Win+R，打开"运行"对话框，在"打开"框中输入命令符 cmd，在打开的窗口中输入 Java -version，按 Enter 键，即可看到 Java 的版本号，如图 1-8 所示，这就证明计算机具备 Java 运行环境。

项目 1　搭建 STM32 开发环境

图 1-8　查看 Java 的版本号

【注意】打开如图 1-8 所示的窗口后，默认显示路径中的最后一个字符串是操作系统的用户名。图 1-8 中为 Administrator，这个用户名不能是中文的，否则将无法安装 STM32Cube 软件。若用户名为中文的，则需要将用户名修改为英文字符或数字。

如果没有安装 Java 运行环境，就需要先去官网下载并安装 64 位 Java 运行环境，官网下载地址为 https://www.java.com/zh-CN/download/。安装完毕后，再次检查 Java 运行环境。

步骤 2：安装 CubeIDE 软件

1. 下载 CubeIDE 软件安装包

下载 CubeIDE 软件的安装包，ST 官网地址为 https://www.st.com/zh/ development-tools/ stm32cubeide.html，下载界面如图 1-9 所示。需要使用 E-mail 注册并登录 ST 账户，才能免费下载。

图 1-9　CubeIDE 软件安装包下载界面

2. 安装 CubeIDE 软件

解压软件安装包，选中 st-stm32cubeide_xxx.exe 可执行文件，右击，选择"以管理员身份运行"选项。

【注意】安装文件路径中不能有汉字。

然后按照图 1-10 所示过程安装 CubeIDE 软件。

在安装过程中，可能会出现提示框，提示对计算机进行更改配置，或者安装插件，此时单击"允许"按钮或"安装"按钮即可。

（a）单击Next按钮

（b）单击I Agree按钮

（c）确定安装路径

（d）单击Install按钮

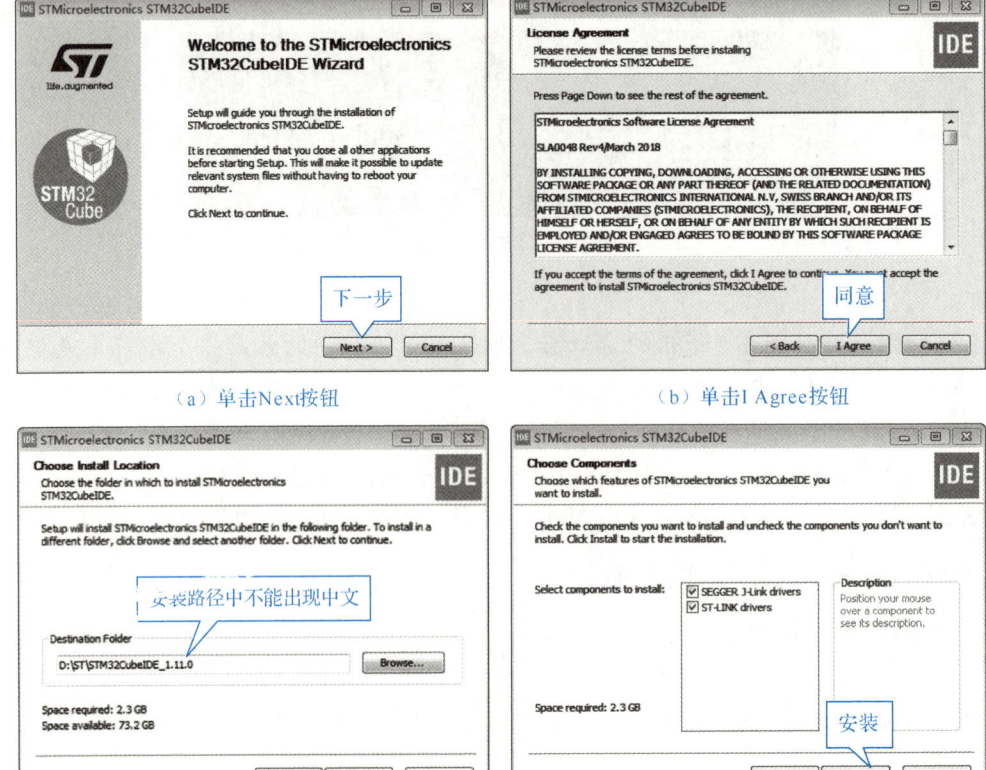

图 1-10　CubeIDE 软件安装过程

步骤 3：安装 CubeMX 软件及固件包

1. 在 ST 官网下载 CubeMX 软件安装包

在 ST 官网下载 CubeMX 软件安装包，其下载界面如图 1-11 所示。需要注册并登录 ST 账号，才能免费下载。

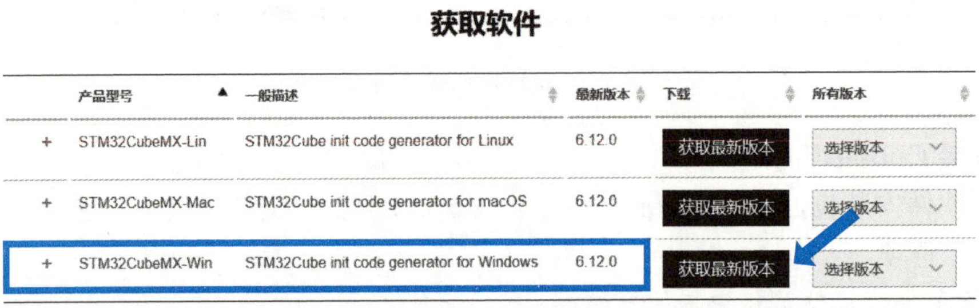

图 1-11　ST 官网的 CubeMX 软件下载界面

2. 安装 CubeMX 软件

解压软件安装包，选中 st-stm32cubeMX-xxx-Win.exe 可执行文件，右击，选择“以管理员身份运行”选项，然后按照图 1-12 所示过程安装软件。

项目 1　搭建 STM32 开发环境

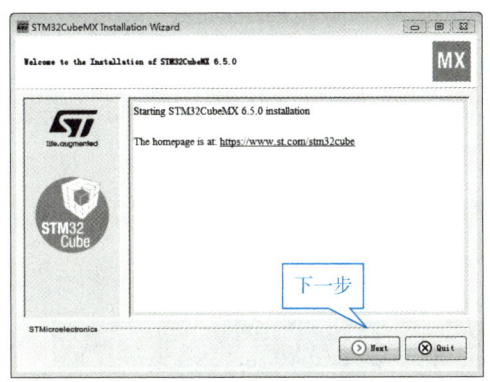
（a）单击Next按钮

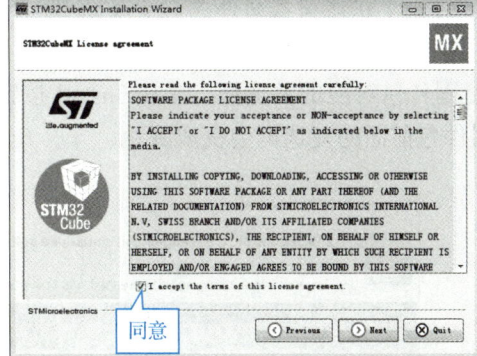
（b）勾选界面下面的复选框，并单击Next按钮

（c）选择安装路径

（d）单击Next按钮

图 1-12　CubeMX 软件安装过程

【注意】Windows 操作系统的用户名不能使用中文，安装路径中不能有中文。

3. 固件包的安装

CubeMX 器件库（又称固件支持包，这里简称为固件包）的安装方式有两种：通过 CubeMX 软件在线安装，或者导入离线固件包。

（1）在线安装。打开 CubeMX 软件进入库管理界面，单击菜单 Help，执行 Manage embedded software packages 命令，如图 1-13 所示。

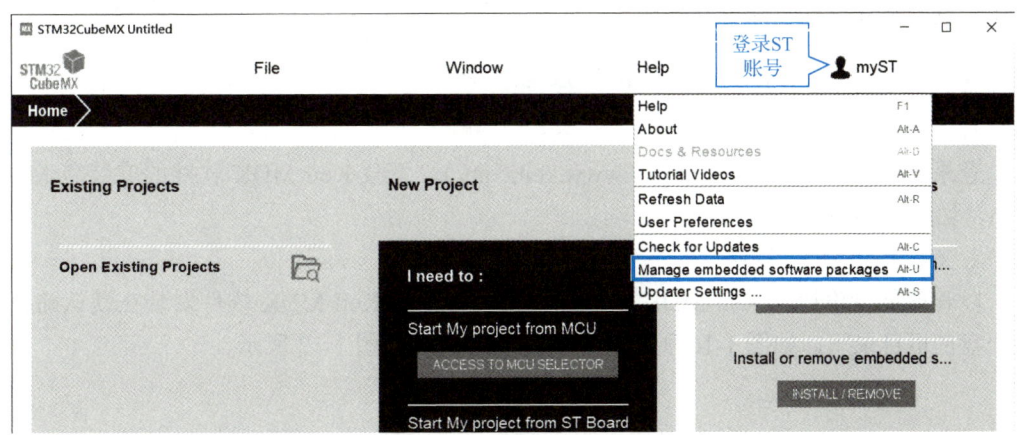

图 1-13　CubeMX 软件的 Help 菜单

15

【注意】在线安装固件包需要登录 ST 账号。

在选择型号界面中，选择开发板的芯片型号为 STM32F4，勾选其下第一个最新版的 HAL 固件包对应的复选框，单击 Install 按钮，进行在线安装，如图 1-14 所示。安装成功后固件包前面的复选框会变成绿色。

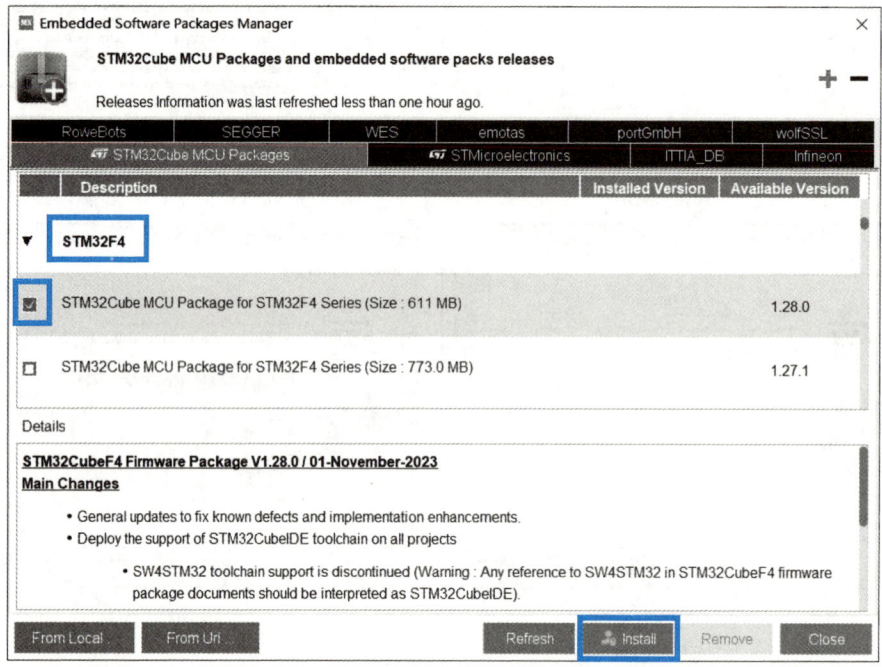

图 1-14　安装固件包

（2）导入离线固件包。

① 下载固件包：在 ST 官网的"工具与下载"页搜索 STM32F4，在打开的界面中下载固件包。

② 直接导入固件包：在 CubeMX 软件的库管理界面中，执行 Help → Manage embedded software packages 命令，在如图 1-14 所示的对话框中单击左下角的 From Local 按钮，选择离线固件包即可直接导入。

步骤 4：安装 Keil MDK 软件及固件包

1. 下载 Keil MDK 软件

登录 Keil 官网（网址为 https://www.keil.com/），下载 Keil MDK 软件的安装包 MDK-Arm，如图 1-15 所示。

2. 安装 Keil MDK 软件

以管理员身份运行 Keil MDK 软件的安装文件，将 Keil MDK 软件安装在默认路径或某个盘的根目录下，如图 1-16 所示。填写用户信息，如图 1-17 所示。

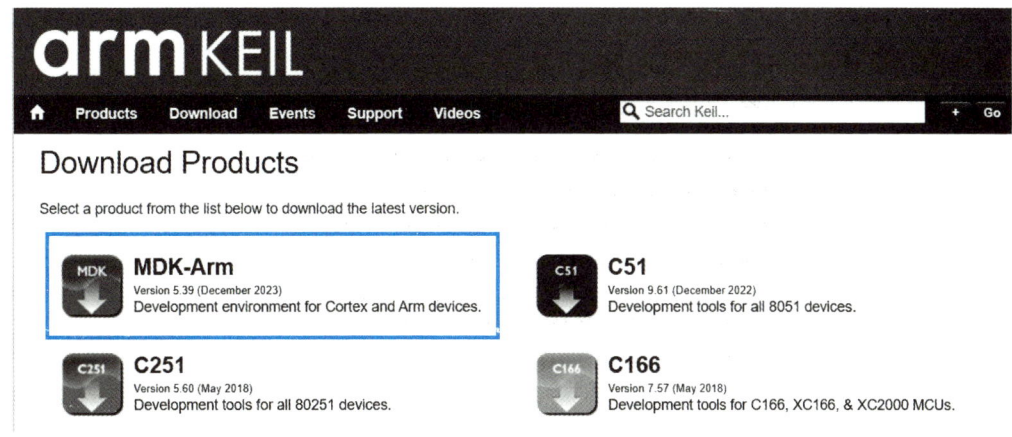

图 1-15 选择 MDK-Arm 选项

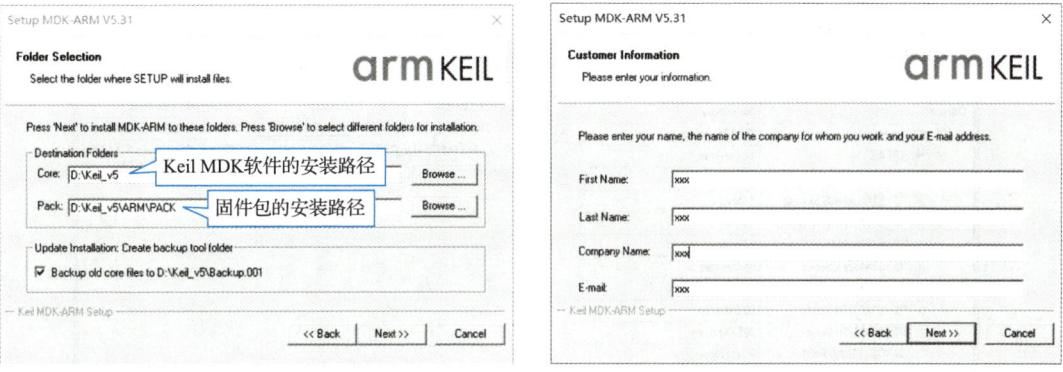

图 1-16 设置 Keil MDK 软件的安装路径　　　图 1-17 填写用户信息

【注意】如果使用过其他版本的 Keil MDK 软件，请确保新的 Keil MDK 软件的安装路径与之前使用的其他版本 Keil MDK 软件的安装路径不一样。同时要保证安装路径中没有中文，否则安装时会报错。

3. 下载安装 STM32F4 的固件包

要使用 Keil MDK 软件开发 STM32F407，还需要安装 STM32F4 的固件包。

（1）在线安装方法。Keil MDK 软件安装完成后，会自动弹出 Pack Installer 提示框，如图 1-18 所示，单击 OK 按钮，打开如图 1-19 所示的 Pack Installer 窗口。该窗口也可以通过在 Keil MDK 软件界面中执行 Project → Manage → Pack Installer 命令来打开，或者单击工具栏中的最后一个 ◆ Pack Installer 图标打开。

在 Pack Installer 窗口左侧（Device 栏）选中某个芯片，如 STM32F407，窗口右侧（Pack 栏）就会列出对应的固件包，如 Keil::STM32F4xx_DFP。在窗口右侧的 Action 栏中，单击灰色的 Install 图标就可以安装对应的固件包。如果已经安装过该固件包，那么 Action 栏显示的是绿色的 Up to data 图标，表示已经是最新版本了。如果 Action 栏中是黄色的 Updata 图标，则说明已经安装过该固件包，但不是最新版，单击黄色的 Updata 图标可以将固件包升级到最新版。

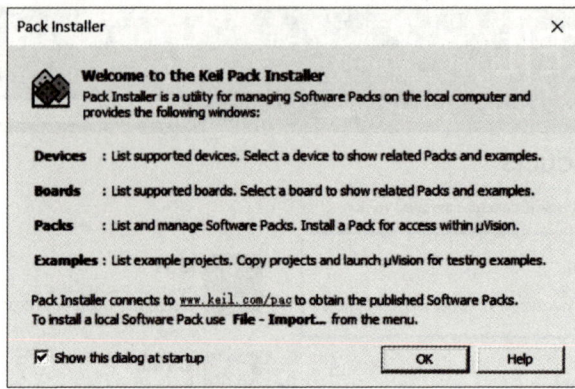

图 1-18　Pack Installer 提示框

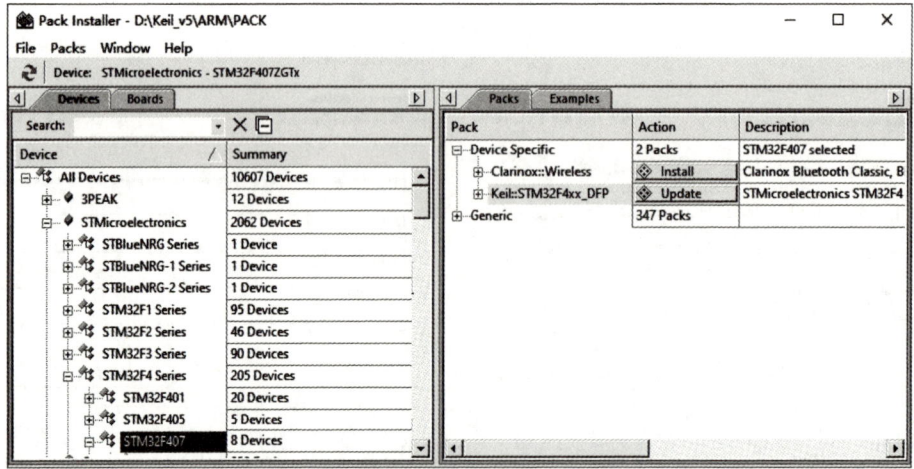

图 1-19　Pack Installer 窗口

（2）离线安装方式。先从官网上下载 STM32F4 的固件包 Keil.STM32F4xx_DFP.2.x.x.pack，然后双击打开固件包，出现如图 1-20 所示的对话框，单击 Next 按钮，即可自动安装。

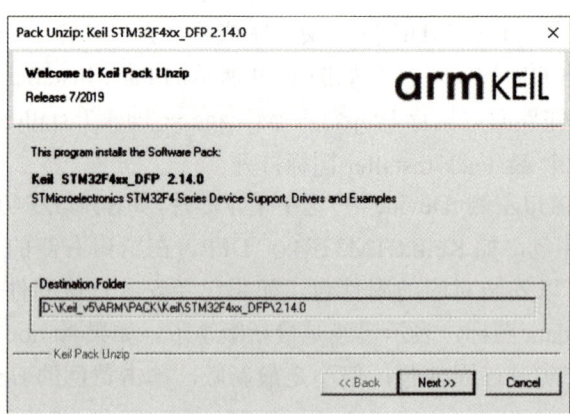

图 1-20　安装 STM32F4 的固件包的对话框

任务1.3 创建 STM32 工程

任务描述

【任务要求】

使用 CubeMX+Keil MDK 软件或 CubeIDE 软件，创建一个 STM32 工程，测试 STM32 开发环境搭建是否正确，能否正常进行编程、下载。

通过正确配置 STM32 时钟、配置 LED 的 GPIO，编写控制 LED 点亮、熄灭的代码，实现红灯和绿灯每 500ms 同时闪烁一次，并编译工程、生成调试文件。

【学习目标】

知识目标	技能目标	素质目标
➢ 会查阅 STM32F4 开发板的电路原理图，能正确分析 LED 的 GPIO 配置 ➢ 能列举项目文件夹的分类，简述主要项目文件的作用 ➢ 能对 CMSIS 标准和 HAL 库的名词进行解释	➢ 能使用 CubeMX 软件或 CubeIDE 软件创建 STM32 工程，正确配置系统时钟和 GPIO ➢ 能在 Keil MDK 软件或 CubeIDE 软件中编写控制 LED 点亮、熄灭的代码 ➢ 能正确编译工程，并输出 hex 文件	➢ 训练工程思维，能综合运用模电、数电、单片机等知识和技能来分析问题、解决问题

任务学习

1.3.1 认识主要项目文件及 CMSIS 标准

分别使用 CubeMX 软件和 CubeIDE 软件生成的"1-1 LED"项目文件如图 1-21 和图 1-22 所示。CubeMX 软件和 CubeIDE 软件生成的项目文件中的 Core 文件夹和 Drivers 文件夹包含的文件大多是一样的，下面介绍主要项目文件。

1. Core 文件夹

Core 文件夹包含 Inc 头文件夹和 Src 源文件夹两个子目录，除此之外，CubeIDE 软件生成的 Core 文件夹还包含 Startup 启动文件夹，其中主要的项目文件如下。

◆ 外设的初始化文件 gpio.c 和 gpio.h。CubeIDE 软件在生成代码时，会为所有启动的外设生成一个外设初始化程序文件。例如，本任务中使用了 PF9 引脚和 PF10 引脚作为 LED 的输出引脚，所以生成了 GPIO 初始化文件 gpio.c 和 gpio.h。

◆ 主程序文件 main.c 和 main.h。

◆ HAL 配置文件 stm32f4xx_hal_conf.h。该文件中是对 HAL 驱动程序进行的配置。例如，使能 MCU 上的外设模块，对 RCC 的 HSE、HSI、LSE、LSI 等时钟频率进行的设置等。

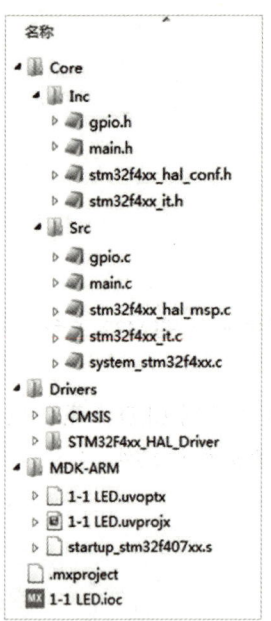 

图 1-21　CubeMX 软件生成的项目文件　　图 1-22　CubeIDE 软件生成的项目文件

◆ 中断服务例程文件。stm32f4xx_it.h 文件中是对中断服务例程（Interrupt Service Routine，ISR）的定义，stm32f4xx_it.c 文件中是对 ISR 的实现代码。各种中断的 ISR 名称是固定的， startup_stm32f407zgtx.s 文件中定义了这些 ISR 名称。在使用 CubeMX 开发方式时，可以在 CubeMX 软件里图形化地设置和管理所有中断，CubeMX 软件在生成代码时，会自动在 stm32f4xx_it.h 文件和 stm32f4xx_it.c 文件中生成已使能中断的 ISR 声明和代码框架，用户一般不需要修改 stm32f4xx_it.h 文件和 stm32f4xx_it.c 文件。

◆ HAL 库的初始化程序文件 stm32f4xx_hal_msp.c。该文件是 HAL 库的 MSP 文件。MSP 代表 MCU Specific Package，即 MCU 特定程序包。这个文件定义了 HAL 库的 MSP 初始化函数和反初始化函数。

◆ 处理器系统初始化文件 system_stm32f4xx.c。该文件是系统初始化定义头文件 system_stm32f4xx.h 的程序实现文件，主要实现了 SystemCoreClockUpdate() 和 SystemInit() 两个函数。SystemInit() 函数在系统复位之后，main() 函数执行之前执行。其功能是初始化 FPU 设置、向量表重定位、外部存储器配置。

◆ CubeIDE 软件生成的项目文件中还有两个文件：syscalls.c 和 sysmem.c，其中 syscalls.c 定义了一些底层函数，sysmem.c 定义了内存管理函数。这两个文件中的函数是被 CubeIDE 软件调用的，用户程序不会直接用到。

2. Drivers 文件夹

Drivers 文件夹包含 CMSIS 标准文件夹（包含 Device 文件夹和 Include 文件夹）和 STM32F4xx_HAL_Driver 文件夹（包含 Inc 头文件夹和 Src 源文件夹）。

◆ CMSIS 标准文件夹用于存放 CMSIS 标准（Cortex Microcontroller Software Interface Standard），即 ARM Cortex 微控制器软件接口标准。

ARM 公司负责制定芯片标准，即设计芯片内核的架构。德州仪器、意法半导体等芯片制造公司根据 ARM 公司提供的芯片标准设计自己的芯片。例如，采用 Cortex-M4 内核的各种芯片的内核结构是一样的,不同的是存储器容量、片上外设、引脚数、GPIO 及其他模块的区别。这些差异会导致软件在相同内核、不同外设的芯片上移植困难。

为了解决不同芯片厂商生产的 Cortex 微控制器软件的兼容性问题,ARM 公司与芯片厂商间建立了 CMSIS 标准,该标准提供了内核和外设、实时操作系统和中间件之间的通用 API,从而减少了软件的重复使用,缩短了微控制器开发人员的学习时间,缩短了新设备的上市周期。图 1-23 所示为 ARM 公司基于 CMSIS 标准的应用程序基本结构图。

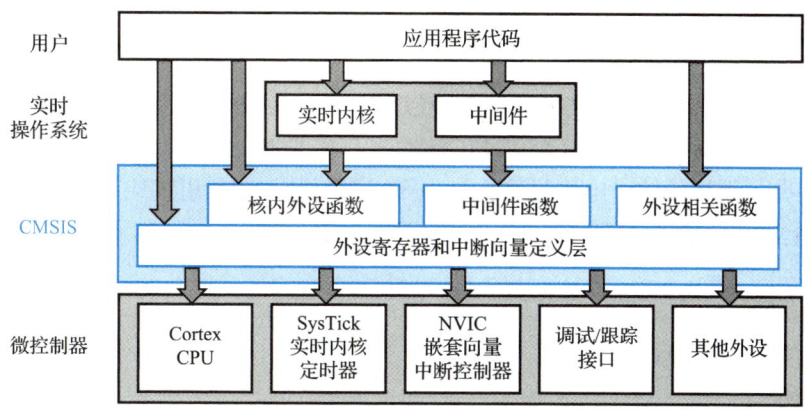

图 1-23　ARM 公司基于 CMSIS 标准的应用程序基本结构图

◆ STM32F4xx_HAL_Driver 文件夹用于存放 HAL 库文件。HAL 库是为开发者提供的一个简化硬件操作的函数集合,向下负责与寄存器打交道,向上负责提供用户函数调用的 API。

3. CubeMX 图形化工程配置文件 ioc

项目文件夹的根目录下有后缀为 .ioc 的文件。双击该文件可以直接打开 CubeMX 图形化工程配置界面,CubeIDE 软件内部也集成了 CubeMX 软件。

4. CubeMX 软件生成的其他项目文件

◆ MDK-ARM 文件夹中有后缀为 .uvprojx 的工程文件。当在 Keil MDK 软件中编译工程后,MDK-ARM 文件夹中还会出现一个默认名与工程名相同的文件夹,该文件夹用于存放编译后输出的文件。

◆ .mxproject 文件中是头文件、源文件、库文件的文件夹路径及文件列表。

5. CubeIDE 软件生成的其他项目文件

◆ Debug 文件夹中放置的是工程编译完成后的输出文件,如 elf 文件、hex 文件等。

◆ 项目文件夹根目录下有两个扩展名为 .ld 的文件,该文件是存储器的编译链接脚本文件。

◆ 在计算机的项目文件夹中还有扩展名为 .project 的文件,该文件是 CubeIDE 软件生成的工程文件,双击该文件可以打开 CubeIDE 工程。

1.3.2　LED 的硬件电路及其 GPIO 配置

本任务用到的 LED0(红色)和 LED1(绿色)在 STM32F4 开发板上默认是已经连接好的,

如图 1-24 所示，采用的是共阳极连接，LED0 和 LED1 的阴极分别接在 MCU 的 PF9 引脚和 PF10 引脚上。

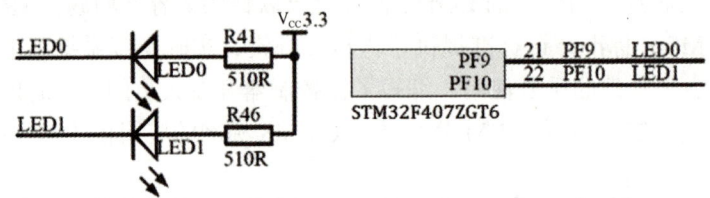

图 1-24　LED 与 STM32F4 连接原理图

由图 1-24 可知，LED 由 3.3V 电源供电，经过 510Ω 的限流电阻之后接到 MCU 的引脚上，当 MCU 输出低电平时 LED 点亮，当 MCU 输出高电平时 LED 熄灭。如果要求开发板上电时 LED 不亮，则初始输出电平设置为高电平，那么该 GPIO 引脚应设置为上拉模式。

根据以上分析，将 LED 引脚的 GPIO 配置填入表 1-2。

表 1–2　LED 引脚的 GPIO 配置

外设名 （用户标签）	GPIO 名称	引脚模式 （输入/输出）	输出电平 （高/低）	输出模式 （推挽/开漏）	上拉/ 下拉	传输速度
LED0				推挽		高速
LED1				推挽		高速

任务实施 1：CubeMX 软件工程配置

步骤 1：选芯片新建工程，认识软件界面

微课

打开 CubeMX 软件，执行 File → New Project 命令，新建工程。在如图 1-25 所示的 New Project 窗口中，默认打开的是 MCU/MPU Selector 标签页，先在 Commercial Part Number 框中输入 MCU 型号 STM32F407ZGT6；然后在右侧下方列表中选择对应型号的芯片，右上方就会显示该芯片的相关参数。

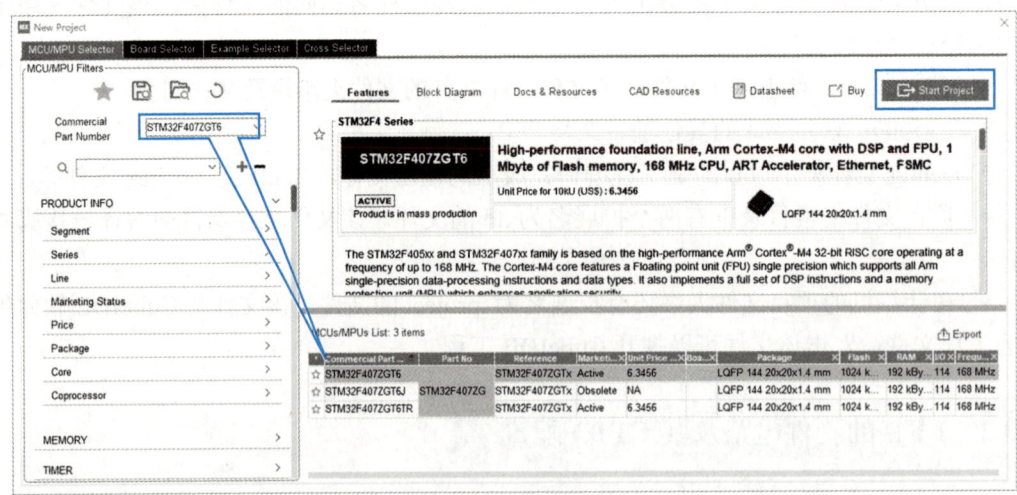

图 1-25　选择 MCU

单击右上角的 Start Project 按钮，进入 CubeMX 软件工程配置界面，如图 1-26 所示。

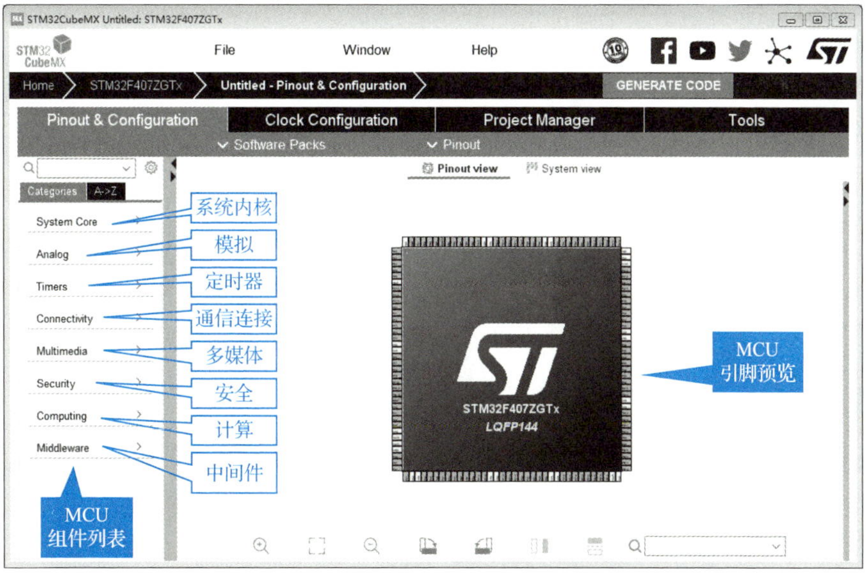

图 1-26　CubeMX 软件工程配置界面

CubeMX 软件工程配置界面由菜单栏、标签导航栏和工作区组成，工作区上方有 4 个标签，具体如下。

1. Pinout & Configuration 标签

Pinout & Configuration 标签对应引脚配置界面。在 Pinout & Configuration 标签页中可以对 MCU 的系统内核、外设、中间件和引脚进行配置，该标签页左侧是可配置的 MCU 组件列表，有两种显示方式：Categories，即分组显示；A → Z，即按字母 A → Z 顺序显示。

在分组显示状态下，有如下分组。

（1）System Core（系统内核）：包括 DMA、GPIO、IWDG（独立看门狗）、NVIC（Nested Vectored Interrupt Controller，嵌套向量中断控制器）、RCC（复位和时钟控制）、SYS（系统配置）、WWDG（窗口看门狗）。

（2）Analog（模拟）：包括 ADC 和 DAC。

（3）Timers（定时器）：包括 RTC 和 14 个定时器。

（4）Connectivity（通信连接）：提供各种外设接口，包括 CAN、ETH、FSMC、IIC、SDIO、SPI、UART（Universal Asynchronous Receiver/Transmitter，通用异步收发器）、USART、USB_OTG_FS、USB_OTG_HS 等接口。

（5）Multimedia（多媒体）：提供各种多媒体接口，包括 DCMI 和 IIS。

（6）Security（安全）：只有一个 RNG（Random Number Generator，随机数发生器）。

（7）Computing（计算）：只有一个 CRC（Cyclic Redundancy Check，循环冗余校验）。

（8）Middleware（中间件）：提供 MCU 固件库里的中间件，包括 FatFS、FreeRTOS、LibJPEG、LwIP、Mbed TLS、PDM2PCM、USB_Device、USB_Host。

2. Clock Configuration 标签

Clock Configuration 标签对应时钟配置界面。在该标签页中可通过图形化的时钟树对

MCU 的各个时钟信号频率进行配置。

3. Project Manager 标签

Project Manager 标签对应项目管理界面。在该标签页中可对项目名称、路径、编译器、输出代码等进行设置。

4. Tools 标签

Tools 标签对应工具界面。在该标签页中可进行功耗计算、DDR SDRAM 适用性分析（仅用于 STM32MP1 系列）等操作。

工作区右侧显示了 MCU 的引脚图，能直观地预览各个引脚的配置情况。图中亮黄色的引脚是电源引脚或接地引脚，黄绿色的引脚是只有一种功能的系统引脚，这些引脚不能进行配置。其他未配置的引脚显示为灰色，已经配置的引脚显示为绿色。

步骤 2：配置系统时钟

本任务只开启 HSE，将频率设置为 8MHz，配置为 PLL 的时钟源，通过 PLL 倍频，使系统时钟达到最高频率 168MHz。

1. 选择时钟源

在左侧 Categories 选项卡中依次选择 System Core → RCC 选项，打开如图 1-27 所示的 RCC 配置界面。

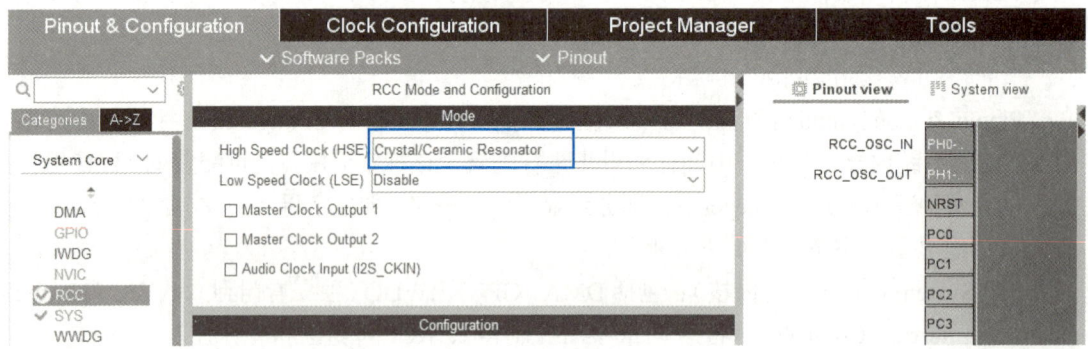

图 1-27　RCC 配置界面

在 Mode 栏的 High Speed Clock（外部高速时钟）下拉列表中，选择 Crystal/Ceramic Resonator（晶振/陶瓷振荡器）选项，表示使能 HSE，并使用晶振/陶瓷振荡器作为 HSE 的时钟源。此时在右侧的 Pinout view（引脚预览）标签页中可以看到 PH0 引脚和 PH1 引脚变成绿色，说明这两个引脚被用作 HSE 的引脚。

Mode 栏的 Low Speed Clock 下拉列表的默认值为 Disable，表示不使用 LSE。

下面的 Master Clock Output（简称 MCO）1 复选框和 Master Clock Output 2 复选框用于设置 MCU 向外部提供时钟信号的引脚。其中 MCO2 与音频输入（Audio Clock Input，IIS_CKIN）共用 PC9 引脚，所以在勾选 Master Clock Output 2 复选框之后就不能使用 IIS_CKIN 了。

2. 配置时钟树

在界面上方选择 Clock Configuration 标签，打开时钟配置界面，如图 1-28 所示，图中各个标号是本任务需要配置的参数。

项目1 搭建 STM32 开发环境

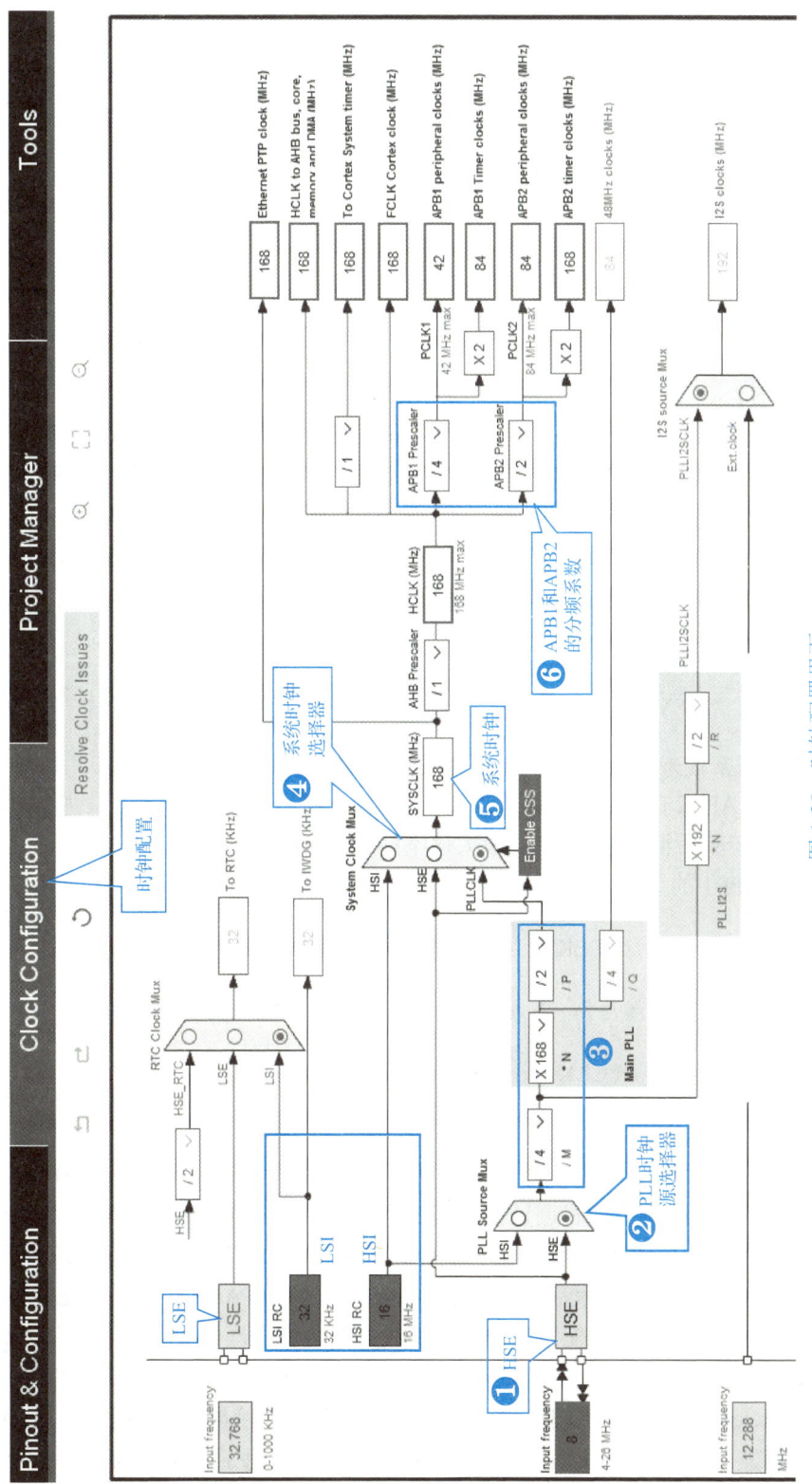

图 1-28 时钟配置界面

❶ HSE：设置范围是 4～26MHz。因为前面设置 RCC 时，已经使能了 HSE，所以此处设置值为 8MHz（开发板板载的晶振）。如果在 RCC 配置界面中将 HSE 设置为 Disable，则此处 HSE 的输入框将变成灰色，表示不能设置该参数值。

❷ PLL Source Mux：PLL 时钟源选择器，可以选择 HSE 或 HSI 作为 PLL 的时钟源。本任务选择 HSE。

❸ PLL：其作用是通过倍频和分频产生一个高频的时钟信号。图 1-28 中带有 "/" 的下拉框是分频器，用于将频率除以一个系数，产生分频的时钟信号；带有 "×" 的下拉框是倍频器，用于将频率乘以一个系数，产生倍频的时钟信号。

本任务将 /M 设为 /4，将 *N 设为 ×168，将 /P 设为 /2。

❹ System Clock Mux：系统时钟选择器，可以选择 HSE、HSI 或 PLLCLK 中的一个作为系统时钟 SYSCLK。本任务选择的是 PLLCLK。

系统时钟选择器下方有一个 Enable CSS（Clock Security System）按钮，是时钟安全系统，只有在直接或间接使用 HSE 作为 SYSCLK 时此按钮才有效。如果使能了 CSSI 中断，就自动切换为使用 HSI 作为系统时钟。

❺ SYSCLK：系统时钟，经过上面的设置，得到最高频率为 168MHz 的系统时钟。

【注意】SYSCLK 的值是不能直接修改的，但可以根据系统时钟选择器及 PLL 的分频倍频关系计算得到。针对本任务有

$$SYSCLK = HSE \times \frac{N}{M \times P} = 8MHz \times \frac{168}{4 \times 2} = 168MHz$$

AHB 的分频系数为 1，说明不分频，所以 HCLK = SYSCLK = 168MHz。

❻ APB1 和 APB2 的分频系数：要求 APB1 分频后得到的 PCLK1 最大值不能超过 42MHz，APB2 分频后得到的 PCLK2 最大值不能超过 84MHz。

因此设置 APB1 的分频系数为 4，由此得到

$$PCLK1 = \frac{HCLK}{4} = \frac{168MHz}{4} = 42MHz$$

APB2 的分频系数配置为 2，由此得到

$$PCLK2 = \frac{HCLK}{2} = \frac{168MHz}{2} = 84MHz$$

3. 配置 SYS

在 System Core 列表中选择 SYS 选项，Mode 栏默认将 Debug 设置为 Disable，此时在烧录程序后将无法再检测到下载调试器。对于本任务而言，Debug 可选配置为 Serial Wire 和 JTAG。如果使用 ST-LINK 下载，就将 Debug 设置为 Serial Wire，如图 1-29 所示。

这时在右侧 Pinout view 标签页中会看到 PA13 引脚和 PA14 引脚被高亮显示，GPIO 也会产生相应的配置。这一步配置完成后，编译好的固件在写入 MCU 后再启动就可以连上 ST-LINK 了。

System Wake-Up 复选框：用于设置低功耗模式下的自动唤醒功能，使用的是 PA0 引脚。本任务中，开发板上的 PA0 引脚已经被按键 KEY_UP 占用了，所以此处不勾选 System Wake-Up 复选框。

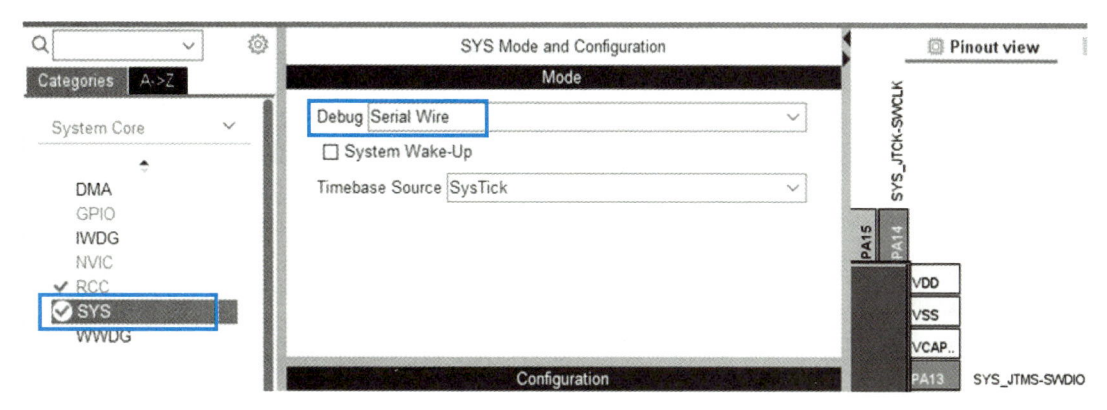

图 1-29　SYS 配置界面

Timebase Source 下拉列表：一般指 HAL 库的时基，在一般情况下保持默认设置 SysTick（嘀嗒定时器）来维护 SYS Timebase Source。本任务保持默认设置即可。

步骤 3：配置 GPIO

按表 1-2 配置 STM32F4 开发板连接的 LED0 和 LED1。

1. 查找 I/O 引脚并设置引脚模式

在 System Core 列表中选择 GPIO 选项，在右下角的搜索栏中输入连接 LED0 的 PF9 引脚，在 Pinout view 标签页中可以看到 PF9 引脚在闪烁。单击 PF9 引脚，在弹出的菜单中将引脚模式设置为 GPIO_Output，如图 1-30 所示。

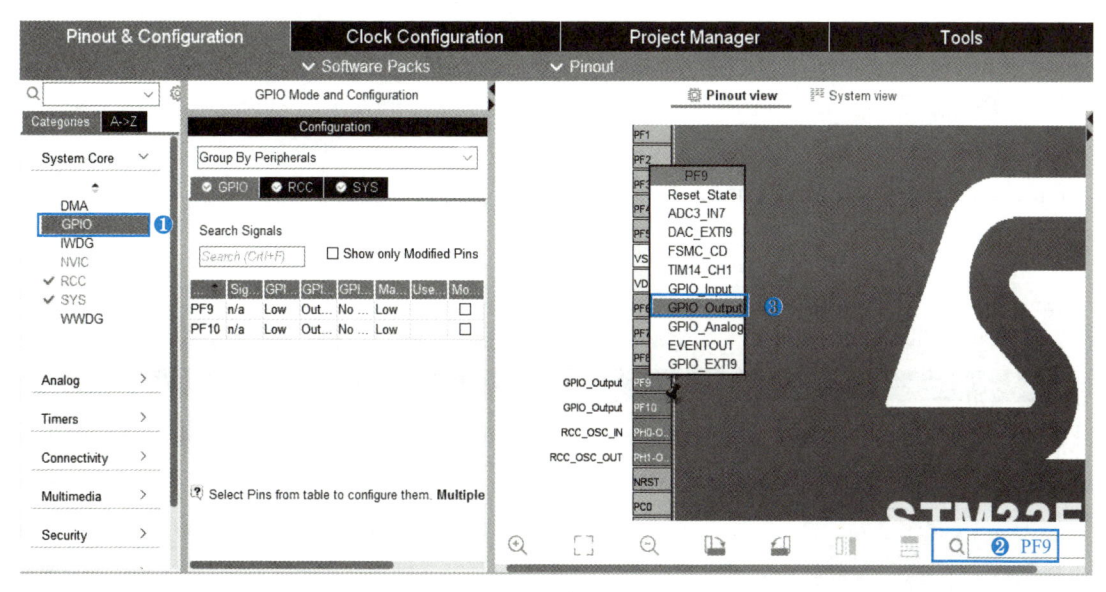

图 1-30　GPIO 模式设置界面

用同样的方法设置连接 LED1 的 PF10 引脚为输出模式。

2. 选择 I/O 引脚并配置参数

在 GPIO 选项卡中，分别选择 PF9 引脚和 PF10 引脚，按表 1-2 设置初始输出电平、引脚模式、上拉/下拉、最大输出速度、用户标签，如图 1-31 所示。

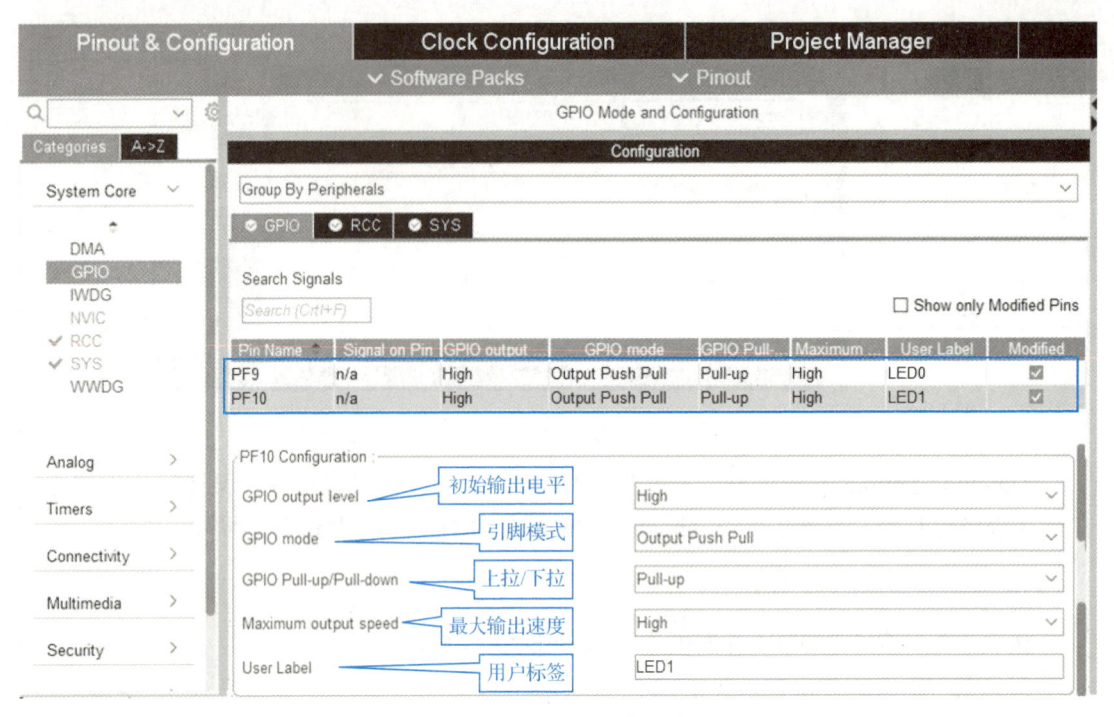

图 1-31 GPIO 配置界面

其中用户标签一般设置为外设名，以便后续在编写代码时快速调用该外设的引脚，如本任务将 PF9 引脚和 PF10 引脚的用户标签分别设置为 LED0 和 LED1。

步骤 4：生成初始化代码

1. 项目设置

选择 Project Manager 标签，进入项目管理界面。该界面左侧有 3 个选项——Project、Code Generator、Advanced Settings。

（1）Project 界面如图 1-32 所示。

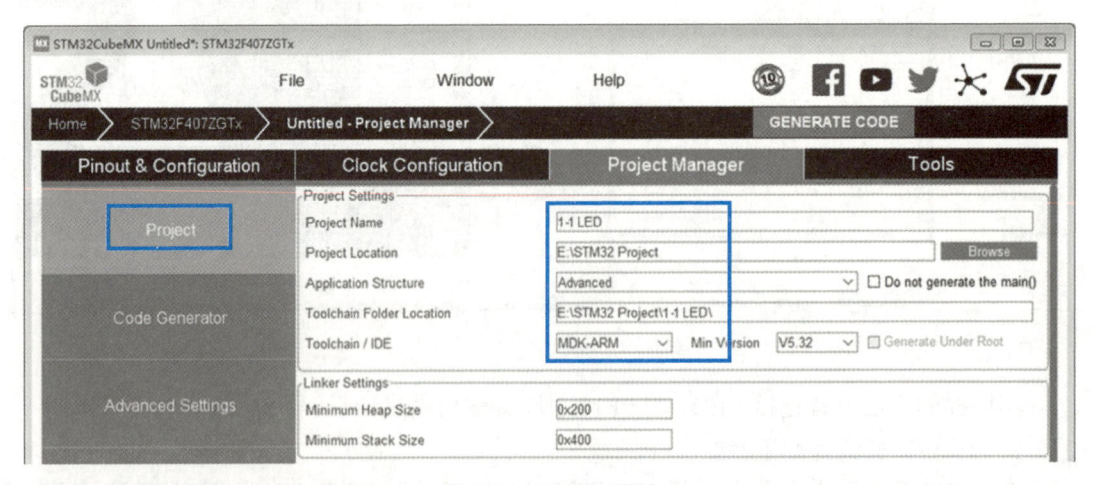

图 1-32 Project 界面

- Project Name 框：用于设置项目名，本任务项目名为 1-1 LED。

◆ Project Location 框：用于设置项目路径，需要注意的是项目名和路径中不能有中文。

◆ Application Structure 下拉列表：用于设置应用程序结构，包含两个选项 Basic 和 Advanced。Basic 是基础的结构，一般不包含中间件（RTOS、文件系统、USB 设备等）。Advanced 包含中间件，可用于相对复杂一点的工程。

◆ Toolchain Folder Location 框：用于设置软件自动创建的与项目同名的项目文件夹路径。

◆ Toolchain/IDE 下拉列表：用于设置编译工具，包含 EWARM、MDK-ARM、STM32CubeIDE、Makefile，这里选择 MDK-ARM（Keil MDK）选项。

◆ Min Version 下拉列表：用于设置最小版本，可选择 V5.32、V5.27、V5、V4 等选项。

（2）Code Generator 界面如图 1-33 所示。

◆ 选择 Copy only the necessary library files 单选按钮，只复制必要的库文件。

◆ 勾选 Gencrate peripheral initialization as a pair of'.c/.h' files per peripheral 复选框，将 .c 文件和 .h 文件分别生成代码，增加代码可读性。

◆ 勾选 Keep User Code when re-generating 复选框，默认已勾选，在生成代码时保持用户代码不变。

◆ 勾选 Delete previously generated files when not re-generated 复选框，删除以前生成但现在没有生成的文件。

（3）Advanced Settings 界面。用于选择每个组件的驱动器类型，并对生成函数的调用方法进行设置。本任务保持默认设置即可。

2. 生成初始化代码

单击如图 1-33 所示界面右上角的 GENERATE CODE 按钮，生成代码，弹出一个如图 1-34 所示的对话框。

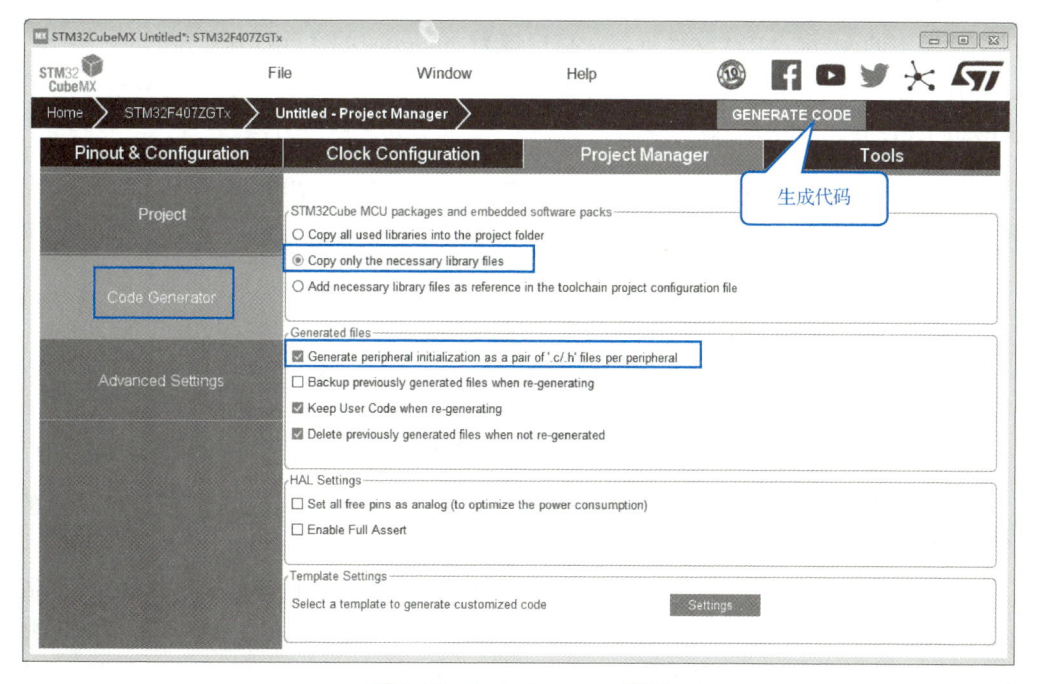

图 1-33　Code Generator 界面

（1）单击 Open Folder 按钮，会打开如图 1-35 所示的 1-1 LED 项目文件夹，文件夹中的各个文件在 1.3.1 节有详细介绍。

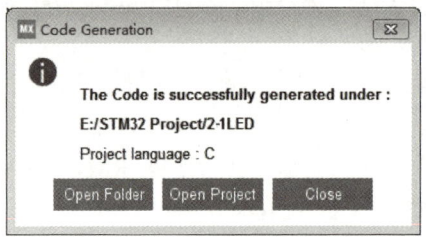

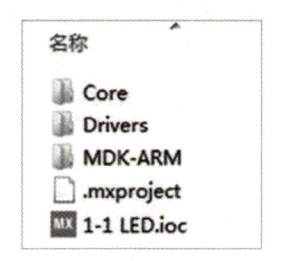

图 1-34　成功生成代码对话框

图 1-35　1-1 LED 项目文件夹

（2）单击 Open Project 按钮，会自动打开 Keil MDK 软件，并导入相关工程文件。

（3）单击 Close 按钮，会关闭当前对话框，不进行任何操作。

任务实施 2：在 Keil MDK 软件中编写控制 LED 的代码

步骤 1：认识 Keil MDK 软件界面，设置输出 hex 文件

1. 打开工程

在 Keil MDK 软件中打开工程的方法有如下三种。

（1）在 CubeMX 软件中生成代码时，会弹出 Code Generation 对话框，单击该对话框中的 Open Project 按钮，将自动打开 Keil MDK 软件及工程文件。

（2）在计算机中找到项目文件夹，打开 MDK-ARM 文件夹，双击后缀为 .uvprojx 的工程文件，即可通过 Keil MDK 软件打开工程文件。

（3）打开 Keil MDK 软件，执行 Project→Open Project 命令，在弹出的对话框中选择项目文件夹下的 MDK-ARM 文件夹，选择后缀为 .uvprojx 的文件打开即可。

在打开工程文件的过程中，若弹出如图 1-36 所示的提示框，则表示缺少相应的 SDK（Software Development Kit，软件开发工具包），对此有两种解决方法。

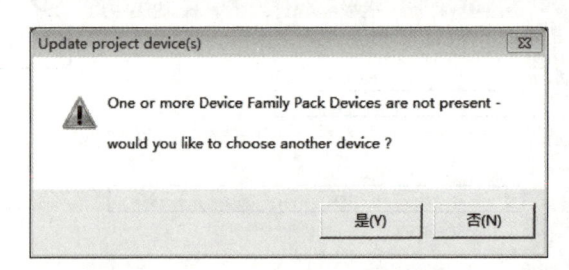

图 1-36　Update project device 提示框

方法一：在如图 1-36 所示的提示框中单击"是"按钮，在弹出的如图 1-37 所示的对话框中选择 STM32F407ZGTx 芯片，单击 OK 按钮，即可打开工程文件。

方法二：如果在方法一中无法搜索到对应的芯片，则需要重新安装 STM32F4 的固件包 Keil.STM32F4xx_DFP.2.x.x.pack，具体操作步骤见任务 1.2 中"任务实施"部分的步骤 4，在下载并安装好 STM32F4 的固件包之后再打开工程文件。

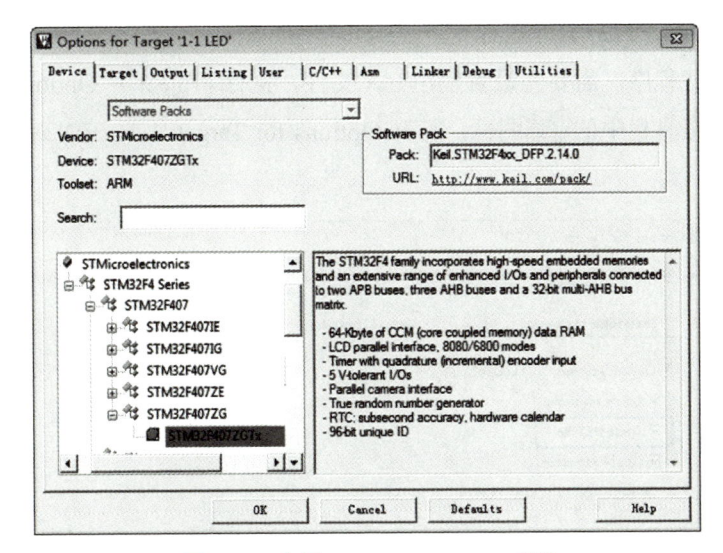

图 1-37　选择 STM32F407ZGTx 芯片

2. 进入 Keil MDK 软件界面

Keil MDK 软件的 main.c 文件界面如图 1-38 所示，图中数字标注的三个区域分别如下。

❶ Project 窗格：是项目资源管理器，用于显示工程目录下的文件夹和文件。

❷ 文本编辑器：用于显示和编辑各种文本文件，主要是程序文件，可以以多页界面显示多个文件。在 Project 窗格中双击文本文件就可以打开这个文件。

❸ Build Output 窗格：可以显示编译过程和编译结果。

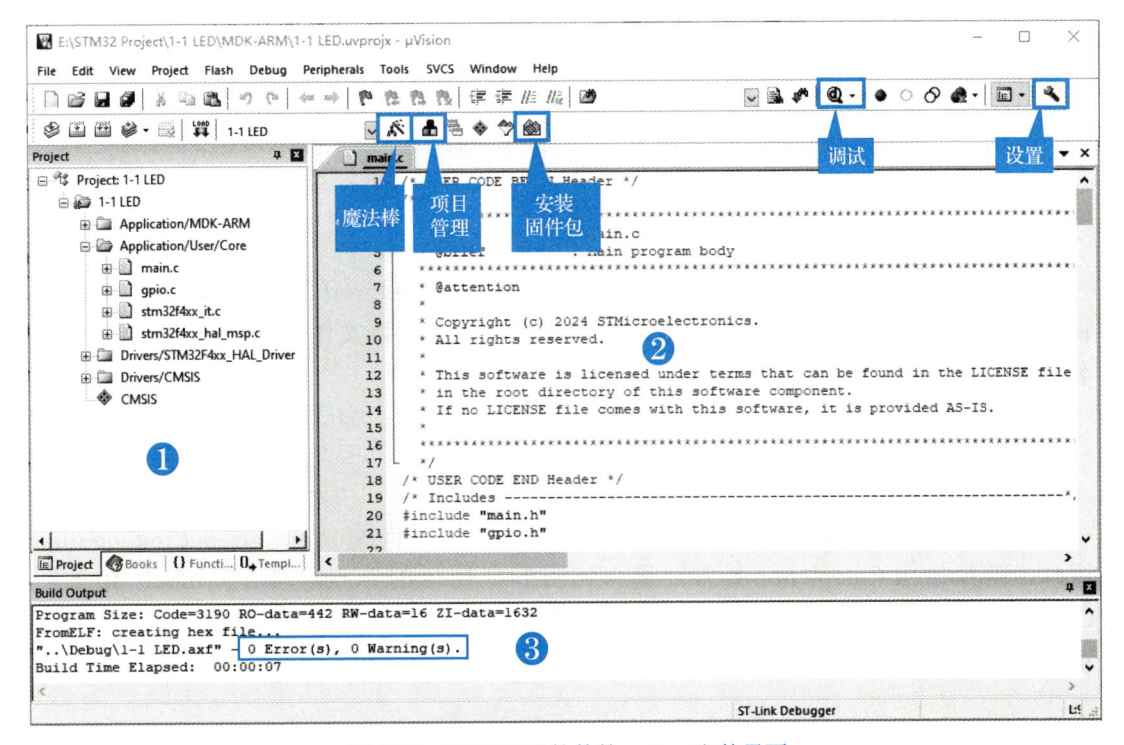

图 1-38　Keil MDK 软件的 main.c 文件界面

3. 设置输出 hex 文件

使用串口下载程序，需要先设置输出 hex 文件，执行 Project → Options for Target '...' 命令，或者单击工具栏中的 ![] 图标，打开 Options for Target '1-1 LED' 对话框，如图 1-39 所示。

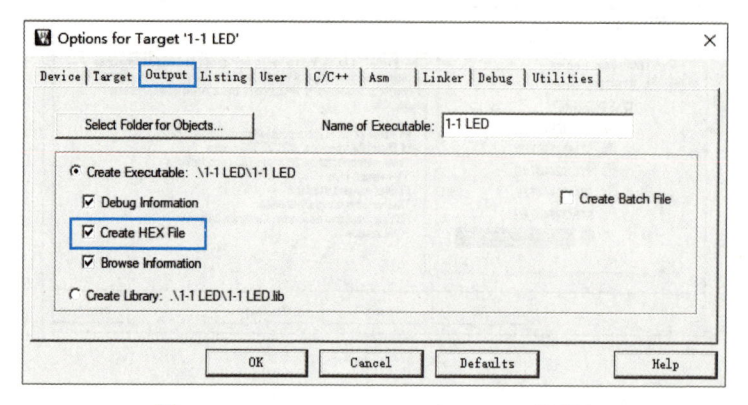

图 1-39　Options for Target '1-1 LED' 对话框

选择 Output 标签，勾选 Create HEX File 复选框，以输出 hex 文件。hex 文件默认存放在 MDK-ARM 文件夹下自动出现的与工程名同名的文件夹中，如 MDK-ARM\1-1 LED 文件夹。单击 OK 按钮，退出该对话框。

4. 编译工程

单击下载工具栏中的 ![] Build 图标（或按快捷键 F7），进行工程编译。下载工具栏中的图标及功能如图 1-40 所示。

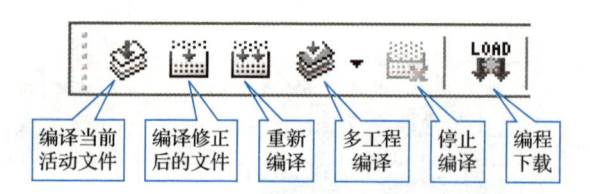

图 1-40　下载工具栏中的图标及功能

如果程序无误，则在如图 1-38 所示的界面中将输出"0 Error(s), 0 Warning(s)."信息，说明工程编译成功。此时在 MDK-ARM 文件夹下的 1-1 LED 文件夹中，可以找到输出的名为 1-1 LED.hex 的文件。

步骤 2：Keil MDK 软件的几个设置技巧

1. 补全代码设置

执行 Edit → Configuration 命令，或者单击工具栏中的 ![] 图标，打开 Configuration 窗口，选择 Text Completion 标签，进入如图 1-41 所示的界面，勾选 Symbols after □ Characters 复选框，对应数值框的默认值是 3，表示在敲入第 3 个字母时开始出现代码补全。单击 OK 按钮即可开启代码补全功能。

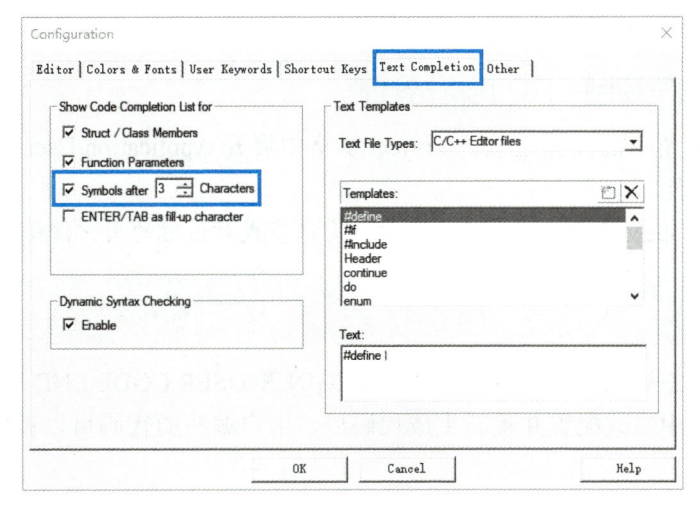

图 1-41　Configuration 窗口中的 Text Completion 标签页

2. 中文注释显示乱码

在如图 1-41 所示的 Configuration 窗口中，选择 Editor 标签，进入如图 1-42 所示的界面。在 Encoding 下拉列表中选择 Chinese GB2312（Simplified）选项，就可以解决汉字显示乱码的问题。

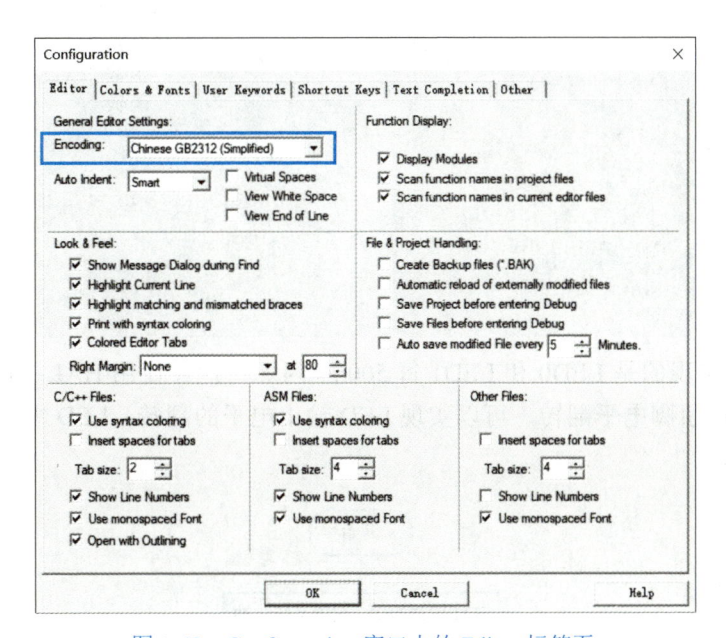

图 1-42　Configuration 窗口中的 Editor 标签页

3. Keil MDK 软件编辑区的几个常用快捷键

- **Ctrl+ 鼠标滚轮**：放大或缩小字体。
- **F7**：编译修正后的文件。
- **Ctrl+F7**：编译当前活动文件。
- 双击可以选中整个函数或变量；随后右击，在弹出的右键菜单中选择 Go To Definition Of '……'选项，或者按快捷键 F12，可快速跳转到被选中函数或变量所在的文件位置，查找函数或变量说明。

步骤 3：编写控制 LED 闪烁的代码

在如图 1-38 所示的界面左侧的 Project 窗格中展开 Application/User/Core 文件夹，双击打开 main.c 文件。

【注意】在 CubeMX 软件生成的文件中，有很多成对出现的用户注释，格式如下：

```
/* USER CODE BEGIN x */
/* USER CODE END x*/
```

用户可以在这些注释（如 USER CODE BEGIN 和 USER CODE END）之间编写代码。在 CubeMX 软件中修改配置并重新生成代码后，用户编写的代码可以被保留下来，不会被覆盖。

这里将 main.c 文件中的源码注释去掉，得到如下关键源码，请查阅几个函数的名称及作用。

```
#include "main.h"
#include "gpio.h"
void SystemClock_Config(void);
int main(void)
{
    HAL_Init();                 /*              函数 */
    SystemClock_Config();       /*              函数 */
    MX_GPIO_Init();             /*              函数 */
    while (1)
    {
        ……
    }
}
void SystemClock_Config(void)
{
    ……
}
```

本任务要实现的是 LED0 和 LED1 每 500ms 闪烁一次。使用 HAL_GPIO_TogglePin() 函数控制 GPIO 引脚电平翻转，可以实现 LED 输出电平的翻转。LED 主程序代码流程图如图 1-43 所示。

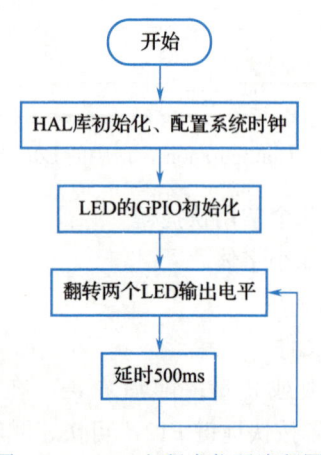

图 1-43 LED 主程序代码流程图

在 main() 函数的 while(1) 循环中，添加控制 LED0 和 LED1 闪烁的代码，如图 1-44 所示。

```
93      /* USER CODE BEGIN WHILE */
94      while (1)
95      {
96        HAL_GPIO_TogglePin(GPIOF,GPIO_PIN_9|GPIO_PIN_10);//翻转PF9引脚和PF10引脚电平
97        HAL_Delay(500); //延时500ms
98        /* USER CODE END WHILE */
99
100       /* USER CODE BEGIN 3 */
101     }
102     /* USER CODE END 3 */
```

图 1-44　添加控制 LED 闪烁的代码

按快捷键 F7 进行编译。编译成功后，将会输出如图 1-38 所示的"0 Error(s), 0 Warning(s)."信息。如果编译未通过，则根据提示的错误或警告进行排错修改，直到编译通过。

任务实施 3：使用 CubeIDE 配置工程，编写代码

步骤 1：创建 STM32 工程

（1）打开 CubeIDE 软件，出现如图 1-45 所示的对话框。单击 Browse 按钮选择工作区路径，注意路径中不要出现中文，默认不勾选 Use this as the default and do not ask again（下次使用此路径为默认值不再询问）复选框。在使用软件时需要连接网络下载相关组件。

图 1-45　选择工作区路径对话框

（2）单击如图 1-45 所示对话框中的 Launch 按钮，进入如图 1-46 所示的 CubeIDE 信息中心界面。单击 Start new STM32 project 按钮，或者执行 File → New → STM32 Project 命令，新建工程，打开如图 1-47 所示的界面。

图 1-46 所示的 CubeIDE 信息中心界面左侧有 4 个按钮，如下所示。

- Start new STM32 project：开始新建 STM32 工程。
- Start new project from STM32CubeMX file（.ioc）：从 CubeMX 软件生成的 .ioc 文件新建工程。
- Import project：导入 STM32 工程。
- Import STM32Cube example：导入 STM32Cube 范例工程。

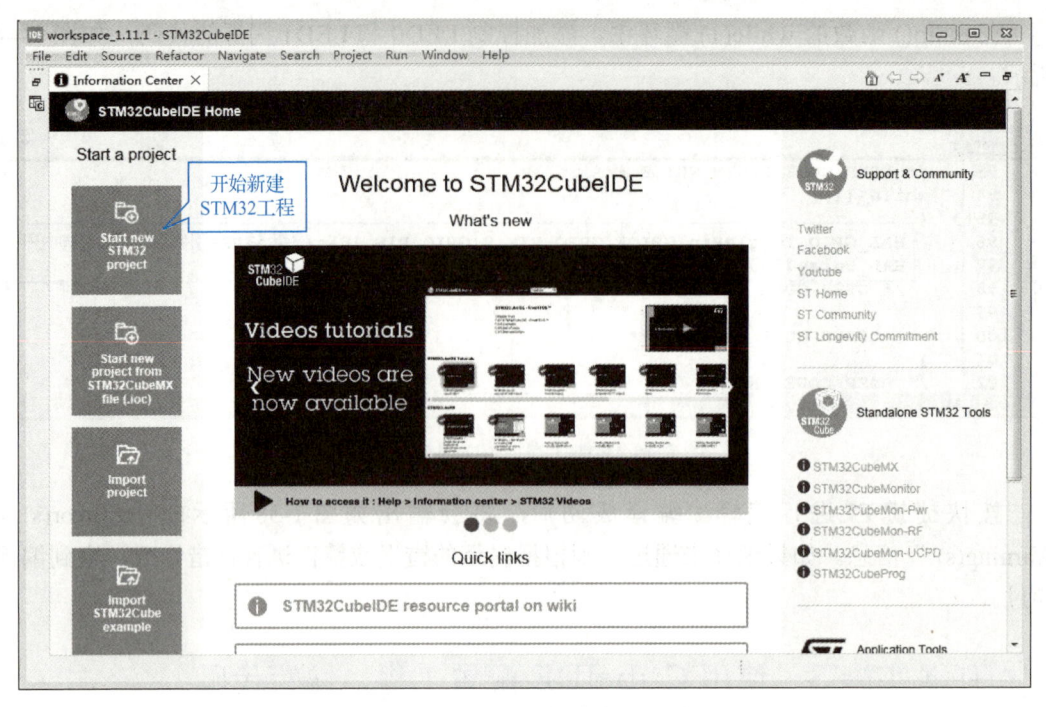

图 1-46 CubeIDE 信息中心界面

图 1-46 右侧的 Support & Community 选区中是支持和社区的链接；Standalone STM32 Tools 选区中是 STM32Cube 生态系统中的其他独立软件，如 STM32CubeMX、STM32CubeMonitor 等；Application Tools 选区中是应用工具。

（3）在如图 1-47 所示的 STM32 Project 窗口中选择 MCU/MPU Selector 标签，在 Commercial Part Number 栏中输入 MCU 的型号 STM32F407ZGT6。在右侧下方列表中选择相应型号的芯片，单击 Next 按钮，进入如图 1-48 所示的界面。

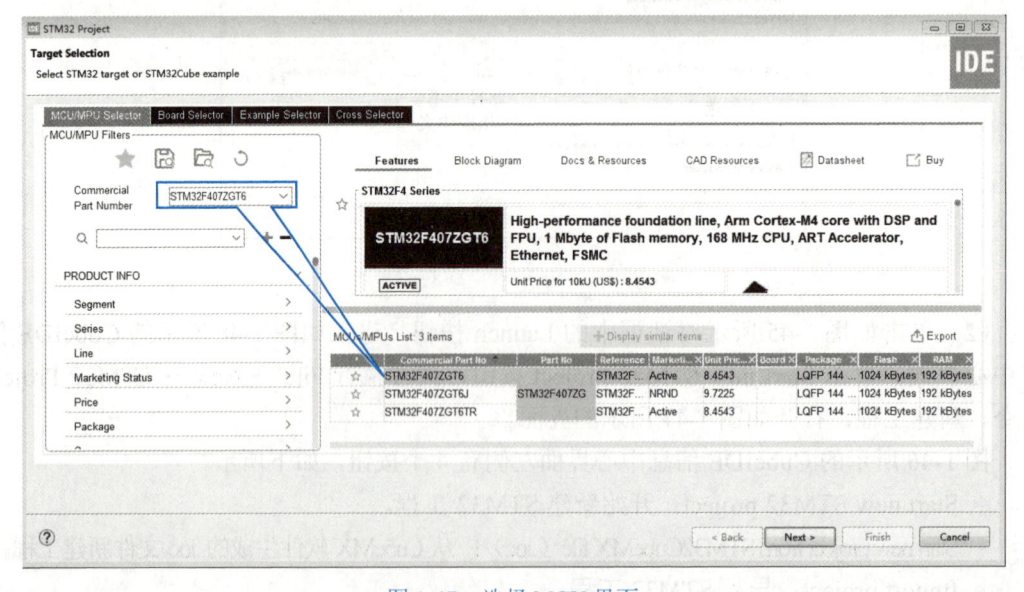

图 1-47 选择 MCU 界面

（4）在如图 1-48 所示的界面中输入工程名，如 1-1 LED，并选择工作区路径（如果勾选了 Use default location 复选框，将使用默认的工作区路径）。完成后若单击 Finish 按钮，将直接创建工程。若单击 Next 按钮，将进入如图 1-49 所示的固件库版本界面，在该界面可对代码生成相关选项进行设置，设置完成后单击 Finish 按钮即可。

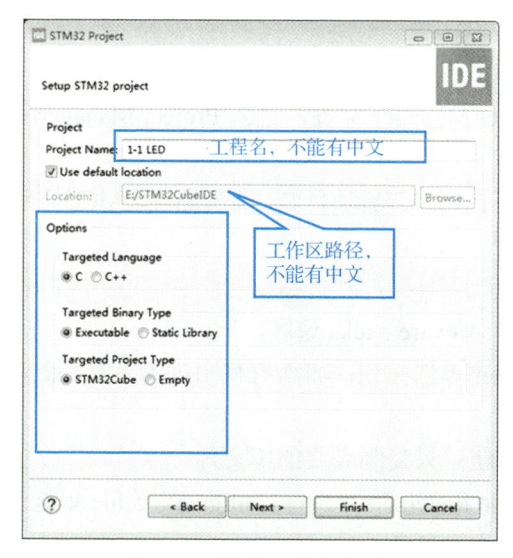

图 1-48　设置工程名界面

图 1-49　固件库版本界面

（5）下载固件库后，进入如图 1-50 所示的界面，这是 CubeIDE 软件内置的 CubeMX 工程配置界面，该界面的详细介绍见本节"任务实施 1"部分的步骤 1。

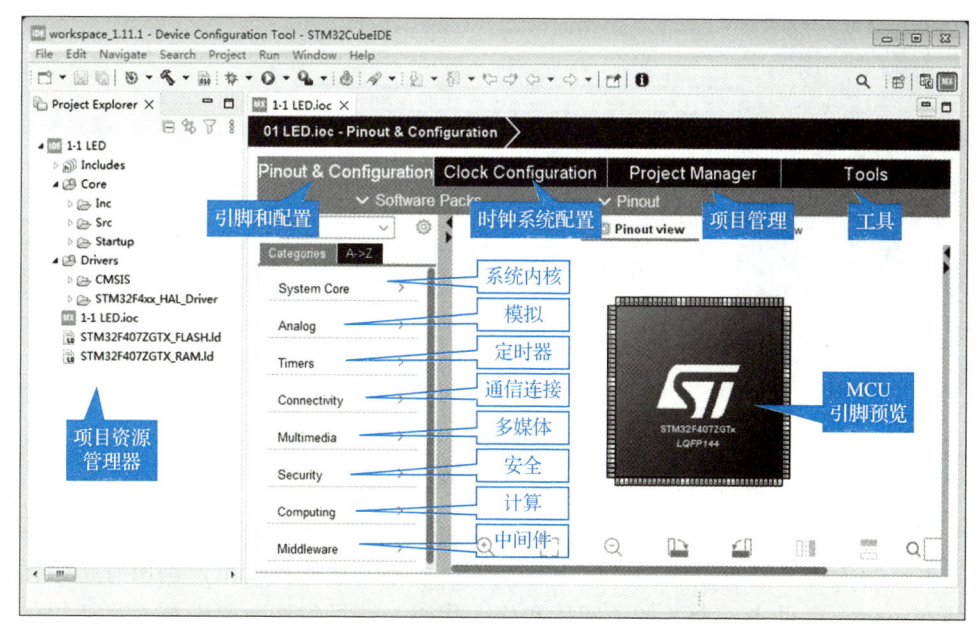

图 1-50　CubeIDE 软件内置的 CubeMX 工程配置界面

步骤 2：配置系统时钟和 GPIO

本任务将 HSE 设置为 8MHz，并作为 PLL 的时钟源，通过 PLL 倍频，使系统时钟频率最高达到 168MHz。

按照本节"任务实施 1"部分的步骤 2、步骤 3 配置系统时钟和 GPIO。

步骤 3：生成初始化代码，认识编辑界面

1. 工程参数设置

在如图 1-50 所示窗口的工作区中选择 Project Manager 标签，进入 Project Manager 标签页。该标签页左侧有 3 个选项，分别如下。

（1）Project：对应界面如图 1-32 所示，在该界面可以查看项目名、保存路径、MCU 和固件包信息等。

（2）Code Generator：对应界面如图 1-51 所示。

① STM32Cube MCU packages and embedded software packs 选区。

◆ Copy all used libraries into the project folder 单选按钮：将所有使用过的库复制到项目文件夹中。

◆ Copy only the necessary library files 单选按钮：只复制必要的库文件。

◆ Add necessary library files as reference in the toolchain project configuration file 单选按钮：在工具链项目配置文件中添加必要的库文件作为参考。

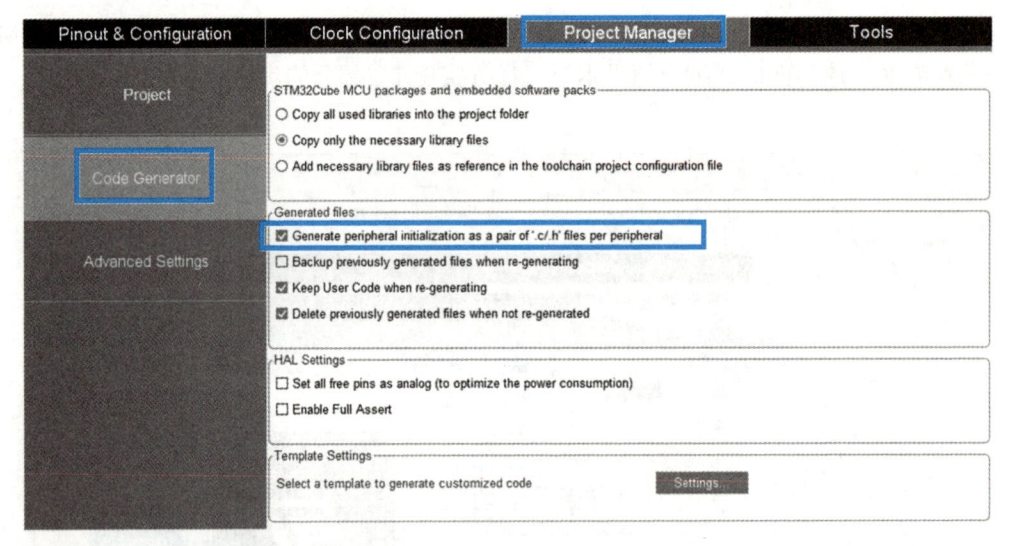

图 1-51　Code Generator 界面

② Generated files 选区。

◆ Generate peripheral initialization as a pair of '.c/.h' files per peripheral 复选框：若勾选此复选框，则为每个外设生成独立的 .c/.h 文件；若不勾选此复选框，则所有初始化代码都生成在 main.c 文件中。为了便于阅读和修改代码，这里勾选此复选框，将初始化代码生成在对应的外设驱动文件中。

◆ Backup previously generated files when re-generating 复选框：若勾选此复选框，则在

重新生成代码时，会在相关目录中生成一个 Backup 文件夹，并将之前的源文件复制到该文件夹中。

◆ Keep User Code when re-generating 复选框：若勾选此复选框，则在重新生成代码时保留用户代码。

【注意】前提是这段代码要写在 BEGIN 和 END 之间规定的位置处，否则这段代码将被删除。

◆ Delete previously generated files when not re-generated 复选框：若勾选此复选框，则删除以前生成但现在没有生成的文件。

③ HAL Settings 选区。

◆ Set all free pins as analog 复选框：若勾选此复选框，则所有空闲引脚将被设置为模拟输入模式（以优化功耗）。在做低功耗产品时有必要勾选这个复选框。

◆ Enable Full Assert 复选框：若勾选此复选框，则使能所有参数检查。

④ Template Settings 选区。

◆ Select a template to generate customized code：单击后面的 Settings 按钮，可选择一个模板来生成自定义代码。

（3）Advanced Settings：在该界面中可对驱动选择和调用函数进行设置，一般保持默认设置即可。

2. 保存工程，生成初始化代码

单击工具栏中的保存按钮，或者按 Ctrl+S 快捷键保存工程，会弹出如图 1-52 所示的对话框，提示是否要生成代码，如果勾选 Remember my decision 复选框，那么下次不会再弹出此对话框。单击 Yes 按钮，会自动生成初始化代码，并进入 main.c 文件编辑界面。

如果在如图 1-52 所示的对话框中单击 No 按钮，则可以通过执行 Project → Generate Code 命令来生成初始化代码。

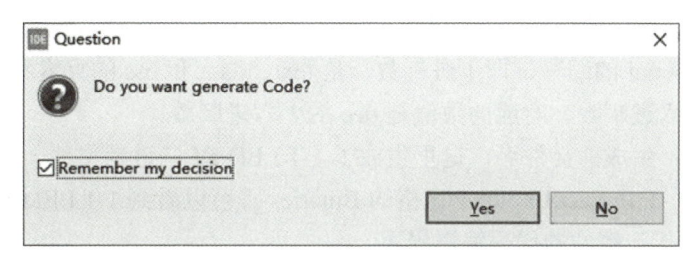

图 1-52 选择生成代码对话框

3. 编译工程

在生成初始化代码后，会自动打开 main.c 文件编辑界面，如图 1-53 所示。在这里需要先编译工程，确定生成的初始化代码是正确的，编译方法有如下两种。

方法一：单击工具栏中的 🔧 图标进行编译，或者按 Ctrl+B 快捷键进行编译。

方法二：先在左侧 Project Explorer 窗格中选中工程名，如 1-1 LED，然后右击，在弹出的快捷菜单中选择 Build Project 选项，即可编译工程。

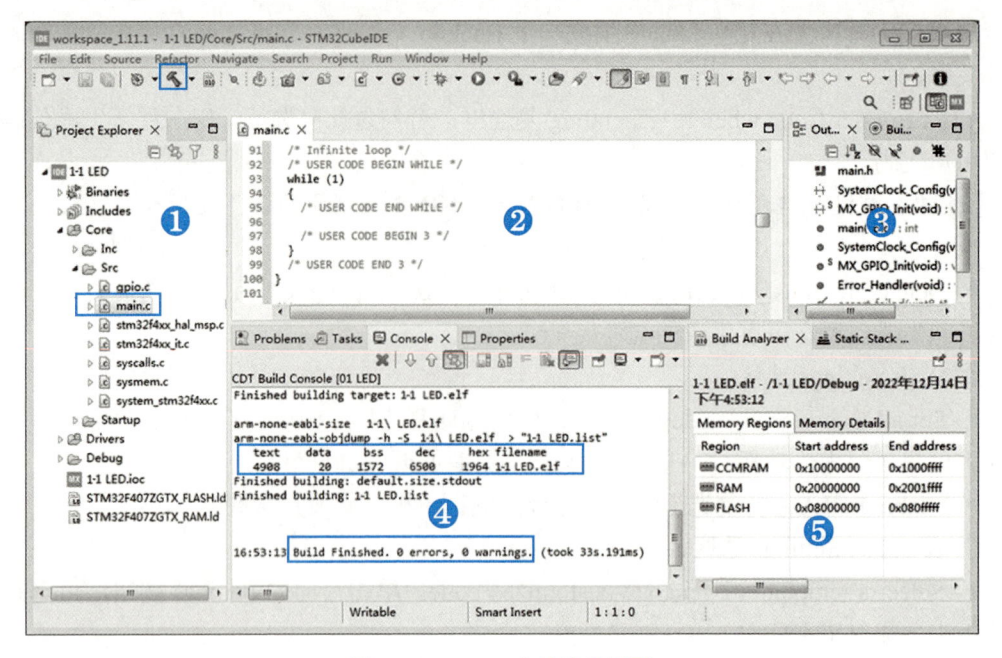

图 1-53 main.c 文件编辑界面

在如图 1-53 所示窗口下方的 Console 窗格中会显示编译过程信息。若提示"Build Finished. 0 errors, 0 warmings.",则说明初始化代码编译成功。

编译结果中几个重要数据的意义如下。

(1) text:代码段,用来存放程序执行代码的一块内存区域,程序的大小就是 text 代码段的大小。

(2) data:数据段,用来存放程序中已初始化变量的一块内存区域,其内存分配方式是静态内存分配。

(3) bss:未初始化的全局变量,内存分配方式是静态内存分配。

(4) dec:decimal 的缩写,即十进制数,是 text、data 和 bss 的算术和。

(5) hex:十六进制数,对应的数值是 dec 的十六进制数。

(6) filename:生成的文件名,这里生成了 1-1 LED.elf 二进制文件。

编译成功后,在 Project Explorer 窗格的 Binaries 下可以看到 1-1 LED.elf 文件。

4. 认识 CubeIDE 软件的代码编辑界面

图 1-53 所示为 main.c 文件编辑界面,该界面中主要有以下几部分。

❶ Project Explorer 窗格:项目资源管理器,显示工程目录下的所有文件夹,用于对项目文件夹和文件进行管理。工程中各文件的作用在 1.3.1 节有详细说明。

❷ 文本编辑器:位于界面中间,用于显示和编辑各种文本文件,可以以多页界面显示多个文件,主要是程序文件。双击 Project Explorer 窗格中的文本文件就可以打开这个文件。

❸ Outline 窗格:显示文本编辑器当前界面中的程序提纲。例如,程序中的类型、常量、变量、函数等。单击 Outline 窗格中的一个符号,文本编辑器就会将输入焦点定位到这个符号定义处。Outline 窗格中有一个工具栏,单击工具栏上的图标,可以实现排序、符号过滤等功能。

❹ Console 窗格：显示编译过程和编译结果。

❺ Build Analyzer 窗格：显示项目构建后 FLASH、RAM 等存储空间的使用情况。

除此之外，main.c 文件编辑界面还有其他部分，如 Problems 窗格，可以显示编译过程中出现的警告、错误等信息，双击提示信息可以在文本编辑器中定位到出错误的程序行。

CubeIDE 软件的菜单栏功能如表 1-3 所示。

表 1-3　CubeIDE 软件的菜单栏功能

菜单	说明
File	新建文件、工程，关闭文件、工程，导入文件、工程，保存、退出工程等
Edit	撤销、复制、粘贴、选择、查找、智能插入等
Source	添加、删除代码块注释，左移、右移代码，对齐、缩进代码，格式化代码等
Refactor	提取局部变量、常数、函数，构建工程历史记录
Navigate	打开函数声明、查看函数调用关系、退至上一次浏览处等
Search	查找功能
Project	编译、清除、配置工程
Run	运行、调试、调试配置、添加、取消断点等
Window	打开、隐藏菜单栏，打开某个窗口，设置窗口风格等
Help	打开帮助窗口

5. 工具栏图标功能

图 1-53 所示的 main.c 文件编辑界面上方的工具栏有两行，第一行为主工具栏，主要是与文件操作、项目构建和界面操作相关的按钮，如图 1-54 所示；第二行工具栏中是与场景切换操作相关的按钮。

图 1-54　main.c 文件编辑界面的主工具栏

主工具栏简要功能说明如表 1-4 所示。

表 1-4　主工具栏简要功能说明

图标	提示文字	快捷键	功能说明
	New	—	出现一个下拉菜单，用于新建各种项目和文件
	Save	Ctrl+S	保存文本编辑器当前页面中的文件
	Save All	Ctrl+Shift+S	保存文本编辑器所有页面中的文件
	Manage Configurations for the Current project	—	选择项目的配置模式，Debug 模式或 Release 模式
	Build Project	—	构建当前项目的当前配置模式

续表

图标	提示文字	快捷键	功能说明
	Build All	Ctrl+B	完全重新构建当前项目
	Skip All Breakpoints	Ctrl+Alt+B	忽略所有断点，在程序调试时有用
	Device Configuration Tool Code Generation	Alt+K	在内置的 CubeMX 设备配置工具中，用于代码生成；在 C/C++ 代码编辑界面不可使用
	New C/C++ Project	—	出现一个下拉菜单，用于新建 C/C++ 项目
	New C/C++ Source Folder	—	出现一个下拉菜单，用于新建源代码文件夹或普通文件夹
	New C/C++ Source File	—	出现一个下拉菜单，用于新建头文件或源代码文件
	New C++ Class	—	新建 C++ 类
	Debug	—	出现一个下拉菜单，用于启动项目调试
	Run	—	出现一个下拉菜单，用于启动项目运行
	External Tools	—	启动外部工具
	Open Element	Ctrl+Shift+T	打开一个对话框，对元素进行查找
	Search	—	打开一个查找对话框，有 3 种搜索类型
	Toggle Mark Occurrences	Alt+Shift+O	切换标记同类项，如一个函数内一个变量出现的所有实例
	Toggle Word Wrap	Alt+Shift+Y	切换文本自动换行功能
	Toggle Block Selection Mode	Alt+Shift+A	切换文本块选择方式
	Show Whitespace Character	—	切换显示空格符号
	Next Annotation	Ctrl+.	移动到下一个标注处，在下拉菜单中可以选择标记类型，包括书签、断点、编译错误、警告等
	Previous Annotation	Ctrl+,	移动到上一个标注处
	Last Edit Location	Ctrl+Q	定位到最后一次修改的代码处
	Next Edit Location	Ctrl+Alt+Right	定位到下一个编辑的代码处
	Back to	Alt+Left	代码追踪时回到上一级
	Forward to	Alt+Right	代码追踪时回到下一级

续表

图标	提示文字	快捷键	功能说明
	Pin Editor	—	在文本编辑器当前页面设置或取消图钉标记
	Information Center	—	显示信息中心界面

步骤 4：编写控制 LED 亮灭的代码

在 Core 文件夹下的 Src 文件夹中，打开 main.c 文件，编写代码，可参考本节"任务实施 2"部分的步骤 3。

实现 LED0 和 LED1 每 500ms 闪烁一次的代码编写在 main() 函数的 while(1) 循环中。可以写在 while(1) 循环的开始符号"{"和注释 /* USER CODE END WHILE */ 之间，或者写在如图 1-55 所示的用户代码注释 /* USER CODE BEGIN 3 */ 之后和 while(1) 循环的结束符号"}"之间。

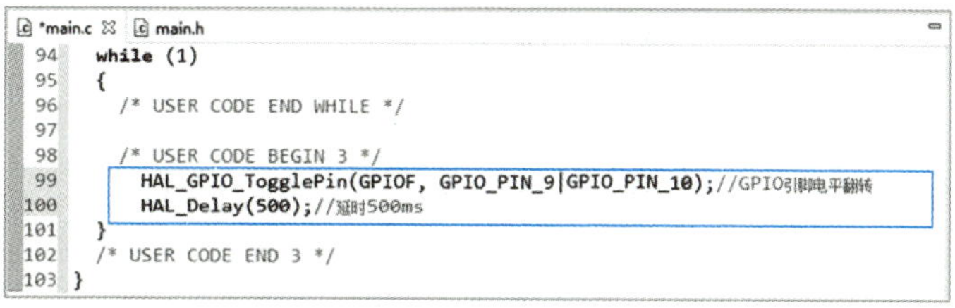

图 1-55 添加的 LED 控制代码

提示：文本编辑器中的几个快捷操作如下。
- Alt+/：补全代码。
- Ctrl+-：缩小字体。
- Ctrl+Shift++：放大字体。
- Ctrl+Tab：切换显示 .c 文件和 .h 文件。
- Ctrl+/：添加或删除注释。

步骤 5：设置输出 hex 文件

CubeIDE 软件在编译后生成的是 elf 文件。设置编译生成 hex 文件或 bin 文件的操作方法：在左侧 Project Explorer 窗格中选中文件名，右击，在弹出的快捷菜单中选择 Properties 选项，或者执行 Project → Properties 命令，打开如图 1-56 所示的窗口。

先在左侧依次选择 C/C++ Build → Settings 选项，然后在右侧选择 MCU Post build outputs（MCU 生成输出）选项，再勾选 Convert to binary file 复选框和 Convert to Intel Hex file 复选框，最后单击 Apply and Close 按钮。

单击 图标，编译当前工程，在成功编译后生成 hex 文件和 bin 文件，文件被保存在工程路径下的 Debug 文件夹中，如本任务的 1-1 LED.hex 文件，可将其下载到开发板观察实现的功能。

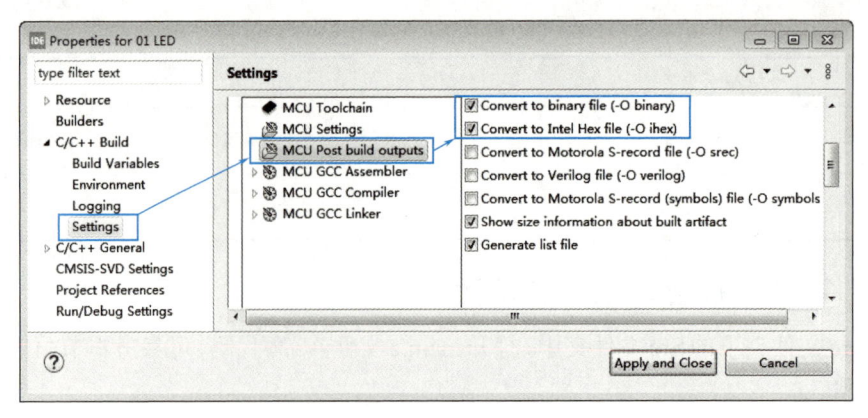

图 1-56　编译生成 hex 文件的窗口

任务 1.4　程序下载与调试

任务描述

【任务要求】

分别使用串口和 FlyMcu 软件或 ST-LINK 将 1-1 LED 工程代码下载到开发板，观察 LED0 和 LED1 每 500ms 同时闪烁一次的现象。

【学习目标】

知识目标	技能目标	素质目标
➤ 了解 STM32 的程序下载方式与串口下载电路	➤ 会安装 CH340 串口驱动程序 ➤ 能使用 FlyMcu 软件通过串口下载代码 ➤ 会安装 ST-LINK 驱动，能在 Keil MDK 软件或 CubeIDE 软件中使用 ST-LINK 下载程序	➤ 养成规范操作的良好习惯，增强安全用电意识

任务学习

1.4.1　STM32F4 的程序下载方式

STM32F4 有多种程序下载方法：USB、串口、JTAG、SWD 等，其中最简单的就是通过串口下载程序。

此外，如果工程代码比较大，难免存在一些 bug，这时有必要通过硬件调试来解决问题。串口只能下载程序，并不能实时跟踪调试。利用调试工具（如 JLINK、ULINK、ST-LINK 等）可以实时跟踪程序，从而找到程序中的 bug，使开发事半功倍。

1.4.2 开发板的串口一键下载电路

本书的 STM32F4 程序是通过自带的 USB 串口下载的。看起来像是 USB 下载（只需一根 USB 线，并不需要串口线），实际上是通过 USB 转串口，然后通过串口 1 下载的。

开发板板载的 USB 串口和 STM32F407ZGT6 的串口 1 是通过 P6 排针同跳线帽连接起来的，如图 1-57 所示。

图 1-57 开发板串口下载程序的跳线设置

图 1-57 中 P6 排针上方的 TXD/RXD 接口是相对于 CH340 来说的，指的是 USB 串口的发送和接收引脚，而下方的 PA9（USART1_TX）引脚和 PA10（USART1_RX）引脚则是相对于 STM32F407ZGT6 芯片来说的。通过对接就可以实现 USB 串口和 MCU 的串口通信。

同时，P6 排针是 MCU 的 PA9 引脚和 PA10 引脚的引出接口，其电路如图 1-58 所示。

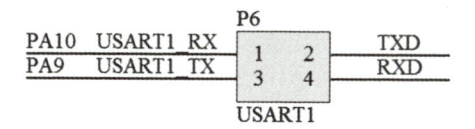

图 1-58 USB 串口/串口 1 选择接口电路

开发板自带一键下载电路，将 BOOT1 和 BOOT0 都设置为 0，即可直接按开发板上的复位键开始执行程序。

USB 串口一键下载电路如图 1-59 所示。利用串口的 DTR 端口和 RTS 端口的输出信号并配合上位机软件（FlyMcu 软件，即 mcuisp 的新版本），设置 DTR 端口输出低电平复位，RTS 端口输出高电平时进入 BootLoader。这样，BOOT0 和 NRST 完全可以由下载软件自动控制，从而实现一键下载。

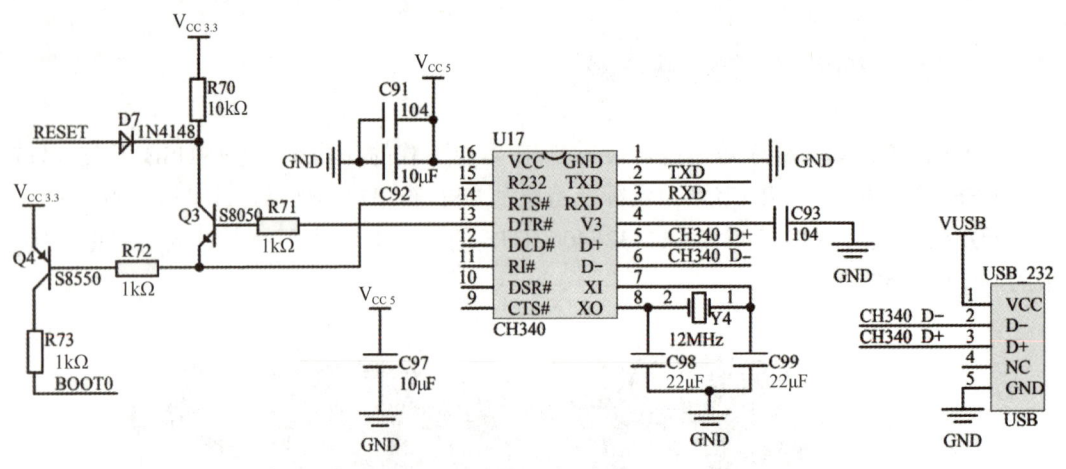

图 1-59　USB 串口一键下载电路

图 1-59 中的 USB_232 是一个 MiniUSB 座,提供 CH340G 和计算机通信的接口,同时可以为开发板供电,VUSB 就是来自计算机 USB 的电源,USB_232 是开发板的主要供电口。

任务实施

步骤 1:安装 CH340 串口驱动程序

将开发板左下角的 USB_232 接口通过 USB 线连接到计算机,打开开发板的电源开关。在计算机的"设备管理器"界面中查看端口信息,如图 1-60 所示,图中 USB 串口的端口号被识别为 COM5。

【注意】如果接入计算机不同的 USB 接口,端口号可能不一样,有可能是 COM3 或 COM4 等,但是 USB-SERIAL CH340 这部分内容一定是一样的。

如果没找到 USB 串口,则需要安装 CH340 USB 虚拟串口驱动。开发板使用的 USB 虚拟串口芯片是 CH340G,可以通过登录正点原子的官网下载驱动程序。下载完成后双击 Setup.exe 文件进行安装,安装成功后会弹出如图 1-61 所示的提示框。

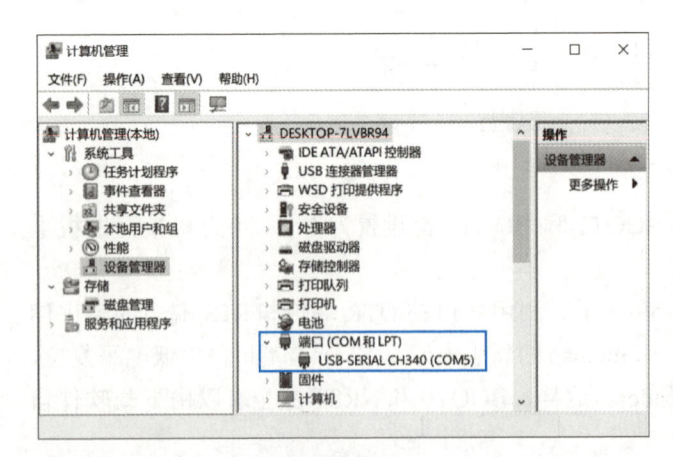

图 1-60　"设备管理器"界面显示 CH340 虚拟串口　　　图 1-61　串口驱动安装成功

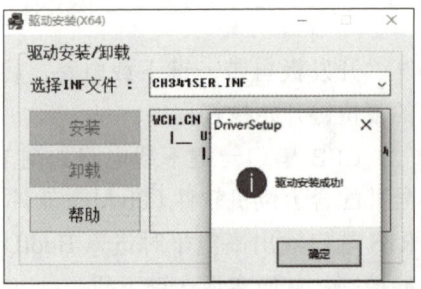

驱动安装成功后，将开发板的 USB_232 接口通过 USB 线连接到计算机，就可以在计算机的"设备管理器"界面中找到 USB 串口了。此时可以用串口下载代码，或者使用串口调试助手与开发板进行串口通信了。

步骤 2：使用 FlyMcu 软件实现串口下载

本任务中串口下载软件选择的是 FlyMcu 软件，可以登录正点原子的官网进行下载该软件。FlyMcu 软件的启动及设置界面如图 1-62 所示。

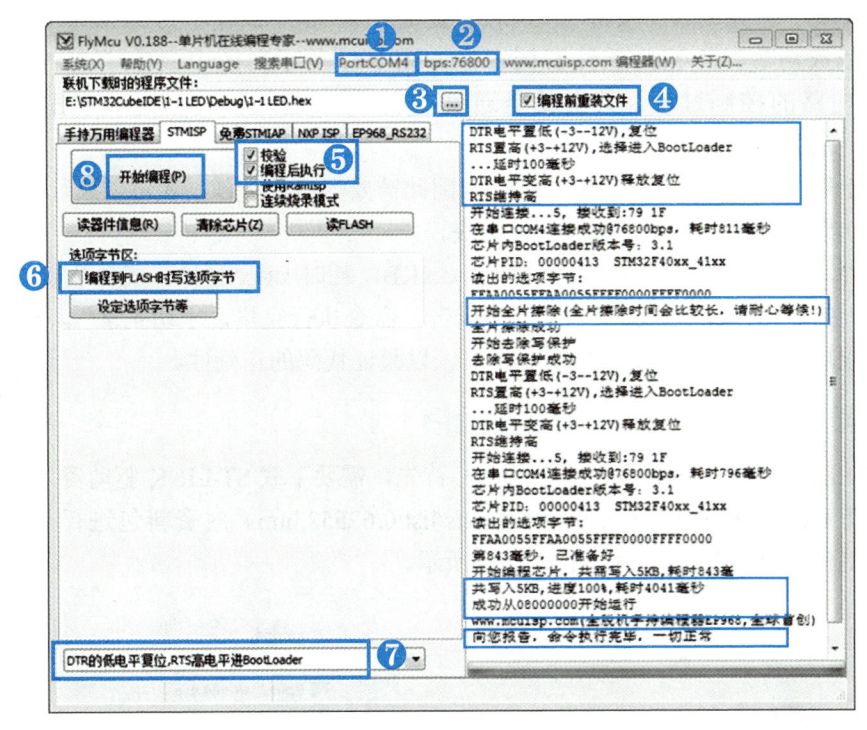

图 1-62　FlyMcu 软件的启动及设置界面

❶ 选择串口。FlyMcu 软件有智能串口搜索功能，每次打开它都会自动搜索当前计算机上可用的串口。也可以选择菜单栏中的"搜索串口"选项，在菜单栏的 Port 框中选择搜索到的可用串口，本任务选择的是 COM4。

❷ 设置串口波特率。可以通过选择菜单栏中的 bps 选项进行串口波特率设置，本任务将波特率设置为 76800bit/s。

❸ 选择要下载的 hex 文件。单击 图标，找到 LED 工程 hex 文件的所在路径，单击"打开"按钮。

（1）Keil MDK 软件生成的 hex 文件所在路径为 1-1 LED\MDK-ARM\1-1 LED\1-1 LED.hex。

（2）CubeIDE 软件生成的 hex 文件所在路径为 1-1 LED\Debug\1-1 LED.hex。

❹ 勾选"编程前重装文件"复选框。在勾选该复选框后，FlyMcu 软件会在每次编程前，将 hex 文件重新装载一遍，这对于后续代码调试是比较有用的。

❺ 勾选"编程后执行"复选框。勾选该复选框后可以在下载程序后自动运行代码。

若未勾选该复选框，则需要按复位键才能开始运行刚刚下载的代码。特别提醒：不要勾选"使用 RamIsp"复选框，否则可能无法正常下载代码。

❻ 取消勾选"编程到 FLASH 时写选项字节"复选框。

❼ 选择"DTR 的低电平复位，RTS 高电平进 BootLoader"选项。选择这个选项，FlyMcu 软件就会通过 DTR 端口和 RTS 端口的输出信号来控制板载的一键下载功能电路，以实现一键下载。如果不选择此选项，则无法实现一键下载。在选择该选项时，BOOT0 必须接 GND。

❽ 单击"开始编程"按钮，或者按快捷键 P，一键下载程序到 STM32 上。

下载成功后，FlyMcu 软件右侧窗口如图 1-62 所示，图中圈出了 FlyMcu 软件对一键下载电路的控制过程，其实就是通过控制 DTR 电平和 RTS 电平来控制 BOOT0 和 RESET，从而实现自动下载。

由于每次下载都需要进行全片擦除，因此需要等待几十秒，才可以执行完成，请耐心等待。如果使用 ST-LINK 下载，会比较快。

另外，下载成功后，会有"共写入 xxxxKB，耗时 xxxx 毫秒，成功从 0X80000000 开始运行"的提示；最后还会提示"向您报告，命令执行完毕，一切正常"。至此，说明程序下载成功了，观察开发板上的实验现象，以验证代码的正确性。

步骤 3：安装 ST-LINK 驱动程序

ST-LINK 仿真下载器如图 1-63 所示。首先，需要下载 ST-LINK 驱动资料包，下载地址为 http://openedv.com/posts/list/0/62552.htm。对资料包进行解压，得到 ST-LINK 驱动包，如图 1-64 所示。

微课

图 1-63　ST-LINK 仿真下载器　　　　图 1-64　ST-LINK 驱动包

可以看到，ST-LINK 驱动包里有两个可执行文件：dpinst_amd64.exe 和 dpinst_x86.exe。首先单击 dpinst_amd64.exe 文件进行安装，如果安装之后没有提示报错，就说明 ST-LINK 驱动安装成功。ST-LINK 驱动安装完成界面如图 1-65 所示。

如果安装过程中有报错，就需要在卸载软件之后单击 dpinst_x86.exe 文件，以安装 ST-LINK 驱动。

ST-LINK 驱动安装成功之后，把如图 1-63 所示的 ST-LINK 仿真下载器通过 USB 线连接计算机，同时通过电源线给开发板供电，连接图如图 1-66 所示。

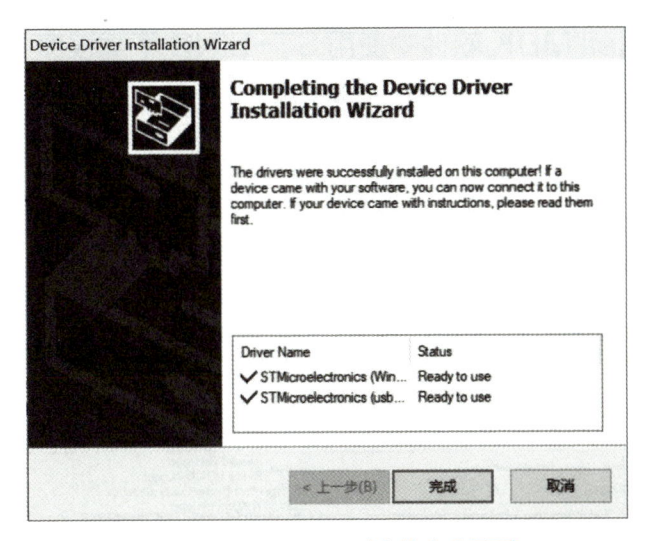

图 1-65　ST-LINK 驱动安装完成界面

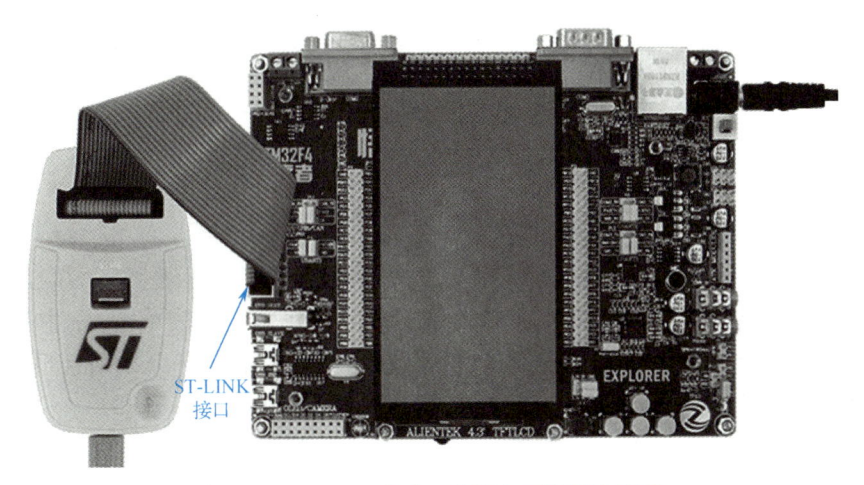

图 1-66　ST-LINK 仿真下载器与开发板连接图

在计算机中打开"设备管理器"界面，可以看到多出一个 ST-LINK 设备。

【注意】在不同 Windows 版本"设备管理器"界面中的 ST-LINK 设备名称可能不同，如图 1-67 所示。

（a）Windows 7中的ST-LINK设备　　　　　　（b）Windows 10中的ST-LINK设备

图 1-67　在"设备管理器"界面中查看 ST-LINK 设备

至此，ST-LINK 驱动安装完成。如果设备名称旁边显示的是黄色叹号，就直接单击设备名称，在弹出的界面中单击"更新设备驱动"按钮。

步骤 4：在 Keil MDK 软件中使用 ST-LINK 下载程序

在 Keil MDK 软件中单击工具栏中的 图标，打开 Options for Target '1-1 LED' 对话框，选择 Debug 选项，进入 Debug 选项卡，如图 1-68 所示。在 Use 下拉列表中，选择 ST-Link Debugger 选项。

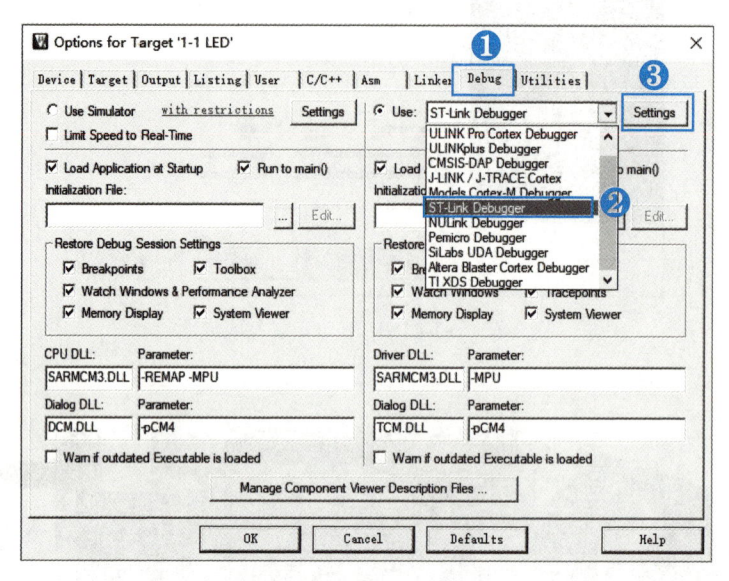

图 1-68　Debug 选项卡

再单击右边的 Settings 按钮，如果弹出如图 1-69 所示的提示框提示 ST-LINK 仿真下载器版本过低，就需要升级 ST-LINK 仿真下载器才能正常运行。单击 Yes 按钮后，在如图 1-70 所示的对话框中，单击 Device Connect 按钮，如图 1-70 所示的对话框中出现设备信息；再单击右下角的 Yes 按钮，ST-LINK 仿真下载器开始升级。

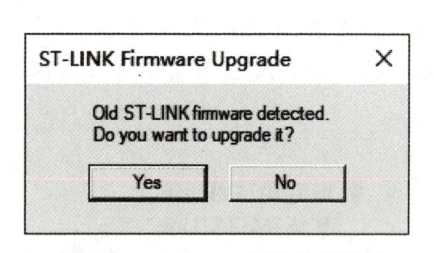

图 1-69　ST-LINK 固件升级提示

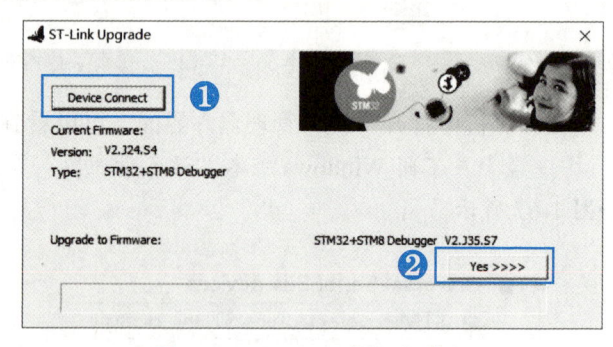

图 1-70　ST-LINK 升级对话框

【注意】在 ST-LINK 仿真下载器升级过程中，千万不能断开 USB 线或计算机的网络。等待升级完成，直到出现 Upgrade is successful 提示更新成功的信息。

回到如图 1-68 所示的 Debug 选项卡，再次单击 Settings 按钮，打开如图 1-71 所示的 Cortex-M Target Driver Setup 对话框。

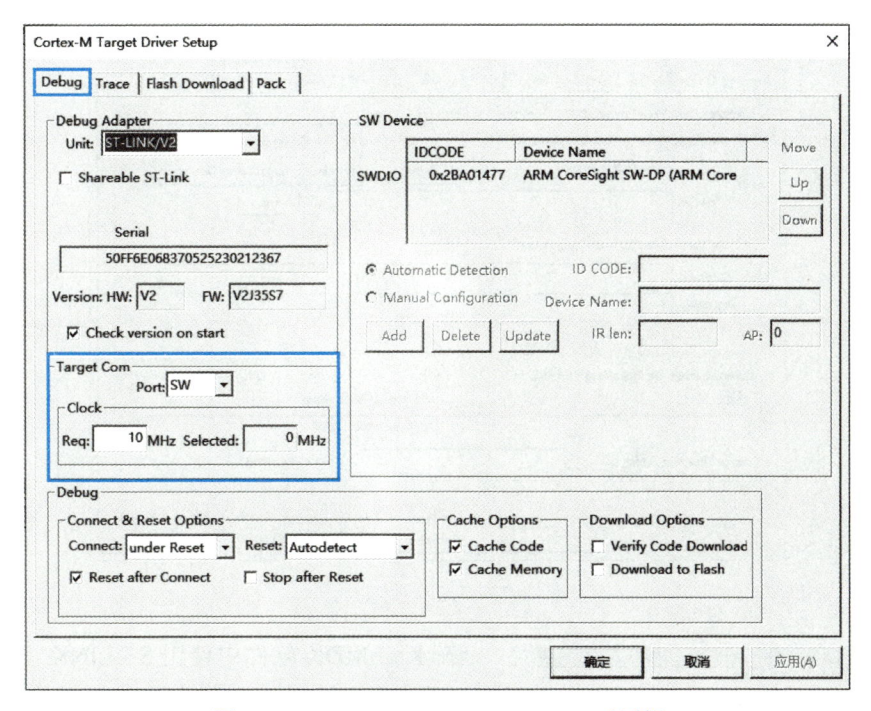

图 1-71　Cortex-M Target Driver Setup 对话框

在 Debug 选项卡中的 Port 下拉列表中有 JTAG 选项和 SW 选项，它们的使用方法是一样的。但是 SW 接口调试更加节省端口，因此建议选择 SW 选项。Req 默认为 10MHz。

选择 Flash Download 选项，进入 Flash Download 选项卡，如图 1-72 所示。勾选 Reset and Run 复选框，设置下载程序后就复位并运行程序。在 Programming Algorithm 列表中，设置芯片的 FLASH 为 1MB，如图 1-72 所示。如果 Programming Algorithm 列表为空白或参数不对，可以单击下方的 Add 按钮添加参数合适的 FLASH，再单击"确定"按钮。

图 1-72　Flash Download 选项卡

返回 Options for Target '1-1 LED' 对话框，选择 Utilities 选项，勾选 Use Debug Diver 复选框和 Update Target before Debugging 复选框，如图 1-73 所示。

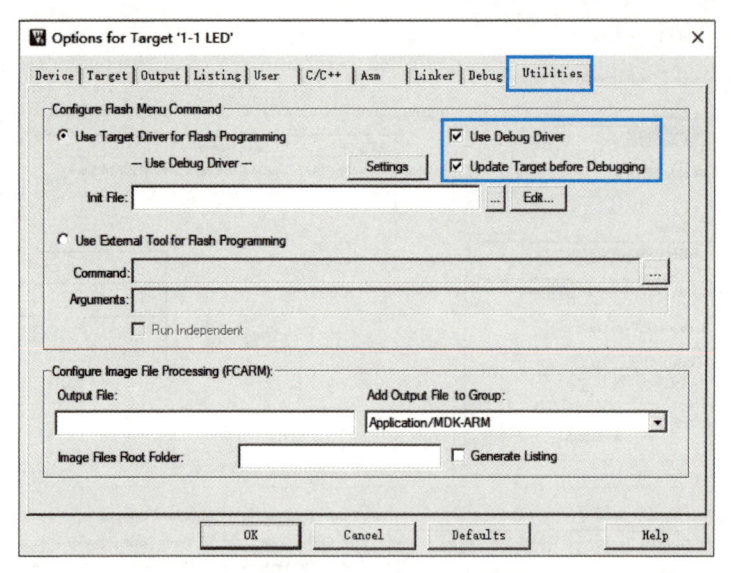

图 1-73　Utilities 选项卡

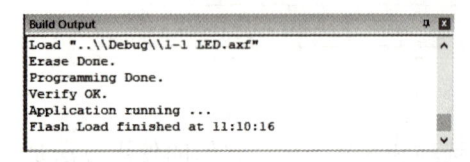

在 Keil MDK 软件中使用 ST-LINK 下载程序：执行 Flash → Download 命令，或者单击工具栏中的 ![LOAD] 图标。图 1-74 所示为程序下载成功的 Build Output 窗格。

图 1-74　程序下载成功的 Build Output 窗格

步骤 5：在 CubeIDE 软件中使用 ST-LINK 下载程序

在 CubeIDE 软件中配置 ST-LINK，如图 1-75 所示。

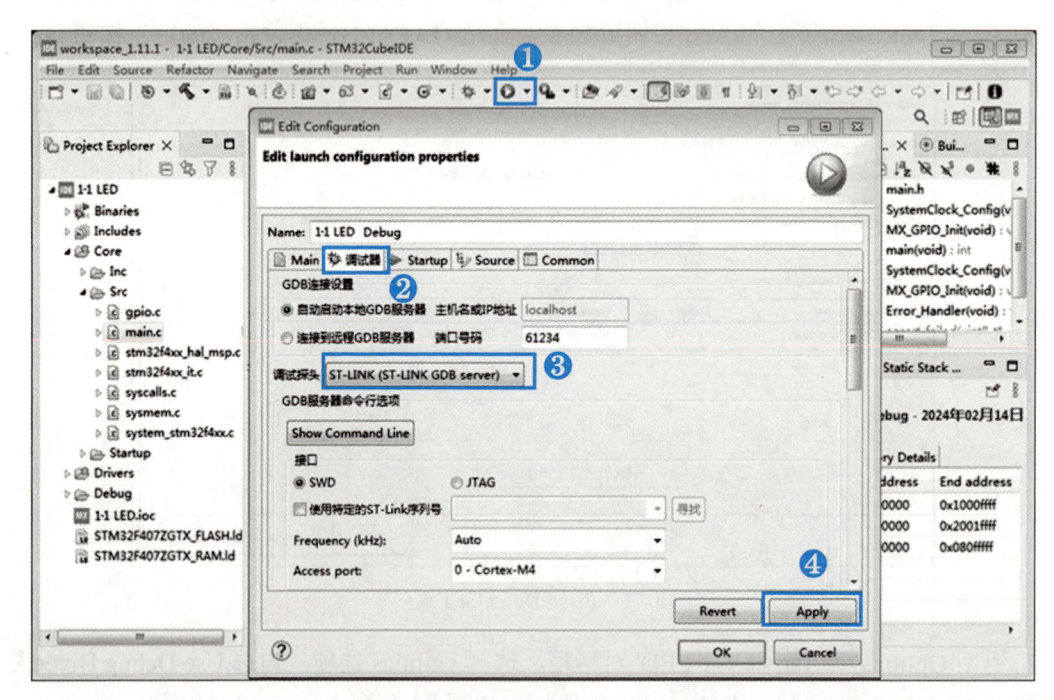

图 1-75　在 CubeIDE 软件中配置 ST-LINK

❶ 单击 ▶ 图标。
❷ 在弹出的 Edit Configuration 对话框中,选择"调试器"选项。
❸ 在"调试探头"下拉列表中选择 ST-LINK 选项。
❹ 其余参数保持默认即可,单击 Apply 按钮,完成 ST-LINK 配置。

【注意】(1)如果出现如图 1-76 所示的提示信息,则说明计算机没有连接 ST-LINK 仿真下载器,要通过 ST-LINK 仿真下载器连接开发板才能正常下载程序。

(2)图 1-77 所示的提示信息为 ST-LINK 仿真下载器版本过低,需要升级才能正常运行。单击 OK 按钮后如果在如图 1-78 所示的对话框中提示 ST-LINK is not in the DFU mode. Plesse restart it,则执行的操作步骤为:先拔掉 ST-LINK 仿真下载器,然后插上 ST-LINK 仿真下载器(需要确保 ST-LINK 仿真下载器没有连上 MCU),再单击 Upgrade 按钮,等待更新完毕,出现 Upgrade is successful 提示更新成功的信息。

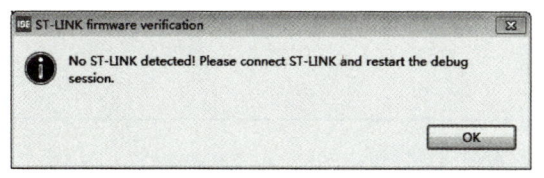

图 1-76　没有连接 ST-LINK 仿真下载器的提示 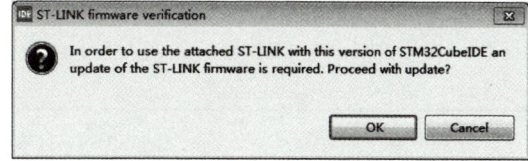　　图 1-77　ST-LINK 仿真下载器需要升级

设置完 ST-LINK 后在 CubeIDE 软件中单击 ▶ 图标,即可下载程序。图 1-79 所示为程序下载成功的 Console 窗格。

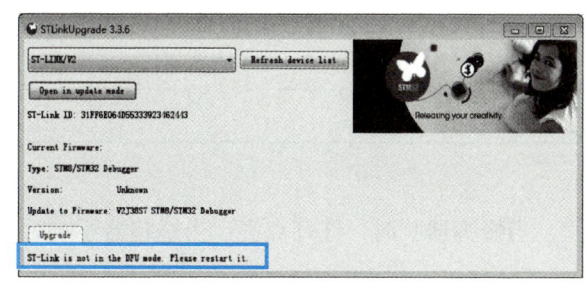

图 1-78　ST-LINK 升级对话框 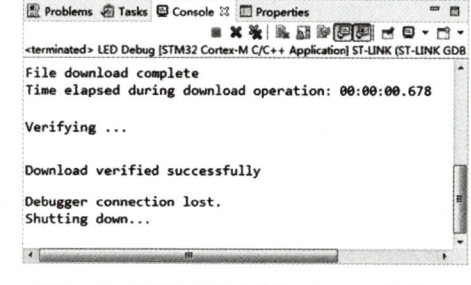　　图 1-79　程序下载成功的 Console 窗格

拓展训练:声光报警器设计

电路设计功能:系统上电时只点亮绿灯,蜂鸣器不响;需要警示时,熄灭绿灯,驱动开发板上的有源蜂鸣器发声,并点亮红灯。循环显示正常和报警状态,每秒切换两次。

1. 硬件电路设计
请根据开发板的电路原理图,在图 1-80 中绘制 LED 和蜂鸣器的连接电路。

2. STM32 工程配置
创建蜂鸣器工程名为 1-2 BEEP,系统时钟配置参考 LED 工程。
根据图 1-80 的外设引脚连接,将 GPIO 配置参数填入表 1-5。

【注意】要求在上电时绿灯不亮、红灯亮、蜂鸣器不响。

扫码看答案

图 1-80　LED 和蜂鸣器的连接电路

表 1-5　GPIO 配置参数

外设名	GPIO	引脚模式 （输入/输出）	初始输出电平 （高/低）	输出模式 （推挽/开漏）	上拉/ 下拉	传输 速度
LED0（绿色）						
LED1（红色）						
BEEP						

3. 编写代码，编译工程

实现功能：蜂鸣器发声，每秒鸣叫两次。当蜂鸣器响时，红灯点亮；当蜂鸣器不响时，绿灯点亮。

```
while (1)
{
    /* USER CODE BEGIN 3 */
    _____//GPIO 引脚电平翻转
    _____// 延时
}
/* USER CODE END 3 */
```

4. 程序下载与调试

（1）通过 USB 连接开发板与计算机，使用串口下载。

（2）打开 FlyMcu 软件，单击 ▣ 按钮，打开蜂鸣器工程的 1-2 BEEP.hex 文件。

（3）选择串口，设置串口波特率为_____。

（4）勾选"编程前重装文件"复选框和"编程后执行"复选框。

（5）在 FlyMcu 软件界面左下方选择"_____"

选项，以实现一键下载。

（6）单击"开始编程"按钮，一键下载代码到 STM32 上，下载成功后观察开发板的实现现象是否符合预期目标。

【项目评价】

按照分组，由项目验收员检查本组成员各个任务的完成情况，并将情况汇总，进行小组自评、组间互评、教师评价，完成项目 1 考核评价表，如表 1-6 所示。

表 1-6 项目 1 考核评价表

姓名		组别		小组成员			
考核项目	考核内容	评分标准	配分	自评 20%	互评 20%	师评 60%
任务 1.1（10 分）	开发板检测	开发板上电检测正常、查阅资料，正确查找开发板 I/O 引脚	10			
任务 1.2（10 分）	软件安装	按计划课内完成软件安装，每拖延一次课扣 5 分，扣完 10 分为止	10			
任务 1.3（10 分）	创建工程	LED 引脚的 GPIO 配置正确；系统时钟配置正确、GPIO 配置正确；工程编译无误	10			
任务 1.4（15 分）	程序下载功能实现	能使用串口或 ST-LINK 正确下载程序，控制两个 LED 每 500ms 同时闪烁一次	15			
拓展训练（25 分）	设计正确	蜂鸣器电路 GPIO 配置正确；程序代码编写正确	10			
	功能实现	下载程序，观察开发板实现功能是否正确	15			
职业素养（30 分）	信息获取	能采取多样化手段收集信息、解决实际问题	10			
	积极主动	主动性强，保质保量完成相关任务	10			
	团队协作	互相协作、交流沟通、分享能力	10			
合计			100			
评价人		时间		总分			

【思考练习】

一、选择题

（　　）1. STM32 是基于 ARM 内核的几位 MCU 系列芯片？
　　　A. 8　　　　　B. 16　　　　　C. 32　　　　　D. 64

（　　）2. STM32F4 的片上闪存多大？
　　　A. 128KB　　　B. 512KB　　　C. 1MB　　　　D. 2MB

（　　）3. STM32F4ZG 共有多少个引脚？
　　　A. 32　　　　B. 64　　　　　C. 100　　　　D. 144

（　　）4. STM32F4 的 CPU 最大运算速度可达到多少？
　　　A. 256MHz　　B. 168MHz　　C. 144MHz　　D. 128MHz

（　　）5. 开发板上 STM32F407 的 PG6 引脚除了连接对应的 I/O 引脚，还连接以下哪个模块电路？

    A. WIRELESS B. FLASH   C. SD CARD   D. USB

（　　）6. STM32 工程中，以下哪个文件夹下放置了 main.c 文件？

    A. Core/Src B. Core/Inc C. Devices/CMSIS/Src D. Debug

（　　）7. CMSIS 分为哪几个基本功能层？

    A. 核内外设访问层   B. 中间件访问层

    C. 调试/跟踪接口层   D. 外设访问层

二、填空题

1. STM32F407ZG 上共有（　　）个 I/O 引脚，其中有（　　）I/O 端口，每组有（　　）个 I/O 口。

2. 本书的 STM32F4 开发板中采用的 MCU 是（　　　　　　）型号。

3. CMSIS 标准是 ARM Cortex（　　　　　　）标准。

4. STM32F4 开发板上的 LED0 和 LED1 是通过 MCU 输出（　　）电平点亮的，因此上拉/下拉模式应配置为（　　　　）。

5. STM32F4 采用一键下载电路，是利用串口的 DTR 端口和 RTS 端口的输出信号，并配合上位机软件（FlyMcu 软件），设置 DTR 端口（　　）电平复位，RTS 端口（　　）电平进入 BootLoader。

三、判断题

（　　）1. STM32F4 支持 FPU 和 DSP 指令。

（　　）2. STM32F4 开发板的复位按键采用高电平复位。

（　　）3. 采用 ST-LINK 下载程序时，可以直接采用 ST-LINK 连接线直接供电。

（　　）4. 采用串口下载程序时，可以直接采用 USB 串口供电。

四、思考题

1. 根据 STM32 系列芯片产品的命名规则，描述 STM32F407ZGT6 和 STM32F103C8T6 的基本特点。

2. 简述 STM32F4 芯片具体有哪些资源。

3. CubeMX 软件的作用是什么？

4. 简述 CubeMX 软件和 CubeIDE 软件的区别与联系。

项目 2　LED 控制设计

项目描述

本项目通过 8 位跑马灯设计、按键控制 LED 设计和串口控制 LED 设计三个任务，介绍 STM32 工程的系统时钟配置、GPIO 配置，以及 STM32 的串行通信。本项目将通过多种方式实现控制 LED 点亮功能。

其中，8 位跑马灯设计可以将定制的跑马灯拓展板直插到开发板 OLED 接口；也可以使用其他跑马灯拓展板，用杜邦线连接开发板对应的 GPIO 来实现。跑马灯拓展板如图 2-1 所示。

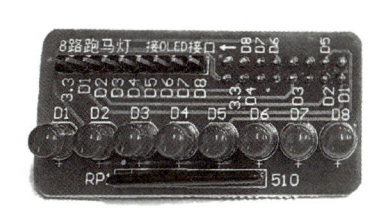

（a）定制的跑马灯拓展板　　　　（b）常见的跑马灯拓展板

图 2-1　跑马灯拓展板

任务 2.1　8 位跑马灯设计

任务描述

【任务要求】

8 位跑马灯设计实现的功能：使 8 个 LED 以 0.5s 时间间隔依次点亮，再依次熄灭。

系统时钟设计要求：使用 HSI 作为 PLL 时钟源，通过 PLL 倍频，使系统时钟频率达到 72MHz。

【学习目标】

知识目标	技能目标	素质目标
➤ 能归纳 STM32F407 的时钟系统的 5 个时钟源的作用及特点 ➤ 会分析系统时钟配置函数 ➤ 能列举 STM32 的 GPIO 工作模式、配置方法及其 API 函数	➤ 能使用 Cube MX/CubeIDE 软件创建 STM32 工程，能正确配置 STM32 系统时钟 ➤ 能正确使用延时函数及 GPIO 相关函数编写程序实现 8 位跑马灯花样 ➤ 能正确连接跑马灯硬件电路，并下载程序，实现 8 位跑马灯设计的功能	➤ 具备严谨细致、精益求精的工作作风和职业素养 ➤ 初步形成创新设计思维

任务学习

2.1.1　STM32F4 的时钟系统及其初始化函数

STM32F4 系统时钟的最高频率为 168MHz，但是并不是所有外设都需要这么高的时钟频率，如看门狗和 RTC 只需要频率为几十千赫的时钟即可。对于同一个电路而言，时钟频率越高，功耗越大，抗电磁干扰能力越弱，所以较为复杂的 MCU 一般都通过采取多时钟源来解决这些问题。

STM32F4 中有 5 个重要的时钟源，分别是 LSI、LSE、HSI、HSE、PLL。其中，PLL 实际上分为两个时钟源，分别为主 PLL 和专用 PLL。STM32F4 的时钟树如图 2-2 所示。

1. LSI

LSI 是 RC 振荡器，频率约为 32kHz，供 IWDG 和自动唤醒单元使用。

2. LSE

LSE 外接频率为 32.768kHz 的石英晶体，主要用作 RTC 的时钟源。

3. HSI

HSI 是一种 RC 振荡器，频率为 16MHz，可以直接作为系统时钟，或者用作 PLL 输入。

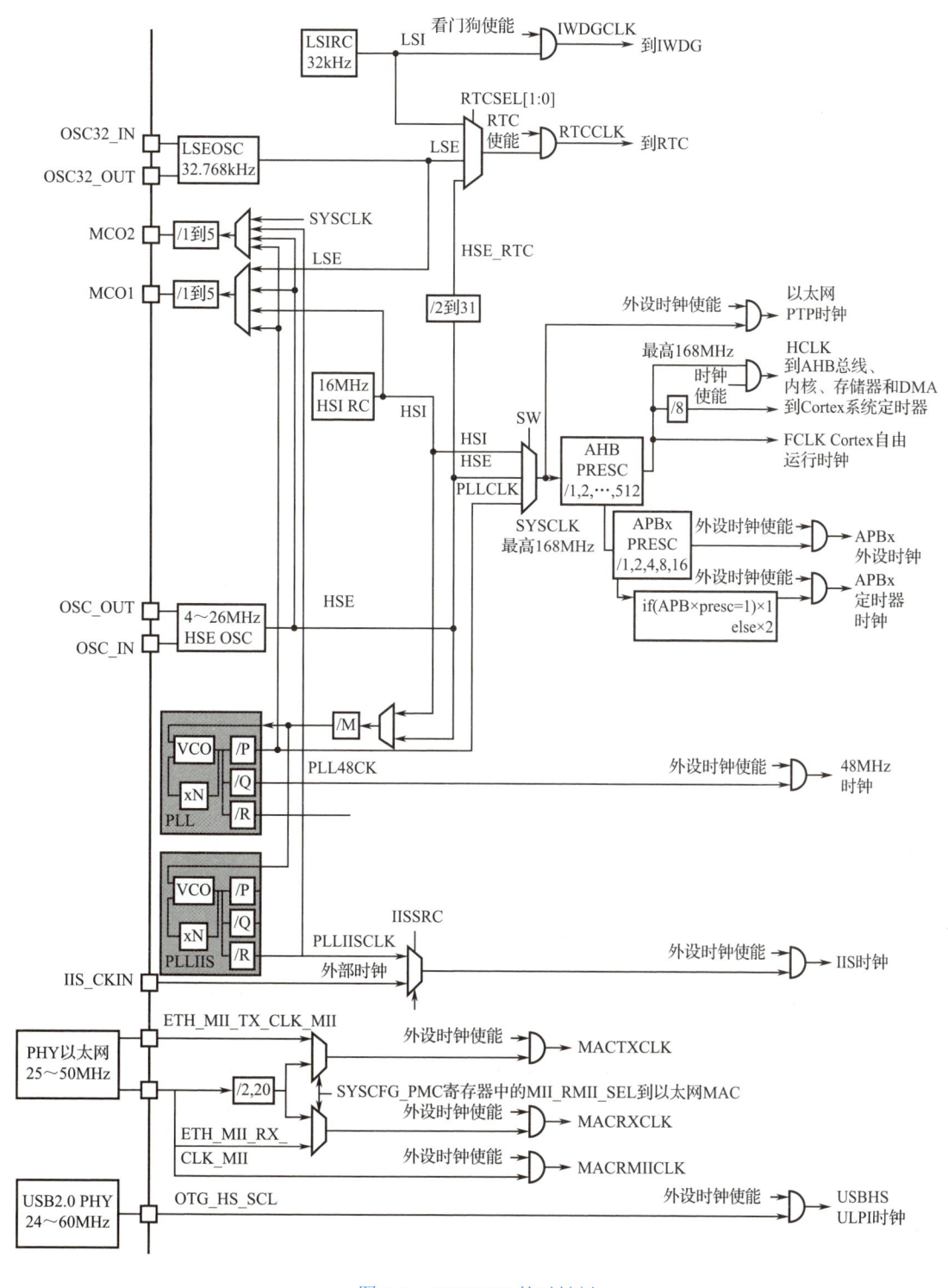

图 2-2　STM32F4 的时钟树

4. HSE

HSE 可接石英/陶瓷谐振器，或者接外部时钟源，频率范围为 4～26MHz。HSE 的外部晶振频率精度比 HSI 的内部振荡电路高。因此，如果电路板上有 HSE，应尽量使用

HSE，但是要注意设置正确的 HSE 晶振频率。本书使用的开发板接的是 8MHz 的晶振。HSE 也可以直接作为系统时钟或 PLL 输入。

5. PLL

STM32F4 有两个 PLL，分别如下。

（1）主 PLL（以下简称为 PLL）：由 HSE 或 HSI 提供时钟信号，具有两个不同的输出时钟。

第一个输出 PLLP，用于生成高速的系统时钟（最高频率为 168MHz）。

第二个输出 PLLQ，用于生成 USB OTG FS 的时钟（频率为 48MHz）、随机数发生器的时钟和 SDIO 时钟。

（2）专用 PLL，也称为 PLLIIS，用于生成精确时钟，从而在 IIS 接口实现高品质音频性能。

图 2-2 中的 SYSCLK 可源于 3 个时钟源：HSI、HSE、PLL。根据选择器及 PLL 的分频倍频公式可算得 SYSCLK 的值，即

$$\text{SYSCLK} = \begin{cases} \text{HSI(16MHz)} \\ \text{HSE}(4 \sim 26\text{MHz}，开发板板载的晶振频率是8MHz) \\ \text{PLLCLK} = \text{HSE}(\text{或 HSI}) \times \dfrac{N}{M \times P}(最高168\text{MHz}) \end{cases} \quad (2\text{-}1)$$

例如，开发板外部晶振的频率为 8MHz，同时设置相应的分频器系数 M=4，倍频器系数 N=168，分频器系数 P=2，那么 PLL 生成的第一个输出高速时钟 PLLCLK 为

PLLCLK=8MHz×N/ (M×P)=8MHz×168/(4×2) = 168MHz

如果选择 HSE 作为 PLL 时钟源，同时 SYSCLK 时钟源为 PLL，那么 SYSCLK 为 168MHz。

CubeMX 软件的具体配置如图 1-28 所示，这里对 AHB 预分频器和 APBx 预分频器进行简单介绍。

● AHB 是 Advanced High Performance Bus 的缩写，是高级高性能总线，是一种系统总线。AHB 主要用于高性能模块（如 CPU、DMA 和 DSP 等）之间的连接。AHB 分频器有 1、2、4、64、16、128、256、512 等参数可以选择，可以输出一个 HCLK，最高频率为 168MHz。AHB 时钟进入 APB1 预分频器将产生 PCLK1 的时钟，最高频率为 84MHz，用来挂一些低速外设。AHB 时钟可以进入 APB2 预分频器产生 PCLK2 的时钟，最高频率为 168MHz，用来挂高速外设。

● APBx 是 Advanced Peripheral Bus 的缩写，是外围总线。在使用任何外设之前，都要使相应时钟使能，否则就无法使用外设。

APB1 上连接的是低速外设，包括电源接口、备份接口、CAN 接口、USB、IIC1、IIC2、UART2、UART3 等。

APB2 上连接的是高速外设，包括 UART1、SPI1、Timer1、ADC1、ADC2、所有普通 GPIO（PA～PE）、第二功能 GPIO 等。

从图 2-2 中可以看出，PLL 时钟要先经过一个分频系数为 M 的分频器，然后经过一个倍频系数为 N 的倍频器，出来之后还需要经过一个分频系数为 P（第一个输出 PLLP）或 Q（第

二个输出 PLLQ）的分频器，才会生成 PLL 时钟（PLLCLK 和 PLL48CK）。

在 main.c 文件中可找到如下 SystemClock_Config() 系统时钟配置函数代码。

```c
void SystemClock_Config(void)
{ /* 定义 RCC_OscInitStruct、RCC_ClkInitStruct 结构体变量，并初始化为 0 */
    RCC_OscInitTypeDef RCC_OscInitStruct = {0};
    RCC_ClkInitTypeDef RCC_ClkInitStruct = {0};
    /* 配置主要内部调节器输出电压 */
    __HAL_RCC_PWR_CLK_ENABLE();
    __HAL_PWR_VOLTAGESCALING_CONFIG(PWR_REGULATOR_VOLTAGE_SCALE1);
    /* 给 RCC_OscInitStruct 结构中的成员变量赋值，初始化 RCC 振荡器 */
    RCC_OscInitStruct.OscillatorType = RCC_OSCILLATORTYPE_HSE;
    RCC_OscInitStruct.HSEState = RCC_HSE_ON;            // 使能 HSE
    RCC_OscInitStruct.PLL.PLLState = RCC_PLL_ON;        // 使能 PLL1
    RCC_OscInitStruct.PLL.PLLSource=RCC_PLLSOURCE_HSE;  //PLL1 输入时钟为 HSE
    RCC_OscInitStruct.PLL.PLLM = 4;     // 配置 PLL1 的分频系数 M 为 4
    RCC_OscInitStruct.PLL.PLLN = 168;   // 配置 PLL1 的倍频系数 N 为 168
    RCC_OscInitStruct.PLL.PLLP = RCC_PLLP_DIV2;         // 配置 PLL1 的分频系数 P 为 2
    RCC_OscInitStruct.PLL.PLLQ = 4;                     // 配置 PLL1 的分频系数 Q 为 4
    /* 调用 HAL_RCC_OscConfig() 函数，以判断 HSE、HSI、LSI、LSE 和 PLL 是否配置完成，若
配置完成，则返回 HAL_OK；若没有配置完成，发生错误，就进入 Error_Handler() 函数（空循环）*/
    if (HAL_RCC_OscConfig(&RCC_OscInitStruct) != HAL_OK)
    { Error_Handler(); }
    /* 初始化 CPU，配置 AHB 和 APB 时钟的分频值 */
    RCC_ClkInitStruct.ClockType=RCC_CLOCKTYPE_HCLK|RCC_CLOCKTYPE_SYSCLK |
                                RCC_CLOCKTYPE_PCLK1 | RCC_CLOCKTYPE_PCLK2;
    RCC_ClkInitStruct.SYSCLKSource = RCC_SYSCLKSOURCE_PLLCLK;
    /* 配置 AHB 分频器为不分频，即 168MHz */
    RCC_ClkInitStruct.AHBCLKDivider = RCC_SYSCLK_DIV1;
    /* 配置 APB1 分频器为 4 分频，即 168MHz/4=42MHz */
    RCC_ClkInitStruct.APB1CLKDivider = RCC_HCLK_DIV4;
    /* 配置 APB2 分频器为 2 分频，即 168MHz/2=84MHz */
    RCC_ClkInitStruct.APB2CLKDivider = RCC_HCLK_DIV2;
    /* 调用 HAL_RCC_ClockConfig() 函数，根据 RCC_ClkInitStruct 指定的参数，初始化 AHB 和
APB，如果初始化不成功，就进入 Error_Handler() 函数 */
    if (HAL_RCC_ClockConfig(&RCC_ClkInitStruct, FLASH_LATENCY_5) != HAL_OK)
    { Error_Handler(); }
}
```

2.1.2 STM32F4 的 GPIO 及其配置

GPIO 全称为 General-Purpose Input/Output，是通用输入输出端口，也称为 I/O 端口。STM32F4 的 GPIO 都连接在 AHB1 上，最高时钟频率为 168MHz，如图 2-2 所示，GPIO 引脚大多能承受 5V 电压。每个 GPIO 的功能可以单独配置为输出模式或输入模式。

1. GPIO 引脚的内部结构

GPIO 引脚的内部结构如图 2-3 所示。

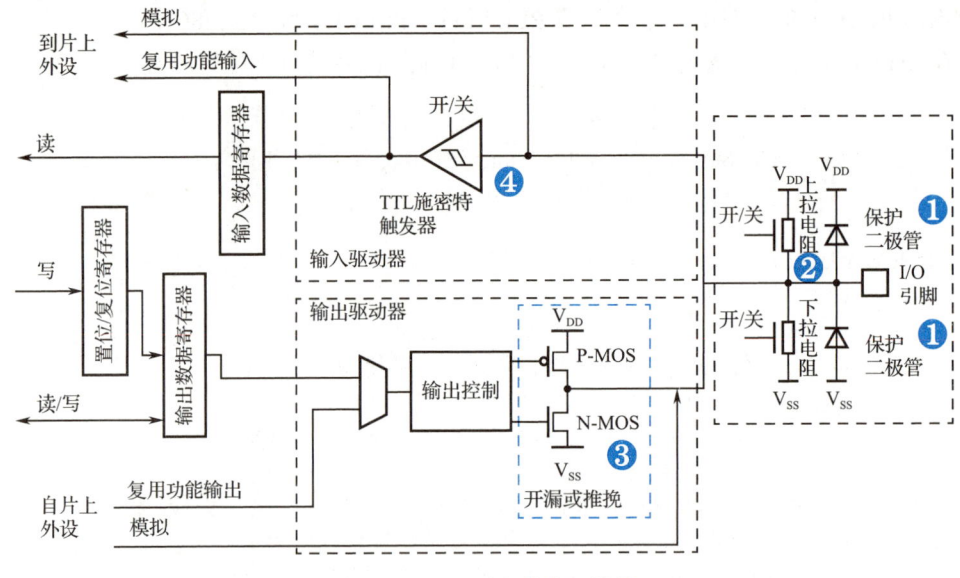

图 2-3　GPIO 引脚的内部结构

❶ 为双向保护二极管。

❷ 为可配置的上拉电阻或下拉电阻，可根据 PUPDR（上拉/下拉寄存器）中的值决定是否打开上拉电阻和下拉电阻。

❸ 为输出缓冲器。当 GPIO 配置为输入模式时，输出缓冲器被关闭；当 GPIO 配置为输出模式时，输出缓冲器被打开，此时可进行如下配置。

① 开漏模式：输出寄存器中的"0"可激活 N-MOS，而输出寄存器中的"1"会使端口保持高组态（Hi-Z）（P-MOS 始终不激活）。

② 推挽模式：当输出低电平时，输出寄存器中的"0"可激活 N-MOS。当输出高电平时，输出寄存器中的"1"可激活 P-MOS。当交替输出高电平、低电平时，N-MOS 和 P-MOS 将交替工作，从而降低了功耗，提高了每个晶体管的承受能力，既提高了电路的负载能力，又提高了晶体管的开关速度。

❹ 为 TTL 施密特触发器，作为输入驱动器，在 GPIO 配置为输入、输出、复用模式时被打开，在 GPIO 配置为模拟模式时关闭。

2. GPIO 模式

每个 GPIO 都可以由 Cube MX 软件或 CubeIDE 软件配置为如下 8 种模式中的任何一种。

（1）浮空输入 GPIO_MODE_IN_FLOATING：作为 GPIO 输入引脚，不使用上拉电阻和下拉电阻，一般多用于识别外部按键输入，如矩阵键盘。在浮空输入模式下，I/O 引脚的电平状态是不确定的，完全由外部输入决定。

（2）上拉输入 GPIO_MODE_IPU：使用上拉电阻输入。当 GPIO 引脚外部无输入时，读取输入电平为高电平。

（3）下拉输入 GPIO_MODE_IPD：使用下拉电阻输入。当 GPIO 引脚外部无输入时，读取输入电平为低电平。

（4）模拟输入 GPIO_MODE_AIN：作为 GPIO 模拟输入引脚，使用 ADC 输入。

（5）推挽输出 GPIO_MODE_OUT_PP：如果不使用上拉电阻或下拉电阻，则输出 1 为高电平，输出 0 为低电平。如果需要增强 GPIO 引脚输出驱动能力，如点亮 LED，则可以配置上拉电阻或下拉电阻。

（6）开漏输出 GPIO_MODE_OUT_OD：GPIO 输出 0 时是低电平，GPIO 输出 1 时是高阻态，相当于三极管的集电极悬空，需要外接上拉电阻，才能实现高电平输出。这样 GPIO 也就可以由外部电路改变为低电平或不变，从而读取 GPIO 输入电平的变化，实现 I/O 双向功能，可应用于 IIC 总线。

（7）复用功能的推挽输出 GPIO_MODE_AF_PP：可用于片内外设功能，如 IIC 的 SCL、SDA 等。

（8）复用功能的开漏输出 GPIO_MODE_AF_OD：可用于片内外设功能，如 TX1、MOSI、MISO、SCK、SS 等。

3. GPIO 相关寄存器

STM32F407 的 GPIO 分为 7 组，每组有 16 个 GPIO 引脚。每组 GPIO 引脚由 10 个 32 位的寄存器控制，具体如下。

（1）4 个 32 位配置寄存器：模式寄存器（MODER）、输出类型寄存器（OTYPER）、输出速度寄存器（OSPEEDR）和 PUPDR。

（2）2 个 32 位数据寄存器：输入数据寄存器（IDR）和输出数据寄存器（ODR）。

（3）1 个 32 位置位 / 复位寄存器（BSRR）。

（4）1 个 32 位锁定寄存器（LCKR）。

（5）2 个 32 位复用功能选择寄存器（AFRH 和 AFRL）。

4. GPIO 输出引脚速度

GPIO 在输出模式下，通过 OSPEEDR 可配置 4 种输出引脚速度（又称输出驱动电路的响应速度），如表 2-1 所示。

表 2-1　GPIO 输出引脚速度配置

输出引脚速度	参数值	速度
低速	GPIO_SPEED_FREQ_LOW	2MHz
中速	GPIO_SPEED_FREQ_MEDIUM	25MHz
快速	GPIO_SPEED_FREQ_HIGH	50MHz
超高速	GPIO_SPEED_FREQ_VERY_HIGH	100MHz

芯片内部在 I/O 口的输出部分安排了多个输出引脚速度不同的输出驱动电路，用户可以根据自己的需要选择合适的输出驱动电路，通过选择输出引脚速度来选择不同的输出驱动电路，以达到最佳的控制噪声和降低功耗的目的。

如果一个信号的频率超过了输出引脚速度，信号就有可能失真。例如，在信号频率为 10MHz，但只配置了 2MHz 的带宽时，10MHz 的方波就有可能变成正弦波。

5. GPIO 引脚的用户标签

main.h 文件中为用户配置的 GPIO 引脚创建了宏定义，这是因为在前面工程配置时设置了 PF9 引脚和 PF10 引脚的用户标签为 LED0 和 LED1。

```
#define LED0_Pin            GPIO_PIN_9
```

```
#define    LED0_GPIO_Port                GPIOF
#define    LED1_Pin            GPIO_PIN_10
#define    LED1_GPIO_Port                GPIOF
```

一个 GPIO 引脚的用户标签生成了两个宏定义，分别是端口宏定义和引脚号宏定义，如 PF9 引脚的用户标签为 LED0，生成了 LED0_Pin 和 LED0_GPIO_Port 两个宏定义。在写函数参数时可以直接用用户标签代替相应的端口及引脚号。例如，1-1 LED 工程中翻转 LED1 引脚输出电平的代码如下。

```
HAL_GPIO_TogglePin(GPIOF, GPIO_PIN_10);
```

上述代码还可以写为如下形式。

```
HAL_GPIO_TogglePin (LED1_GPIO_Port, LED1_Pin);
```

这样就不需要在编写函数参数时去查找 GPIO 的引脚配置表了，直接写用户标签即可，大大提高了代码编写的效率。

6. STM32F4 的 GPIO 初始化函数

gpio.c 文件实现了 LED0 和 LED1 对应 GPIO 的初始化，代码主要分为如下两部分。

（1）先使能要操作的外设对应的时钟。因为复位以后，所有外设的时钟均关闭，所以要操作外设的话，必须先使能对应外设的时钟。

（2）根据用户配置初始化 GPIO 引脚（也就是将这些配置写入对应寄存器），完成外设配置。

GPIO 初始化配置代码如下，分析代码功能，填写注释中空缺的部分。

```
#include "gpio.h"
void MX_GPIO_Init(void)
{
    GPIO_InitTypeDef GPIO_InitStruct = {0};
    /* 使能 GPIO 时钟 */
    __HAL_RCC_GPIOF_CLK_ENABLE();
    __HAL_RCC_GPIOH_CLK_ENABLE();
    __HAL_RCC_GPIOA_CLK_ENABLE();
    /* 配置 GPIO 引脚的初始输出电平为_____电平，LED 为_____（填"熄灭"或"点亮"）*/
    HAL_GPIO_WritePin(GPIOF, LED0_Pin|LED1_Pin, GPIO_PIN_SET);
    /* 配置 GPIO 引脚 */
    GPIO_InitStruct.Pin = LED0_Pin|LED1_Pin;           // 配置_____和_____引脚
    GPIO_InitStruct.Mode = GPIO_MODE_OUTPUT_PP;        // 配置为_____模式
    GPIO_InitStruct.Pull = GPIO_PULLUP;                // 配置为_____
    GPIO_InitStruct.Speed = GPIO_SPEED_FREQ_HIGH;      // 配置输出速度为____MHz
    HAL_GPIO_Init(GPIOF, &GPIO_InitStruct);            // 初始化_____组 GPIO
}
```

扫码看答案

2.1.3 GPIO 相关的 API 函数

为了编写 GPIO 控制代码实现 8 位跑马灯设计的功能，需要先了解与 GPIO 相关的

HAL 函数，在编程软件中打开 Drivers/STM32F4x_HAL Driver/Inc 路径下的 Stm32f4xx_hal_gpio.h 文件。

这里介绍几个重要的 GPIO API 函数。

```
void    HAL_GPIO_Init(GPIO_TypeDef    *GPIOx, GPIO_InitTypeDef *GPIO_Init);
void    HAL_GPIO_DeInit(GPIO_TypeDef    *GPIOx, uint32_t GPIO_Pin);
GPIO_PinState HAL_GPIO_ReadPin(GPIO_TypeDef* GPIOx, uint16_t GPIO_Pin);
void HAL_GPIO_WritePin(GPIO_TypeDef* GPIOx, uint16_t GPIO_Pin, GPIO_PinState PinState);
void HAL_GPIO_TogglePin(GPIO_TypeDef* GPIOx, uint16_t GPIO_Pin);
HAL_StatusTypeDef HAL_GPIO_LockPin(GPIO_TypeDef* GPIOx, uint16_t GPIO_Pin);
```

1. HAL_GPIO_Init() 函数

函数功能：根据 GPIO_Init 中的指定参数初始化 GPIOx 外设。

函数参数：

◆ 形参 GPIOx 是端口号，其中 x 可以是 A, B…F 和 H，是整个芯片可以选择的 GPIO 组别。

◆ 形参 GPIO_Init 是一个 GPIO_InitTypeDef 类型结构体，该结构体包含指定 GPIO 外设的配置信息，如配置的引脚号、引脚工作模式、引脚上拉/下拉模式、引脚速度等级及引脚复用等。

函数返回值：无。

2. HAL_GPIO_DeInit() 函数

函数功能：将 GPIOx 外设寄存器初始化为其默认复位值。

函数参数：GPIOx 和 GPIO_Pin。

函数返回值：无。

3. HAL_GPIO_ReadPin() 函数

函数功能：读取对应 GPIO 引脚的电平状态。

函数参数：GPIOx 和 GPIO_Pin。

函数返回值：GPIO 引脚的电平值，为 0 或 1。

4. HAL_GPIO_WritePin() 函数

函数功能：将某个引脚的输出电平设置为高电平或低电平。

函数参数：GPIOx 和 GPIO_Pin。

函数返回值：无。

5. HAL_GPIO_TogglePin() 函数

函数功能：让某个 GPIO 的输出电平翻转。

函数参数：GPIOx 和 GPIO_Pin。

函数返回值：无。

6. HAL_GPIO_LockPin() 函数

函数功能：锁定某个 GPIO 引脚涉及的寄存器，锁定的寄存器为 MODER、OTYPER、OSPEEDR、PUPDR、AFRL 和 AFRH。

函数参数：GPIOx 和 GPIO_Pin。

函数返回值：枚举型，HAL OK（成功）、HAL ERROR（错误）、HAL BUSY（忙碌）、

HAL_TIMEOUT（超时）。

【思考】GPIO 使用用户标签方法编写代码，填写下列空位，实现对应的 GPIO 函数功能。
（1）写 GPIO 引脚电平，使其输出高电平或低电平。
使 LED0 点亮的函数：
_____
使 LED0 熄灭的函数：
_____
（2）使 LED0 输出电平翻转的函数：
_____
（3）读取 LED0 引脚电平的函数：
_____

扫码看答案

任务实施

步骤 1：8 位跑马灯硬件电路设计

1. 使用直接插到开发板 OLED 接口的跑马灯拓展板

跑马灯拓展板实物如图 2-1（a）所示，其连接的电路原理图如图 2-4 所示。请确定 LED 连接的引脚，要求上电时 LED 不亮，将 GPIO 口的配置模式及参数填入表 2-2。

微课

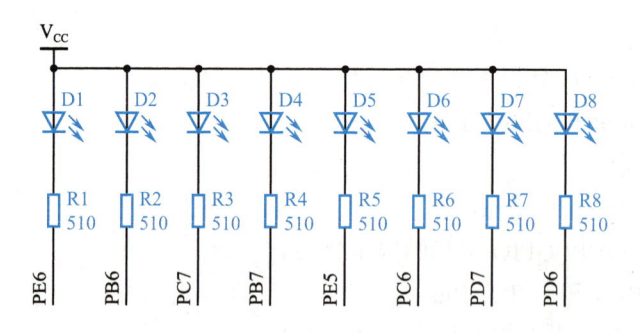

图 2-4 跑马灯拓展板连接的电路原理图

表 2-2 8 位跑马灯引脚的 GPIO 配置

外设名 （用户标签）	D1	D2	D3	D4	D5	D6	D7	D8
GPIO								
引脚模式 （输入/输出）								
输出电平 （高/低）								
输出模式 （推挽/开漏）								
上拉/下拉								
传输速度								

2. 使用通过杜邦线连接开发板的跑马灯拓展板

使用如图 2-1（b）所示的跑马灯拓展板，由于是通过杜邦线将其 LED 引脚与 STM32 连接的，因此其 GPIO 可以自行设定，请在图 2-5 中绘制该 8 个 LED 连接的电路原理图，配置 I/O 口，并将配置模式参数填入表 2-2。

图 2-5　8 位跑马灯的 LED 引脚与 STM32 连接的电路原理图

步骤 2：CubeMX 工程配置

1. 选择芯片，新建工程

扫码看答案

打开 CubeMX（或 CubeIDE）软件，单击 Start new STM32 project 按钮，新建工程；或者执行 File → New → STM32 Project 命令，新建工程。在选择 MCU 界面中，输入 MCU 型号_____，将工程命名为 2-1 LED8。

2. 配置时钟源

本任务中使用 HSI 作为 PLL 的时钟源，通过 PLL 倍频，使系统时钟频率达到 72MHz。

（1）选择 RCC 时钟源。在 Mode 栏，将 High Speed Clock 下拉列表设置为_____，即不使能外部的高速振荡源时钟；将 Low Speed Clock 下拉列表设置为_____，即不使能 LSE。

（2）配置 SYS。选择 SYS 选项，配置 Debug 为_____，其余参数保持默认。此时在右侧的 Point view 标签页中可以看到_____和_____引脚变成绿色，表示被使用。

（3）配置时钟树。在界面上方选择 Clock Configuration 标签，进入时钟配置界面。

① 设置 PLL 的时钟源为 HSI，其频率为____MHz。

② 当设置 PLL 分频系数 M 为 8，PLL 分频系数 P 为 2 时，应设置 PLL 倍频系数 N 为_____。此时系统时钟的时钟源选择 PLLCLK，系统时钟频率即可达到 72MHz。填写计算公式：

$$\text{SYSCLK}=\rule{5cm}{0.4pt}= 72\text{MHz}$$

③ 将 APB1 分频系数设为 2，由此可得 APB1CLK=____MHz，其值不能超过____MHz。将 APB2 的分频系数设为 1，由此可得 APB2CLK=____MHz，其值不能超过____MHz。

3. 配置 GPIO

在 Pinout & Configuration 标签页中，在 Categories 选项卡中依次选择 System Core → GPIO 选项，按表 2-2 配置 8 位跑马灯的 8 个 LED 引脚，设置 GPIO 为_____模式。

4. 生成初始化代码并输出 hex 文件

在 Project Manager 标签页中设置工程名为 2-1 LED8，设置工程保存路径和文本编译器，在 Code Generator 选项卡中勾选 Generate peripheral initialization as a pair of '.c/.h' files per peripheral 复选框，为每个外设生成独立的 .c/.h 文件。

保存工程，生成初始化代码，编译工程。

【注意】关于输出 hex 文件，Keil MDK 软件与 CubeIDE 软件的操作方法不一样，请参考任务 1.3 中的相关操作。

步骤 3：查看和分析项目初始化配置代码

1. 分析系统时钟初始化函数

在 main.c 文件中查找 SystemClock_Config() 函数，代码如下，填写其中空缺部分。main.c 文件所在位置如下。

- 对于 Keil MDK 软件，在 Application/User/Core 文件夹中。
- 对于 CubeIDE 软件，在 Core 文件夹下的 Src 文件夹中。

```
void SystemClock_Config(void)
{
    ......
    /* 给 RCC_OscInitStruct 结构中的成员变量赋值，初始化 RCC 振荡器 */
    RCC_OscInitStruct.OscillatorType = _____;      // RCC 振荡器为 HSI
    RCC_OscInitStruct.HSIState = RCC_HSI_ON;                // 使能 HSI
    RCC_OscInitStruct.HSICalibrationValue = RCC_HSICALIBRATION_DEFAULT;
    RCC_OscInitStruct.PLL.PLLState = RCC_PLL_ON;            // 作用是_____
    RCC_OscInitStruct.PLL.PLLSource = _____;       // PLL 输入时钟为 HSI
    RCC_OscInitStruct.PLL.PLLM = _____;                    // 配置 PLL1 的分频系数 M
    RCC_OscInitStruct.PLL.PLLN = _____;                    // 配置 PLL1 的倍频系数 N
    RCC_OscInitStruct.PLL.PLLP = _____;            // 配置 PLL1 的分频系数 P
    RCC_OscInitStruct.PLL.PLLQ = 4;                         // 配置 PLL1 的分频系数 Q
    ......
    /* 配置 AHB 分频器为_____分频，HCLK=_____MHz */
    RCC_ClkInitStruct.AHBCLKDivider = _____;
    /* 配置 APB1 分频器为_____分频，PCLK1=_____MHz */
    RCC_ClkInitStruct.APB1CLKDivider = _____;
    /* 配置 APB2 分频器为_____分频，PCLK2=_____MHz */
    RCC_ClkInitStruct.APB2CLKDivider = _____;
    ......
}
```

扫码看答案

2. 查看 main.h 文件中的用户标签

main.h 文件是为用户配置的 GPIO 引脚创建的宏定义，代码如下，填写其中空缺部分。

```
#define D5_Pin                   GPIO_PIN_5
#define D5_GPIO_Port             GPIOE
#define D1_Pin                   _____
#define D1_GPIO_Port             _____
#define D6_Pin                   _____
#define D6_GPIO_Port             _____
#define D3_Pin                   _____
#define D3_GPIO_Port             _____
#define _____             GPIO_PIN_6
#define _____             GPIOD
#define _____             GPIO_PIN_7
#define _____             GPIOD
#define _____             GPIO_PIN_6
#define _____             GPIOB
#define _____             GPIO_PIN_7
#define _____             GPIOB
```

【思考】上述 GPIO 引脚宏定义是以什么规律排列的？

main.h 文件所在位置如下。

◆ 对于 CubeIDE 软件，在 Core 文件夹下的 Inc 文件夹中。

◆ 对于 Keil MDK 软件，在 Project 窗格中展开 main.c 文件前面的田符号，可以找到 main.h 文件，双击文件打开即可。

3. 查看 GPIO 引脚初始化配置函数

gpio.c 源文件和 gpio.h 头文件是 CubeMX 软件在生成初始化代码时自动生成的用户配置文件，gpio.h 头文件定义了一个 GPIO 引脚的初始化函数 MX_GPIO_Init()，gpio.c 源文件中包含了 MX_GPIO_Init() 函数的实现代码，对 8 个 LED 对应的 GPIO 进行初始化配置。

gpio.c 源文件中的 MX_GPIO_Init() 函数部分代码如下，分析并填写其中空缺部分。

```
void MX_GPIO_Init(void)
{
    GPIO_InitTypeDef GPIO_InitStruct = {0};        //GPIO 初始化类型定义结构体
    /* 使能 GPIO 时钟 */
    _____;  // 使能 D1 和 D5 的 GPIO 时钟
    __HAL_RCC_GPIOC_CLK_ENABLE();          // 使能_____和_____的 GPIO 时钟
    __HAL_RCC_GPIOA_CLK_ENABLE();          // 使能_____的 GPIO 时钟
    __HAL_RCC_GPIOD_CLK_ENABLE();          // 使能_____和_____的 GPIO 时钟
    __HAL_RCC_GPIOB_CLK_ENABLE();          // 使能_____和_____的 GPIO 时钟
    /* 配置 GPIO 引脚的输出电平，使 LED 上电不亮 */
    _____( _____, D5_Pin|D1_Pin, _____ );
    _____(GPIOC, _____, _____ );
    _____( _____, D8_Pin|D7_Pin, _____ );
    _____(GPIOB, _____, _____ );
    /* 配置_____组的 GPIO 引脚 */
    GPIO_InitStruct.Pin = _____|_____;    //LED 引脚
    GPIO_InitStruct.Mode = _____;                 // 输出模式
    GPIO_InitStruct.Pull = _____;                 // 上拉 / 下拉模式
```

```
    GPIO_InitStruct.Speed =_____;     // 传输速度
    _____(GPIOE, &GPIO_InitStruct);           // 初始化 GPIO
    ......  // 省略其他组的 GPIO 配置代码
}
```

扫码看答案

步骤 4：编写 LED 控制函数

1. 编写 LED 驱动函数

通常使用 HAL_GPIO_WritePin() 函数或 HAL_GPIO_TogglePin() 函数控制 LED 的亮灭，但每次都需要编写其 GPIO 的组别及引脚参数，比较烦琐。这里将 LED 的常用操作封装为几个函数。例如，当定义参数 x 取值分别为 1～8 时，LED_ON(x) 分别点亮 D1～D8；LED_OFF(x) 分别熄灭 D1～D8；LED_Toggle(x) 分别翻转 D1～D8 的输出电平。

微课

在使用函数前需要将这些 LED 驱动函数在 main.c 文件的 /* USER CODE BEGIN PFP */ 和 /* USER CODE END PFP */ 之间进行定义，代码如下。

```
/* USER CODE BEGIN PFP */
void LED_ON(uint8_t x);        // 点亮 LEDx
void LED_OFF(uint8_t x);       // 熄灭 LEDx
void LED_Toggle(uint8_t x);    // 翻转 LEDx 的输出电平
/* USER CODE END PFP */
```

在用户代码四段中编写函数的实现代码，代码如下。

```
/* USER CODE BEGIN 4 */
void LED_ON(uint8_t x)      // 点亮 LEDx
{
  switch(x)
  {
    case 1: HAL_GPIO_WritePin(D1_GPIO_Port, D1_Pin, GPIO_PIN_RESET); break; // 点亮 D1
    case 2: HAL_GPIO_WritePin(D2_GPIO_Port, D2_Pin, GPIO_PIN_RESET); break; // 点亮 D2
    case 3: HAL_GPIO_WritePin(D3_GPIO_Port, D3_Pin, GPIO_PIN_RESET); break; // 点亮 D3
    case 4: HAL_GPIO_WritePin(D4_GPIO_Port, D4_Pin, GPIO_PIN_RESET); break; // 点亮 D4
    case 5: HAL_GPIO_WritePin(D5_GPIO_Port, D5_Pin, GPIO_PIN_RESET); break; // 点亮 D5
    case 6: HAL_GPIO_WritePin(D6_GPIO_Port, D6_Pin, GPIO_PIN_RESET); break; // 点亮 D6
    case 7: HAL_GPIO_WritePin(D7_GPIO_Port, D7_Pin, GPIO_PIN_RESET); break; // 点亮 D7
    case 8: HAL_GPIO_WritePin(D8_GPIO_Port, D8_Pin, GPIO_PIN_RESET); break; // 点亮 D8
    default: break;
  }
}
void LED_OFF(uint8_t x)     // 熄灭 LEDx
{
  switch(x)
  {
    case 1: HAL_GPIO_WritePin(D1_GPIO_Port, D1_Pin, GPIO_PIN_SET); break; // 熄灭 D1
    ......   // 自行补全熄灭 D2～D7 的代码
    case 8: HAL_GPIO_WritePin(D8_GPIO_Port, D8_Pin, GPIO_PIN_SET); break; // 熄灭 D8
```

```
      default: break;
    }
}
void LED_Toggle(uint8_t x)      // 翻转 LEDx 的输出电平
{
    switch(x)
    {
      case 1: HAL_GPIO_TogglePin(D1_GPIO_Port, D1_Pin); break; // 翻转 D1 的输出电平
      ......     // 自行补全翻转 D2 ～ D7 的输出电平的代码
      case 8: HAL_GPIO_TogglePin(D8_GPIO_Port, D8_Pin); break; // 翻转 D8 的输出电平
      default: break;
    }
}
/* USER CODE END 4 */
```

编写 LED 驱动函数后，进行工程编译，要求编译无误。

2. 编写跑马灯主函数

8 位跑马灯设计的功能是驱动 LED 实现两种以上的跑马灯花样，其中一种花样是使 8 个 LED 以 0.5s 时间间隔单个依次点亮，再依次熄灭；其他花样自行设计，其程序的设计流程如图 2-6 所示。

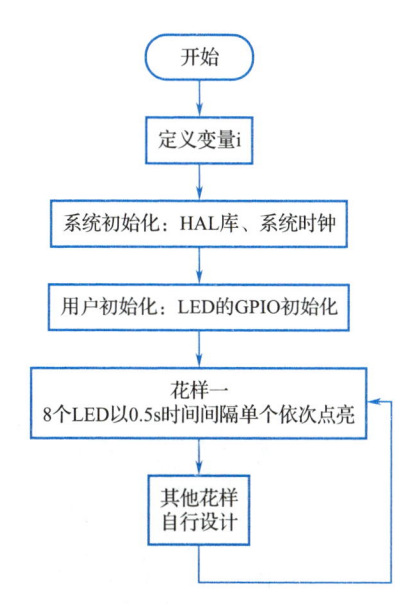

图 2-6　8 位跑马灯 main 主程序代码流程图

下面的 main.c 文件中的主函数给出了花样一的实现代码，其他花样的实现代码可自行编写。例如，可以实现先奇数 LED 点亮，再偶数 LED 点亮；或者从中间向两边点亮 LED 等。

```
int main(void)
{
    /* USER CODE BEGIN 1 */
    uint8_t i;   //i 取值为 1 ～ 8，因此将其定义为无符号整型 8 位长度变量即可
```

```c
/* USER CODE END 1 */
HAL_Init();
SystemClock_Config();
/* Initialize all configured peripherals */
MX_GPIO_Init();
/* USER CODE BEGIN WHILE */
while (1)
{   /* 花样一：8 个 LED 以 0.5s 时间间隔单个依次点亮 */
    for(i=1;i<=8;i++)
    {
        LED_ON(i);          // 点亮 LED
        HAL_Delay(500);     // 延时
        LED_OFF(i);         // 熄灭 LED
    }
    /* 其他花样：_____ */
    for(_____)
    {
        _____
        _____
        _____
        _____
    }
  /* USER CODE END WHILE */
 }
}
```

编写 8 位跑马灯的主函数后，进行工程编译，要求编译无误。

步骤 5：上板验证跑马灯功能

（1）将跑马灯拓展板通过开发板左下角的 OLED 接口与开发板连接，如图 2-7 所示。

【注意】背面排针靠左对齐（左侧第一列为 3.3V 电源和 GND 接口）。

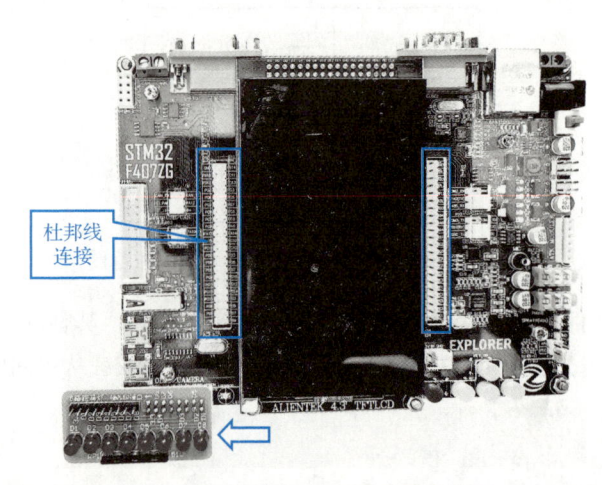

图 2-7 跑马灯拓展板与开发板连接图

如果使用杜邦线连接，则根据液晶显示器两旁排针座的丝印提示（见图 2-7）直接连接即可。

（2）下载程序。串口下载程序按照任务 1.4 中"任务实施"部分的步骤 2 实现，使用 ST-LINK 下载程序按照任务 1.4 中"任务实施"部分的步骤 4、步骤 5 实现。

（3）观察 8 位跑马灯是否能正常实现两种花样。若不能正常实现，请修改代码，重新下载程序并调试，直至能够实现。

拓展训练：循环点亮 RGB 灯

电路设计功能：RGB 灯中有红（Red）、绿（Green）、蓝（Blue）3 种颜色的灯珠，请实现依次点亮 3 种颜色的灯珠，每秒切换 1 种颜色。

1. 硬件电路设计

请根据如图 2-8 所示的 RGB 灯拓展板及其电路原理图，将 GPIO 配置填入表 2-3，要求上电时 RGB 灯不亮，传输速度为中速。

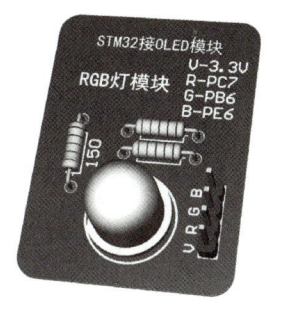

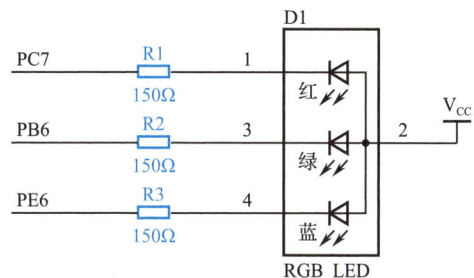

图 2-8 RGB 灯拓展板及其电路原理图

扫码看答案

表 2-3 RGB 灯的 GPIO 配置

外设名 （用户标签）	GPIO	引脚模式 （输入 / 输出）	初始输出电平 （高 / 低）	输出模式 （推挽 / 开漏）	上拉 / 下拉	传输速度
RLED						
GLED						
BLED						

2. CubeMX 工程配置

（1）选择芯片，新建工程，设置工程名为 2-1 RGB。

（2）系统时钟设置：本任务使用 HSI（频率为＿＿＿＿）作为 PLL 的时钟源，设置 PLL 的分频系数 M 和分频系数 P 分别为 8 和 2，倍频系数 N 为＿＿＿＿，使系统时钟频率达到 84MHz。APB1 和 APB2 如果要满足设计要求，应该分别设置其分频系数最小值为＿＿＿＿和＿＿＿＿。

（3）配置 GPIO，根据如表 2-3 所示的 RGB 灯的 GPIO 配置，正确配置 GPIO。

（4）生成初始化代码，并进行编译。

3. 软件设计和上板调试

（1）在 while() 循环中编写代码，实现依次点亮 3 种颜色的灯珠，每秒切换 1 种颜色。

（2）将 RGB 灯拓展板接到 STM32 F407 开发板上，可通过杜邦线或 OLED 接口连接，如果连接 OLED 接口，请注意背排针要靠左对齐。

（3）下载程序，观测和调试电路功能。

任务 2.2　按键控制 LED 设计

◎ 任务描述

↘【任务要求】

STM32F4 开发板上 4 个独立按键排列图如图 2-9 所示。按键控制 LED 设计实现的功能如下。

（1）KEY0：按一次 LED0 点亮，再按一次熄灭。
（2）KEY1：按一次 LED1 点亮，再按一次熄灭。
（3）KEY2：LED0、LED1 交替闪烁或同时亮灭。
（4）KEY_UP：按一次蜂鸣器响，再按一次蜂鸣器停。

KEY_UP

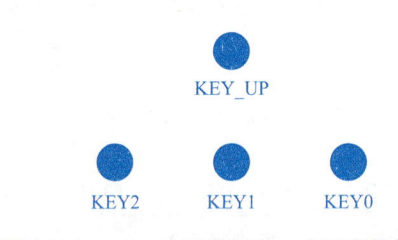

KEY2　KEY1　KEY0

图 2-9　STM32F4 开发板上 4 个独立按键排列图

要求：按照 STM32F4 开发板上按键、LED 和蜂鸣器的硬件电路配置相应的 GPIO，且上电时 LED 不亮，蜂鸣器不响。创建 STM32 工程，使系统时钟频率达到 168MHz，编写程序，上板调试实现上述功能。

↘【学习目标】

知识目标	技能目标	素质目标
➢ 能简述独立按键的工作原理和按键扫描设计思路	➢ 会创建 STM32 工程，配置时钟树，配置按键、LED 和蜂鸣器等外设的 GPIO ➢ 会创建按键和 LED 的外设驱动文件，能编写按键扫描函数 ➢ 能正确编写按键控制 LED 的程序，并将程序下载到开发板上实现按键控制 LED 设计的功能	➢ 培养分析问题和解决问题的能力 ➢ 培养注重逻辑和结构的编程思维

任务学习

2.2.1 按键工作原理

在使用按键时需要先初始化按键，也就是读取和按键相连的引脚的电平状态，将按键的 GPIO 引脚设置为输入模式，再根据按键的电路连接情况设置相应的 GPIO 工作方式。由于 STM32 的 GPIO 引脚自带上拉电阻和下拉电阻，因此硬件电路部分不需要增加额外的电阻来实现上拉/下拉。

独立按键设计主要有两种实现方式，电路原理如图 2-10 所示。

（a）高电平检测独立按键　　　　　　　（b）低电平检测独立按键

图 2-10　独立按键连接电路原理图

1. 高电平检测独立按键

如图 2-10（a）所示，按键的一端连接到 MCU 的 I/O 口，另一端连接到 V_{CC}，GPIO 初始化配置为下拉输入模式或浮空输入模式。当按下按键时导通，在 I/O 口检测到高电平输入。

2. 低电平检测独立按键

如图 2-10（b）所示，按键的一端连接到 MCU 的 I/O 口，另一端连接到 GND，GPIO 初始化配置为上拉输入模式或浮空输入模式。当按下按键时，在 I/O 口检测到低电平输入。

由此可知，低电平检测独立按键与高电平检测独立按键的判断条件是相反的。实现方式不同的独立按键的按键检测函数也不相同，只有按键检测方式与独立按键实现方式相对应，才能确保功能正常。

另外，单片机读取速度很快，按键一般为机械弹性开关。由于机械触点具有弹性作用，因此按键在闭合时不会立刻稳定地接通，在断开时也不会立刻断开。如果在按下瞬间读取电平状态，则在 I/O 口检测到的电平可能是忽高忽低的不稳定状态。图 2-11 所示为按键按下为低电平的抖动现象。

图 2-11　按键按下为低电平的抖动现象

在按键被按下及放开瞬间均伴随有一连串的抖动，为了消除这种现象而采取的措施就是按键消抖。按键消抖的方法有硬件消抖和软件消抖，本任务采用的是软件消抖。

软件消抖：检测到按键被按下后，一般进行 10～20ms 延时，以跳过按键抖动时间。

不同类型的按键抖动时间可能有偏差。按键被按下以后,待延时过后再检测按键状态。如果检测到按键没有被按下,就认为这是由抖动或干扰造成的;如果检测到按键被按下,就认为按键真的被按下了。对放开按键的判断同理。

硬件消抖:利用 R-S 触发器或单稳态触发器构成消抖电路,或者利用 RC 积分电路吸收振荡脉冲的特点来达到消抖效果。

2.2.2 独立按键输入检测函数设计

很多项目开发过程都会涉及按键,为了使按键的功能多元化,通常会对按键的单击、双击、长按等操作进行区别,从而实现更多功能。其中,单击和双击都是不支持连续按的模式,而长按是支持连续按的模式,现在分析一下它们的实现原理和过程。

1. 支持连续按

图 2-12 所示为按键支持连续按的时序图。本任务的硬件设计为当按键被按下时为低电平,若硬件设计不一致,反过来即可,原理是相同的。

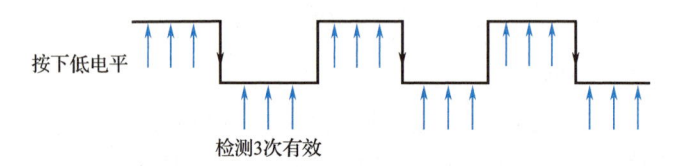

图 2-12 按键支持连续按的时序图

通过按键输入检测函数,每周期检测一次按键的输入电平。当检测到有按键被按下时,返回一次按键值,若再次检测按键仍是被按下状态,则继续返回对应的按键值,以实现长时间按下按键没有松开时返回多次按键值,触发多次按键事件。这就是支持连续按模式。

对应的按键检测函数设计思路如下。

```
uint8_t  KEY_Scan(void)
{   if(KEY 按下)
    {
        delay_ms(10); // 延时 10 ～ 20ms,消抖
        if(KEY 确实按下)
        {   return 按键值; }
    }
    return 无效值;
}
```

2. 不支持连续按

不支持连续按就是当按键被按下了,没有松开,只算按下一次按键。这种模式的按键输入检测函数需要记录上次是否检测到按键被按下。如果上次没有检测到按键被按下,这次检测到按键被按下,则返回一次按键值,并标记按键按下。在上次检测到按键被按下时,如果本次仍检测到按键被按下,则不做任何处理,直到检测到按键被松开,则标记按键松

开,然后等待下次按键被按下再返回按键值。因此,按下按键不松开,只算按下一次,其对应的按键检测函数设计思路如下。

```
uint8_t KEY_Scan(void)
{   static uint8_t key_状态 =1;    // 按键松开,只初始化一次
    if(key_状态 && KEY按下)
    {
        delay_ms(10);              // 按键消抖
        key_状态 =0;               // 标记按键按下
        if(KEY 确实按下)
            {   return 按键值;    }
    }
    else if(KEY 没有按下)  key_状态 =1;   // 标记按键松开
}
```

3. 两种模式合二为一

将支持连续按模式和不支持连续按模式合并,需要引入一个模式判断参数 mode,当 mode 为 1 时为支持连续按模式,每次都把 KEY_UP 状态标记为松开,即不需要判断按键状态。当 mode 为 0 时为不支持连续按模式,需要根据 KEY_UP 状态来判断是否进行下一步操作。

这种合二为一模式对应的按键检测函数设计思路如下。

```
uint8_t KEY_Scan(uint8_t mode)
{   static uint8_t  key_状态 =1;      // 初始化一次,标记按键松开
    if(mode==1)  key_状态 =1;         // 如果支持连续按,标记按键松开
    if(key_状态 && KEY按下)
    {
        delay_ms(10);  // 消抖
        key_状态 =0;  // 标记按键按下
        if(KEY 确实按下)
            {   return 按键值;   }
    }
    else if(KEY 没有按下)  key_状态 =1;   // 标记按键松开
    return 无效值;
}
```

本任务选用合二为一模式来编写按键检测函数。

任务实施

步骤 1:硬件电路设计

微课

根据如图 2-13 所示的 LED、蜂鸣器及 4 个独立按键的电路原理图,配置 GPIO。

设计要求:初始状态为 LED 不亮、蜂鸣器不响。将 GPIO 配置模式及参数填入表 2-4 中。

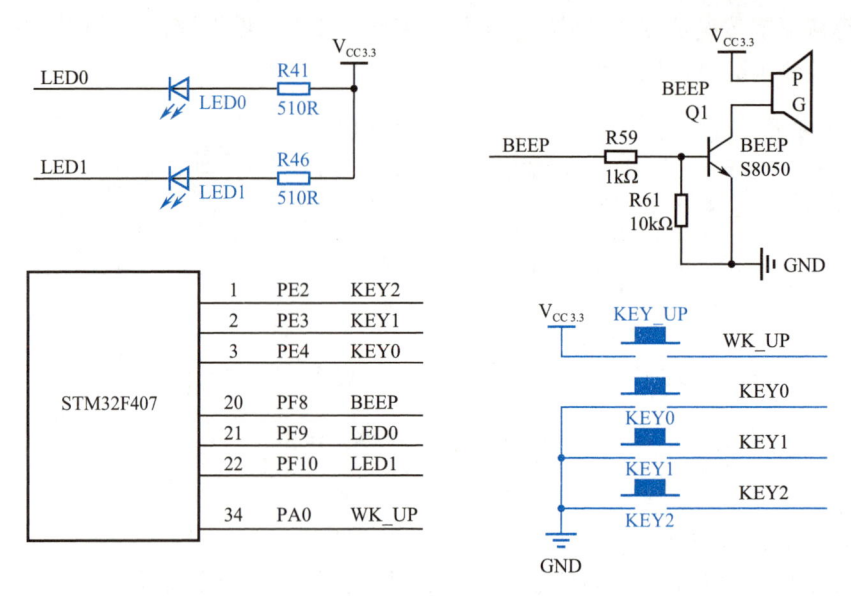

图 2-13 LED、蜂鸣器及 4 个独立按键的电路原理图

表 2-4 按键控制 LED 的引脚 GPIO 配置

外设名 （用户标签）	GPIO	引脚模式 （输入/输出）	输出电平 （高/低）	输出模式 （推挽/开漏）	上拉/下拉	传输速度
KEY_UP						
KEY0						
KEY1						
KEY2						
BEEP						
LED0						
LED1						

图 2-13 中的 4 个独立按键都没有上拉/下拉电阻，因此需要在 STM32F4 内设置 GPIO 引脚为上拉输入、下拉输入。KEY0、KEY1 和 KEY2 是低电平有效的，在按键没有被按下时应输入 MCU 高电平，所以设置为上拉输入；而 KEY_UP 是高电平有效的，在按键没有被按下时应输入 MCU 低电平，所以设置为下拉输入。

步骤 2：CubeMX 工程配置

1. 配置系统时钟

本任务使用 HSE 作为 PLL 的时钟源，通过 PLL 倍频，使系统时钟频率达到 168MHz。

（1）打开 CubeIDE 软件或 CubeMX 软件，执行 File → New → STM32 Project 命令，

扫码看答案

新建工程，在 MCU 界面中，输入 MCU 型号为＿＿＿＿＿＿＿＿＿，工程名为 2-2 KEY。

（2）配置时钟源。选择 System Core 选项，再选择 RCC 选项使能 HSE，即设置 High Speed Clock 下拉列表为＿＿＿＿＿＿＿＿＿＿。不使用 LSE，即设置 Low Speed Clock 下拉列表为＿＿＿＿＿＿＿＿＿。此时在右侧的 Pinout view 标签页中，可以看到＿＿＿＿＿和＿＿＿＿＿引脚变成绿色，说明引脚连接了外部高速晶振。

（3）配置 SYS。选择 SYS 选项，配置 Debug 为＿＿＿＿＿＿＿，其余参数保持系统默认值。

（4）配置时钟树。在界面上方选择＿＿＿＿＿＿＿＿＿＿＿＿＿＿配置时钟树。

① 设置 PLL 时钟源为 HSE，设置开发板板载的晶振为＿＿＿MHz。

② 将 PLL 的分频系数 M 设置为 4，倍频系数 N 设置为 168，分频系数 P 配置为＿＿＿。

③ 系统时钟源选择 PLLCLK，系统时钟频率达到＿＿＿＿＿MHz。计算公式为 SYSCLK=＿＿＿＿＿＿＿＿＿＿＿＿＿＿＿=＿＿＿＿＿MHz。

④ 将外设时钟 APB1 设置为 4 分频，由此可得 APB1CLK=＿＿＿＿MHz，其值不能超过＿＿＿MHz。

⑤ 将外设时钟 APB2 设置为 2 分频，由此可得 APB2CLK=＿＿＿＿MHz，其值不能超过＿＿＿MHz。

2. 配置 GPIO，生成初始化代码

（1）配置 GPIO：在 Pinout & Configuration 标签页中，在 Categories 选项卡中依次选择 System Core → GPIO 选项，按表 2-4 配置 LED、BEEP 和按键的引脚。

（2）将工程名设置为 2-2 KEY，只复制必要的库，为每个外设生成独立的 .c/.h 文件，生成初始化代码。

（3）编译工程，要求编译无误。

3. 查看和分析初始化代码

生成工程文件的初始化代码后，请填写以下实现代码所在文件的名称。

（1）在＿＿＿＿＿＿文件中，编写了系统时钟配置函数 SystemClock_Config()。

（2）在＿＿＿＿＿＿文件中，通过设定的 GPIO 用户标签，生成了引脚的宏定义。

（3）在＿＿＿＿＿＿文件中，声明了 GPIO 引脚的初始化函数 MX_GPIO_Init()。

（4）在＿＿＿＿＿＿文件中，编写了 MX_GPIO_Init() 函数，配置了 GPIO 引脚。

【提示】在软件中打开 .c 源文件和 .h 头文件的方法参见任务 2.1 "任务实施"部分的步骤 3。

步骤 3：创建外设驱动文件，添加文件路径

LED、蜂鸣器和按键是在很多项目中都会使用的外设，因此可以将它们的操作函数封装起来放入一个专门的外设驱动文件夹，如 HARDWARE 文件夹。后续若应用到其他外设，其驱动文件也可以放到这个文件夹中。

微课

【注意】不同软件创建外设驱动文件和添加文件路径的操作方法不一样。

下面分别介绍在 Keil MDK 软件和 Cube IDE 软件中的相关操作。

1. 在 Keil MDK 软件中创建外设驱动文件并添加文件路径

（1）新建 HARDWARE 文件夹及 KEY_LED 文件夹。在计算机中进入 2-2 KEY 工程目录，在工程根目录下新建一个名为 HARDWARE 的文件夹，如图 2-14 所示。

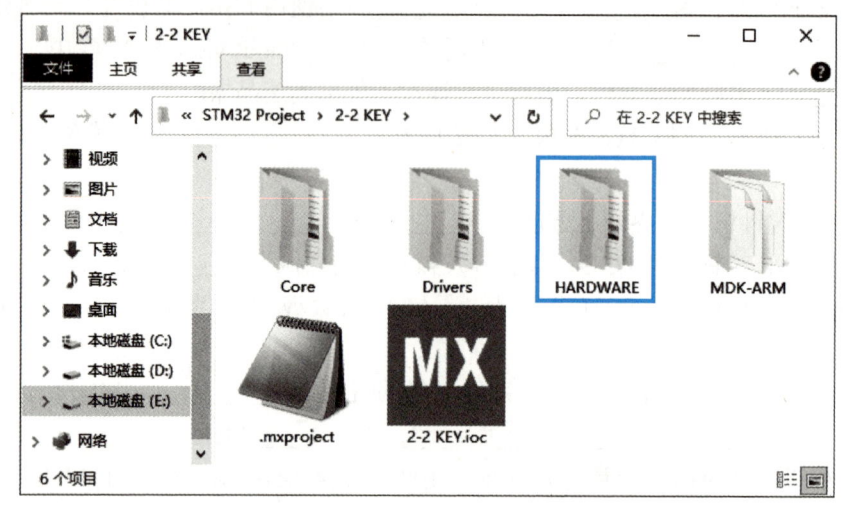

图 2-14　在工程根目录下新建一个名为 HARDWARE 的文件夹

在 HARDWARE 文件夹下新建一个名为 KEY_LED 的文件夹，用来存放与按键、LED 和蜂鸣器相关的代码。

（2）创建 key_led.h 头文件和 key.c 源文件。在 Keil MDK 软件中，单击 图标（或执行 File → New 命令）新建一个文件，单击 图标，在 Save As 对话框中将存储路径设为 HARDWARE/KEY_LED，将文件名设为 key_led.h，如图 2-15 所示，单击"保存"按钮。

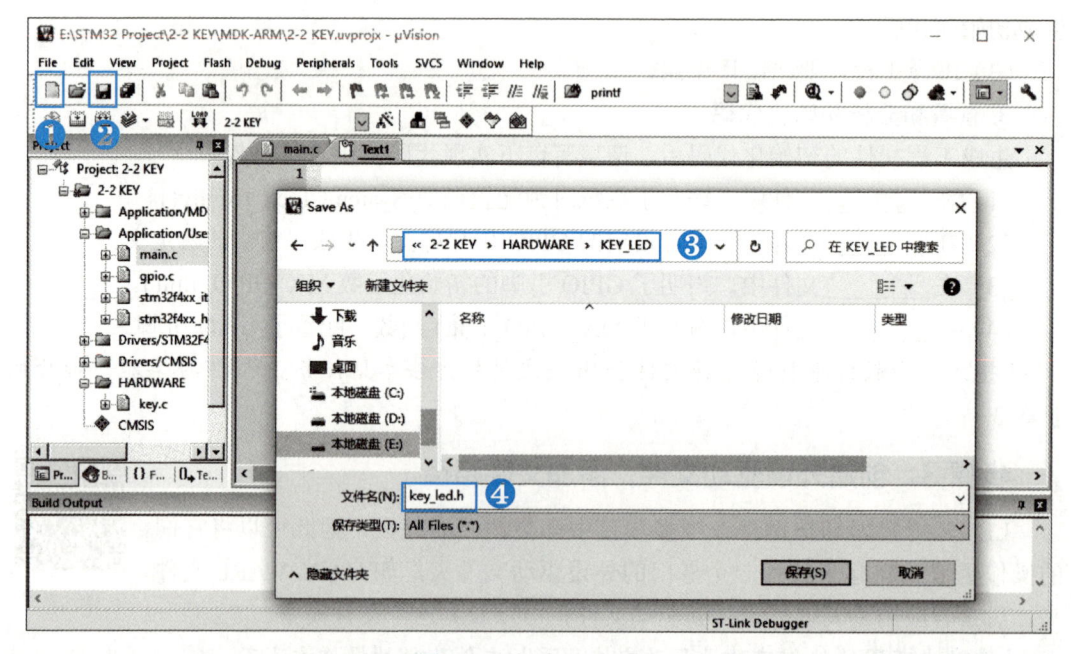

图 2-15　新建 key_led.h

采用同样的方法，新建一个名为 key.c 的源文件，将其保存在 HARDWARE/KEY_LED 目录下。

（3）在 Keil MDK 软件中添加 key_led.h 头文件路径。添加头文件路径的作用是在 Keil MDK 软件中编译工程时，可以到相应的路径下寻找并编译该头文件。如果程序中包含了一个头文件，却没有设置头文件路径，那么在编译工程时就会出现如图 2-16 所示的报错：打不开某个头文件，如这里的 key_led.h。

图 2-16 编译报错

在 Keil MDK 软件中添加头文件路径的步骤如图 2-17 所示。

【注意】路径必须添加到头文件所在目录的最后一级。

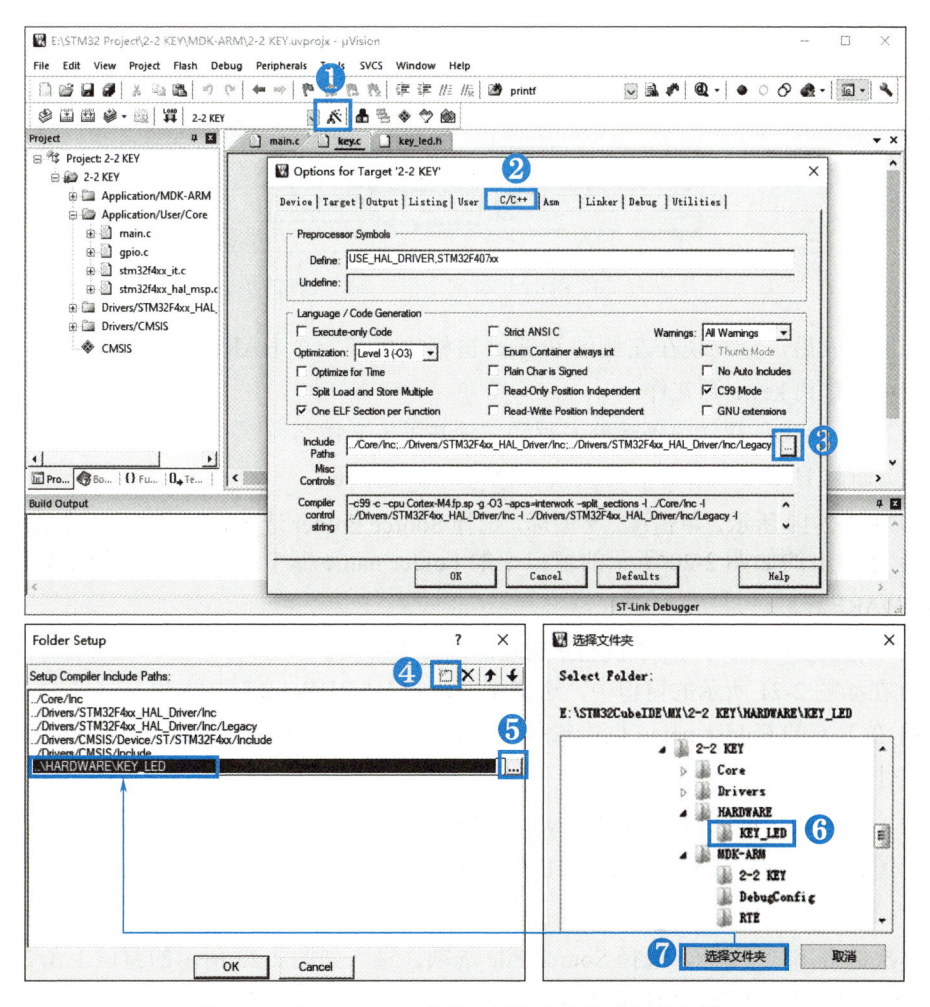

图 2-17 在 Keil MDK 软件中添加头文件路径的步骤

（4）在 Keil MDK 软件中添加 key.c 源文件。单击 Keil MDK 软件工具栏中的图标（或在 Project 窗格中选择项目 2-2 KEY，右击，在弹出的快捷菜单中选择 Manage project Items 选项），在打开的 Manage Project Items 对话框中新建 HARDWARE 分组，把 key.c 文件加进来，操作步骤如图 2-18 所示。

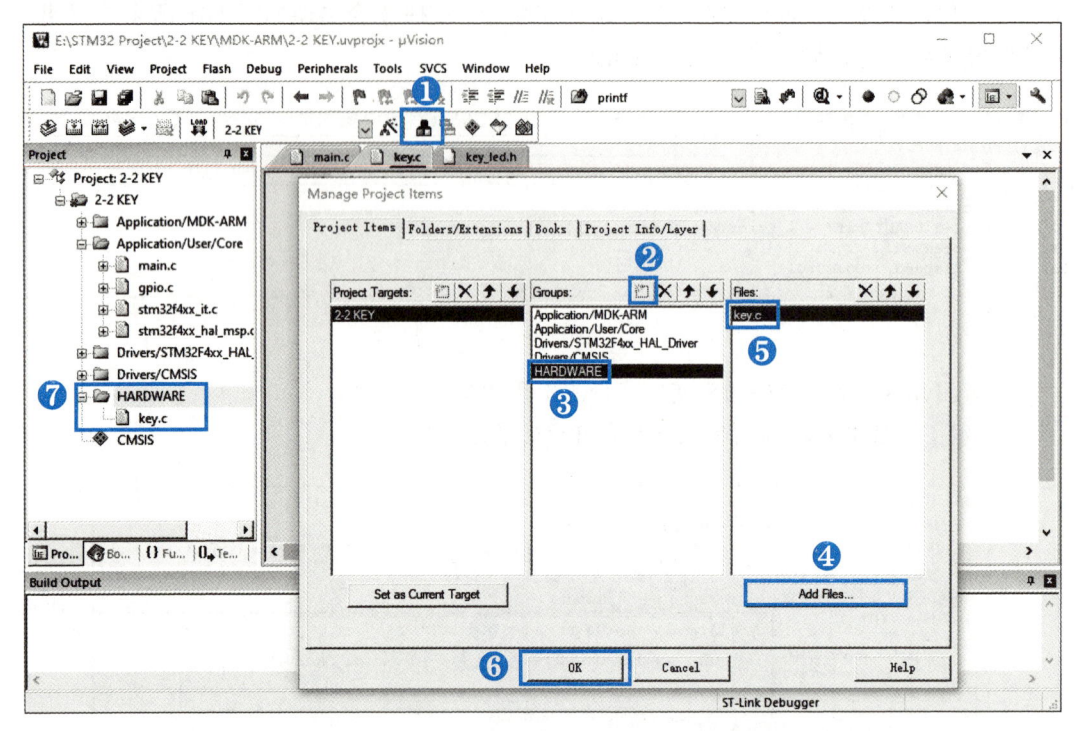

图 2-18　在 Keil MDK 软件中添加源文件的步骤

添加完成后，会发现在左侧的 Project 窗格中多了一个 HARDWARE 文件夹，展开文件夹就可以看到 key.c 源文件。

2. 在 CubeIDE 软件中创建外设驱动文件并添加文件路径

（1）新建 HARDWARE 文件夹及 KEY_LED 文件夹。

❶ 如图 2-19 所示，单击图标，选择 Source Folder 选项，创建一个新的源文件夹。

❷ 在弹出的如图 2-20 所示的窗口中的 Folder name 框中，输入要创建的源文件夹名 HARDWARE。

❸ 单击图标，选择 Folder 选项，创建文件夹。

❹ 在如图 2-21 所示的窗口中，选择刚创建的 HARDWARE 文件夹。

❺ 在下方的 Folder name 框中输入要创建的文件夹名 KEY_LED，单击 Finish 按钮，创建文件夹。

（2）创建 key_led.h 头文件和 key.c 源文件。单击图标，选择 Header File 选项，进入如图 2-22 所示的窗口。在 2-2 KEY/ HARDWARE/KEY_LED 文件路径中添加 key_led.h 头文件。

再次单击图标，选择 Source File 选项，进入如图 2-23 所示的窗口。在 2-2 KEY/HARDWARE/KEY_LED 文件路径中添加 key.c 源文件。

项目 2　LED 控制设计

添加完成后可在 Project Explorer 窗格中看到添加的源文件夹及 key_led.h 头文件和 key.c 源文件，如图 2-24 所示。

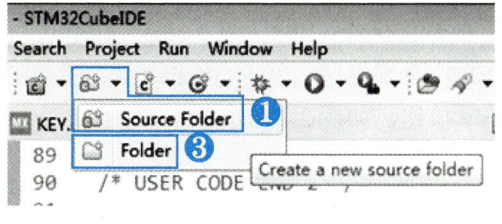

图 2-19　添加文件夹按钮选项

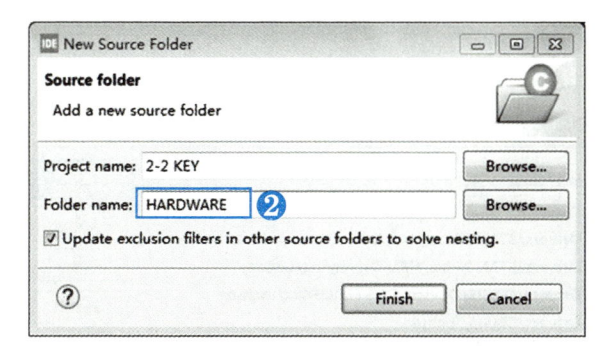

图 2-20　New Sourse Folder 窗口

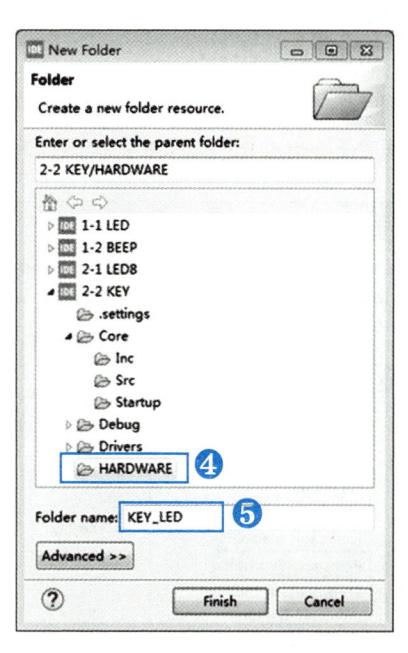

图 2-21　New Folder 窗口

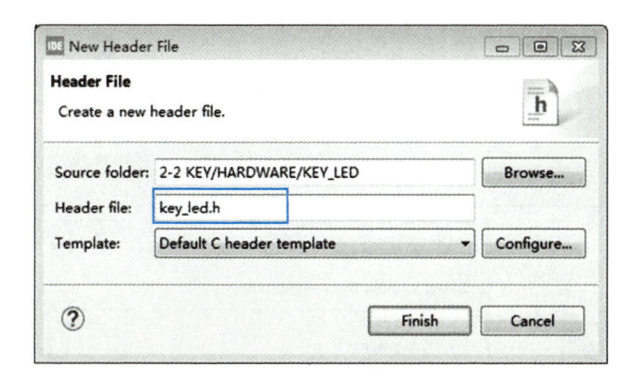

图 2-22　New Header File 窗口

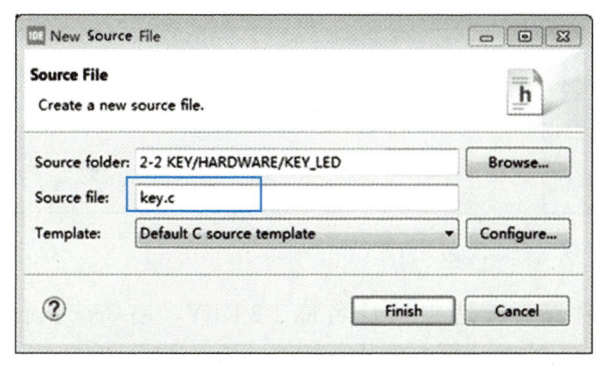

图 2-23　New Source File 窗口

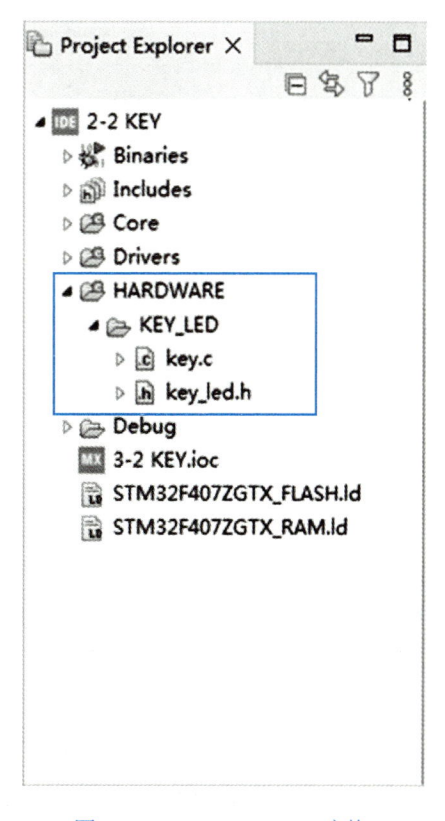

图 2-24　Project Explorer 窗格

83

（3）在 CubeIDE 软件中添加头文件路径。选中项目名称 2-2 KEY，右击，执行 Project → Properties 命令，在窗口左侧选择 C/C++ General → Paths and Symbols 选项。在窗口右侧选择 Includes 选项，单击 Add 按钮。

在弹出的 Add directory path 对话框中单击 Workspace 按钮，在 Folder selection 窗口中，找到 2-2 KEY 项目的 HARDWARE/KEY_LED 文件夹路径，单击 OK 按钮添加头文件路径，返回 Properties for 2-2 KEY 窗口，单击 Apply 按钮，如图 2-25 所示。

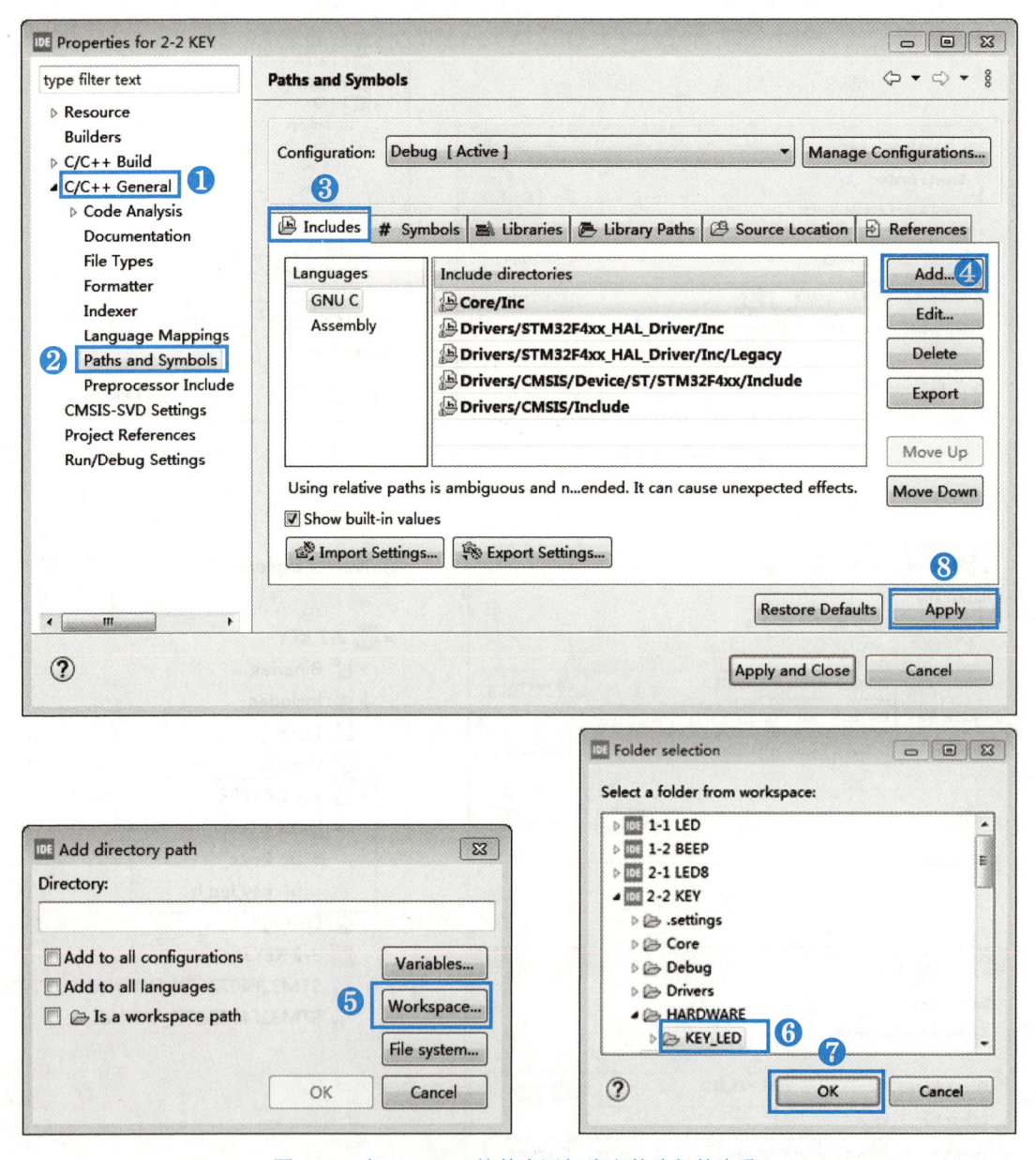

图 2-25　在 CubeIDE 软件中添加头文件路径的步骤

（4）在 CubeIDE 软件中添加源文件路径。选中项目名称 2-2 KEY，右击，执行 Project → Properties 命令，在如图 2-26 所示的对话框左侧执行 C/C++General → Paths and

Symbols 命令，在窗口右侧选择 Source Location 选项，单击 Add Folder 按钮，在弹出的对话框中选择 /2-2 KEY/HARDWARE 文件夹路径，单击 OK 按钮添加源文件路径，添加完成如图 2-26 中间所示。

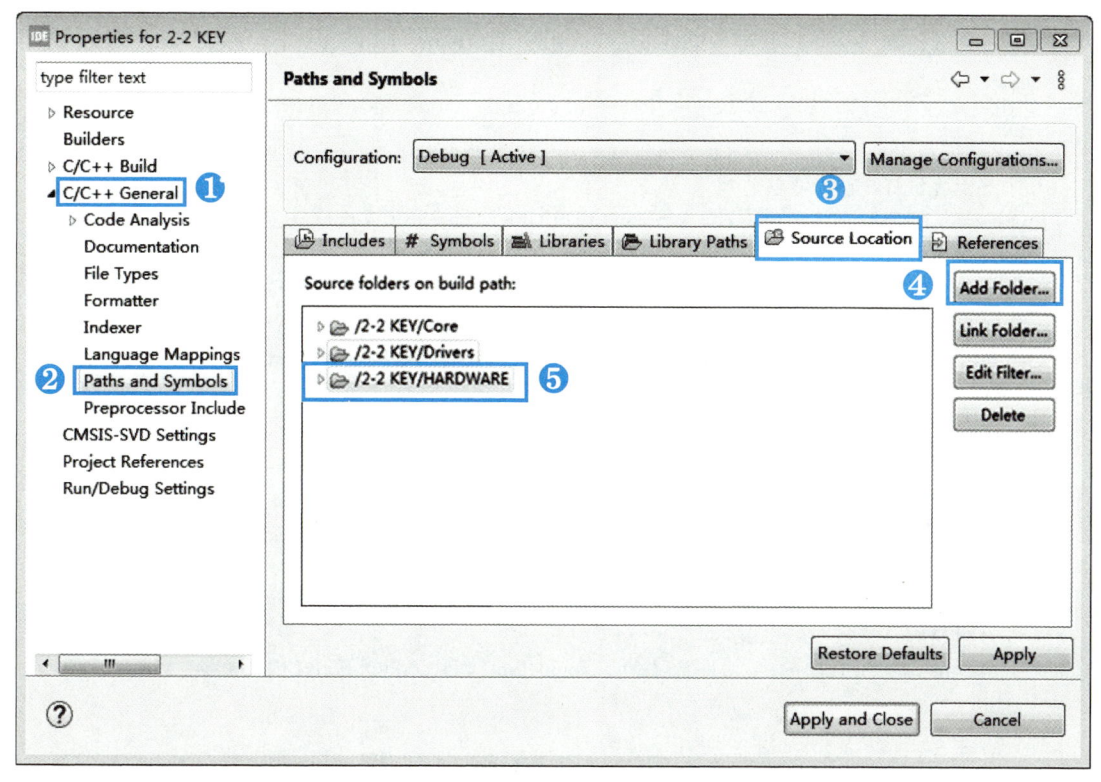

图 2-26 在 CubeIDE 软件中添加源文件路径的步骤

【注意】头文件路径必须确定到末端的 KEY_LED 文件夹，源文件路径可以只选 HARDWARE 文件夹。

步骤 4：编写按键检测函数及 LED 宏函数

1. 编写 key_led.h 头文件

控制 LED 显示、蜂鸣器发声和按键输入检测等操作在后面很多例程中都会用到，可以将这些操作定义为宏函数，放在 key_led.h 头文件中，以便后续程序调用。例如，RLED_ON() 函数、GLED_ON() 函数和 BEEP_ON() 函数分别是点亮红灯、点亮绿灯和使蜂鸣器发声，RLED_OFF() 函数、GLED_OFF() 函数和 BEEP_OFF() 函数分别是熄灭红灯、熄灭绿灯和使蜂鸣器不响，RLED_Toggle() 函数、GLED_Toggle() 函数和 BEEP_Toggle() 函数分别是翻转红灯、绿灯和蜂鸣器状态。

在 key_led.h 头文件中添加以下代码，将读取按键 GPIO 引脚的输入电平直接定义为宏函数，并声明按键输入检测函数。

```
#ifndef KEY_LED_KEY_LED_H_
#define KEY_LED_KEY_LED_H_
#include "main.h"
```

```c
#ifdef KEY_UP_Pin                // 如果生成了 KEY_UP 的宏定义
    /* 将读取按键 GPIO 引脚的输入电平直接定义为宏函数 */
    #define KEY0            HAL_GPIO_ReadPin(KEY0_GPIO_Port, KEY0_Pin)
    #define KEY1            HAL_GPIO_ReadPin(KEY1_GPIO_Port, KEY1_Pin)
    #define KEY2            HAL_GPIO_ReadPin(KEY2_GPIO_Port, KEY2_Pin)
    #define KEY_UP          HAL_GPIO_ReadPin(KEY_UP_GPIO_Port, KEY_UP_Pin)
#endif

#ifdef LED0_Pin                  // 如果生成了 LED0 的宏定义
    /* 点亮红灯，输出低电平 */
    #define RLED_ON()   HAL_GPIO_WritePin(LED0_GPIO_Port, LED0_Pin,_____)
    /* 熄灭红灯，输出高电平 */
    #define RLED_OFF()          HAL_GPIO_WritePin(LED0_GPIO_Port, LED0_Pin,_____)
    /* 翻转红灯状态 */
    #define RLED_Toggle()       HAL_GPIO_TogglePin(LED0_GPIO_Port, LED0_Pin)
#endif

#ifdef LED1_Pin                  // 如果生成了 LED1 的宏定义
    /* 点亮绿灯，输出低电平 */
    #define GLED_ON() HAL_GPIO_WritePin(LED1_GPIO_Port,LED1_Pin,_____)
    /* 熄灭绿灯，输出高电平 */
    #define GLED_OFF()          HAL_GPIO_WritePin(LED1_GPIO_Port,LED1_Pin,_____)
    /* 翻转绿灯状态 */
    #define GLED_Toggle()       HAL_GPIO_TogglePin(LED1_GPIO_Port, LED1_Pin)
#endif

#ifdef BEEP_Pin                  // 如果生成了蜂鸣器的宏定义
    /* 蜂鸣器发声，输出高电平 */
    #define BEEP_ON()  HAL_GPIO_WritePin(BEEP_GPIO_Port, BEEP_Pin, _____)
    /* 蜂鸣器不响，输出低电平 */
    #define BEEP_OFF()HAL_GPIO_WritePin(BEEP_GPIO_Port, BEEP_Pin,_____)
    /* 翻转蜂鸣器状态 */
    #define BEEP_Toggle()       HAL_GPIO_TogglePin(BEEP_GPIO_Port, BEEP_Pin)
#endif
uint8_t KEY_Scan(uint8_t mode);  // 声明按键检测函数
#endif /* KEY_LED_KEY_LED_H_ */
```

【注意】最后要保留一个空行，否则编译会出错（本书中因篇幅问题未添加）。

2. 编写 key.c 源文件

根据 4 个独立按键电路原理图及 2.2.2 节中的合二为一模式代码，在 key.c 源文件中添加按键输入检测函数 KEY_Scan()，代码如下。

```c
#include "key_led.h"
// 按键输入检测函数
//mode：0 表示不支持连续按；1 表示支持连续按
// 返回按键值，返回 0 表示没有任何按键被按下
// 此函数有响应优先级：KEY0>KEY1>KEY2>KEY_UP
uint8_t KEY_Scan(uint8_t mode)
```

```
{
    static uint8_t key_state=1;        // 初始化一次，标记按键松开
    if(mode==1)  key_state =1;          // 支持连续按，标记按键松开
    /* 如果之前按键是松开状态，且至少有一个按键被按下 */
    if (key_state && (KEY0==0____KEY1==0____KEY2==0____KEY_UP==____))
    {
        HAL_Delay(10);      // 作用是_____
        key_state =0;       // 作用是_____
        if (_____)           return 1;   //KEY0 被按下，返回 1
        else if (_____)      return 2;   //KEY1 被按下，返回 2
        else if (_____)      return 3;   //KEY2 被按下，返回 3
        else if (KEY_UP==____)        return 4;   //KEY_UP 被按下，返回 4
    }
    else if (_____&&_____&&_____&&_____) // 没有按键被按下
        key_state =1;    // 作用是_____
    return 0;   // 没有按键被按下，返回 0
}
```

扫码看答案

步骤 5：实现按键控制 LED 设计

1. 调用 key_led.h 头文件

打开 main.c 文件，添加调用 key_led.h 头文件的代码，具体如下。

```
/* USER CODE BEGIN Includes */
#include "key_led.h"
/* USER CODE END Includes */
```

2. 编写 main() 函数

在用户代码 1 段添加按键值的变量。根据要实现的功能在 while() 循环中，通过按键检测函数返回的按键值做出相应的操作。

```
int main(void)
{
    uint8_t  key;                    // 存储按键返回值
    HAL_Init();
    SystemClock_Config();
    MX_GPIO_Init();
    while (1)
    { key=KEY_Scan(0);               // 按键检测函数
      switch(key)
      {
            case 1: // 按下_____键，控制红灯状态翻转（用宏函数实现）
                _____;  break;
            case 2: // 按下_____键，控制绿灯状态翻转（用宏函数实现）
                _____;  break;
            case 3: // 按下_____键，控制红灯和绿灯同时翻转（用宏函数实现）
                _____; _____;    break;
```

```
            case 4: // 按下_____键，控制蜂鸣器状态翻转（用宏函数实现）
                    _____;    break;
        }
    }
}
```

扫码看答案

3. 上板验证

将开发板连接到计算机的串口，使用 FlyMcu 软件下载程序。上电时开发板的 LED 不亮，蜂鸣器不响。验证按键控制 LED 设计实现的功能是否正确：①按下 KEY0，红灯状态翻转；②按下 KEY1，绿灯状态翻转；③按下 KEY2，红灯和绿灯同时翻转状态，即交替闪烁或同时亮灭；④按下 KEY_UP，按一次蜂鸣器响，再按一次蜂鸣器停。

拓展训练：按键控制 RGB 灯

使用任务 2.1 "拓展训练" 部分使用的 RGB 灯拓展板，电路原理图如图 2-8 所示，设计电路功能如下。

（1）按下 KEY0，红灯状态翻转。
（2）按下 KEY1，绿灯状态翻转。
（3）按下 KEY2，蓝灯状态翻转。
（4）按下 KEY_UP，所有灯都被点亮。

操作提示：可通过复制并修改本任务中工程 2-2 KEY 的相关代码来实现功能。

具体操作如下。

（1）复制 2-2 KEY 工程，并改名为 2-2 KEY_RGB。同时修改 ioc 文件和工程文件名为 2-2 KEY_RGB。

（2）打开 2-2 KEY_RGB.ioc 文件，在 CubeMX 软件中，去掉原来配置的 PF9 引脚和 PF10 引脚。根据表 2-3 正确配置 GPIO。要求上电时 RGB 灯不亮。重新生成代码，编译工程。

（3）打开 key_led.h 文件，修改代码，将控制 RLED 和 GLED 亮灭宏函数中的引脚改为 RGB 灯中 RLED 和 GLED 的引脚。并参考这两个 LED 的宏定义函数，编写控制 BLED 亮灭宏函数的代码。

（4）在 main.c 文件的 while() 循环中修改按键的功能实现代码：按下 KEY0，红灯状态翻转；按下 KEY1，绿灯状态翻转；按下 KEY2，蓝灯状态翻转；按下 KEY_UP，所有灯都被点亮。

（5）编译后生成 hex 文件，将 RGB 灯拓展板接到 STM32F4 开发板上，下载程序，调试电路功能。

任务 2.3 串口控制 LED 设计

任务描述

【任务要求】

将开发板通过串口与计算机相连，在计算机的上位机（串口调试软件）中输入控制指令，如"红灯亮""红灯灭""绿灯亮""绿灯灭"，MCU 在收到上位机发过来的字符串后，根据指令控制开发板上的红灯和绿灯亮或灭，并在上位机中将当前操作结果显示出来，如"开发板红灯亮""开发板红灯灭"等。

设计要求：按照开发板上 LED 和串口 1 的硬件电路，配置 GPIO 和串口，且上电时 LED 不亮。创建 STM32 工程，使系统时钟频率达到 168MHz，编写程序代码，上板调试实现功能。

↘【学习目标】

知识目标	技能目标	素质目标
➢ 比较并行通信与串行通信的优缺点、数据传输方式 ➢ 简述串行通信协议层的数据包内容	➢ 能根据 LED 和串口的硬件电路，正确配置 GPIO 和串口 ➢ 会复制 STM32 工程，能编写串口发送和接收信息的功能代码 ➢ 能在 main() 函数中正确编写串口控制 LED 的程序 ➢ 能正确下载程序，在开发板上调试串口发送和接收信息的功能，最终实现串口控制 LED	➢ 具备通信协议的规范化和标准化意识，提高现代通信网络的安全意识和效率意识 ➢ 树立责任意识、培养严谨细致的工作作风和创新思维能力

任务学习

STM32 与外设通信有并行通信和串行通信两种方式。
（1）并行通信：数据各个位同时传输，优点是速度快；缺点是占用引脚资源多。
（2）串行通信：数据按位顺序传输，优点是占用引脚资源较少；缺点是速度较慢。

2.3.1 串行通信概述

USART 就是常说的串口（串行通信接口）。
串行通信按照数据传送方向可以分为如下三种模式。
◆ 单工：只支持数据在一个方向上传输，如图 2-27（a）所示。
◆ 半双工：允许数据在两个方向上传输，但是在某一时刻，只允许数据在一个方向上传输，它实际上是一种切换方向的单工通信，如图 2-27（b）所示。
◆ 全双工：允许数据同时在两个方向上传输，是两个单工通信方式的结合，它要求发送设备和接收设备都有独立的接收和发送能力，如图 2-27（c）所示。

串行通信的通信方式还可以分为同步串行通信和异步串行通信。同步串行通信带时钟同步信号传输，如 SPI 和 IIC；异步串行通信不带时钟同步信号传输，如 UART 和单总线，如表 2-5 所示。

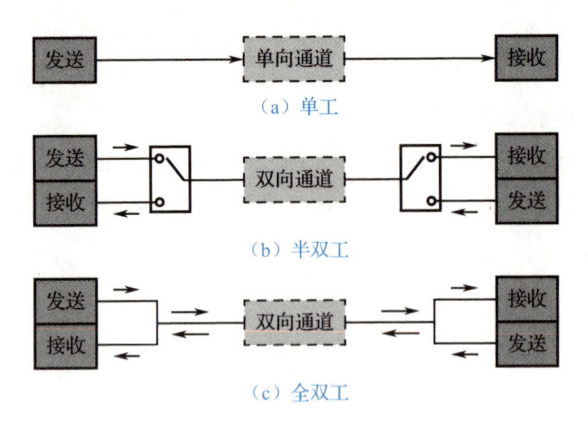

图 2-27 串行通信的数据传送

(a) 单工

(b) 半双工

(c) 全双工

表 2-5 串行通信的通信方式

通信标准	引脚说明	通信方式	传送模式
UART（通用异步收发器）	TXD：发送端 RXD：接收端 GND：公共地	异步串行通信	全双工
单总线（1-wire）	DQ：发送/接收端	异步串行通信	半双工
SPI	SCK：同步时钟 MISO：主机输入 MOSI：主机输出	同步串行通信	全双工
IIC	SCL：同步时钟 SDA：数据输入/输出端	同步串行通信	半双工

为了确保表述简便和统一，后面将 USART 和 UART 统称为"串口"。

2.3.2 异步串行通信协议

可用分层的方式来理解通信协议，最基本的是把通信协议分为物理层和协议层。物理层规定通信系统中具有机械、电子功能部分的特性，确保原始数据在物理媒介中传输。协议层主要规定通信逻辑，统一收发双方的数据压缩和解压标准。

1. 物理层

RS232 标准规定了信号用途、通信接口及信号电平标准。目前，在工业控制中，串口通信一般只使用 RXD、TXD 及 GND 三条信号线直接传输数据信号，其引脚连接如图 2-28 所示。

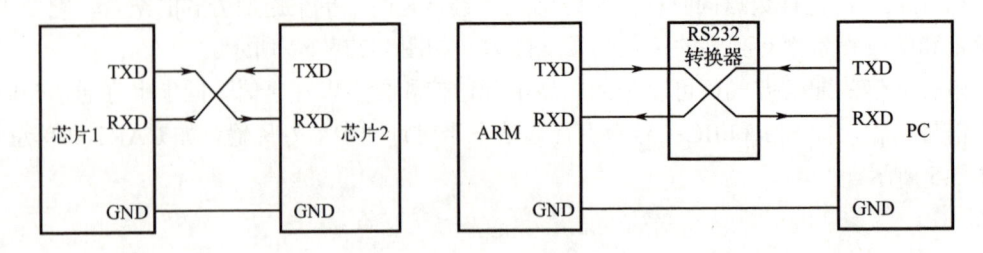

图 2-28 异步串行通信引脚连接

图2-28中RXD是数据接收引脚,用于接收数据;TXD是数据发送引脚,用于发送数据。GND是信号地(地线),两个通信设备间的地电位可能不一样,这会影响收发双方的信号电平,所以两个通信设备之间必须使用地线连接,也就是所谓的共地。

STM32F407各个串口引脚如表2-6所示,本任务采用串口1的PA9引脚和PA10引脚作为数据发送端和接收端。

表2-6 STM32F407各个串口引脚

串口号	RXD	TXD
1	PA10(PB7)	PA9(PB6)
2	PA3(PD6)	PA2(PD5)
3	PB11(PC11/PD9)	PB10(PC10/PD8)
4	PC11(PA1)	PC10(PA0)
5	PD2	PC12
6	PC7(PG9)	PC6(PG14)

2. 协议层

串口通信的数据包由发送设备通过自己的TXD接口传输到接收设备的RXD接口,协议层规定了数据包的内容,包括起始位、数据位、奇偶检验位、停止位。通信双方的数据包格式必须约定一致,才能正常收发数据。

发送和接收的基本单元是数据帧,串口数据包结构组成如图2-29所示。

图2-29 串口数据包结构组成

(1)起始位与停止位:串口通信的一个数据包从起始信号开始,直到停止信号结束。在无数据传送时的空闲状态下,通信线上为逻辑1。当要发送数据时,数据包的起始信号由一个逻辑0的数据位表示。数据包的停止信号由逻辑1的数据位表示,可由0.5个、1个、1.5个或2个数据位构成,只要双方约定一致即可。本任务设置停止位为1个逻辑1的数据位。

(2)数据位:在数据包的起始位之后紧接着的就是要传输的主体数据内容,也称为有效数据,有效数据的长度常被约定为8位或9位。本任务设置数据位为8位。在发送过程中,数据位的低位在前、高位在后,由低位向高位逐位发送。

(3)奇偶检验位(可选):在数据位之后,有一个可选的检验位。由于数据通信容易受到外部干扰,进而导致传输数据出现偏差,因此可以加上检验位。检验方法有奇检验(Odd)、偶检验(Even)及无检验。奇检验是数据位加上检验位中的1的个数后是否保持为奇数,偶检验是数据位加上检验位中1的个数后是否保持为偶数。

(4)过采样参数:STM32F4的串口还有一个过采样参数,可设置为16倍过采样或8倍过采样,用于确定有效的起始位。8倍过采样速度快,但容错性差;16倍过采样速度慢,但容错性好。默认使用16倍过采样。

（5）波特率：异步串行通信中没有时钟信号，所以两个设备间要约定好波特率，即每个码元的长度，以便对信号进行解码。图 2-29 中的数据位每一格代表一个码元。波特率是串行数据传输的速率，单位是 bit/s（也可以写作 bps）。常见的波特率有 4800bit/s、9600bit/s、19200bit/s、115200bit/s 等，波特率越大，传输速度越快。本任务将波特率设置为 115200bit/s，也就是理论上该信道每秒可以传输 115200 个二进制位，假设每个字符为 10 位（1 个起始位、8 个数据位、1 个停止位），那么每秒可以传输的数据量为 115200/10=11520 字符。

一个串口单元的时钟由 APB1 或 APB2 提供，所以挂在不同 APB 上的串口单元的最高波特率不同。需要注意的是，进行异步串行通信的发送端和接收端必须具有相同的波特率。

2.3.3 串口操作的 HAL 库相关函数

1. 串口发送/接收函数

```
HAL_UART_Transmit();            // 串口轮询模式发送，使用超时管理机制
HAL_UART_Receive();             // 串口轮询模式接收，使用超时管理机制
HAL_UART_Transmit_IT();         // 串口中断模式发送
HAL_UART_Receive_IT();          // 串口中断模式接收
HAL_UART_Transmit_DMA();        // 串口 DMA 模式发送
HAL_UART_Transmit_DMA();        // 串口 DMA 模式接收
```

2. 串口回调函数

```
HAL_UART_TxHalfCpltCallback();  // 一半数据发送完成时调用
HAL_UART_TxCpltCallback();      // 所有数据发送完成后调用
HAL_UART_RxHalfCpltCallback();  // 一半数据接收完成时调用
HAL_UART_RxCpltCallback();      // 所有数据接收完成后调用
HAL_UART_ErrorCallback();       // 传输出现错误时调用
```

技能训练 1：串口发送信息

步骤 1：硬件电路设计

微课

本任务用到的串口 1 与 USB 串口在 PCB 上并没有连接在一起，需要通过跳线帽来连接，电路参见如图 1-58 所示的 USB 串口/串口 1 选择接口电路。这里把 P6 的 RXD 和 TXD 用跳线帽与 PA9 引脚和 PA10 引脚连接起来，如图 2-30 所示。

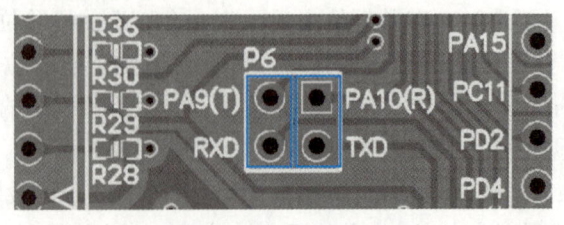

图 2-30 硬件连接示意图

开发板的 USB 串口电路参见如图 1-59 所示的 USB 串口一键下载电路。

项目 2　LED 控制设计

本任务还用到了开发板的 LED，LED 与 STM32F4 的连接原理图参见如图 1-24 所示的 LED 与 STM32F4 连接原理图。将串口控制 LED 的 GPIO 配置填入表 2-7，其中串口根据 CubeMX 软件中的默认设置进行配置，LED 的 GPIO 传输速度与串口默认值设置一致。

表 2-7　串口控制 LED 的 GPIO 配置

外设名（用户标签）	GPIO	引脚模式	初始输出电平	上拉/下拉	传输速度
LED0					
LED1					
USART_TX					
USART_RX					

步骤 2：串口 CubeMX 工程配置

工程配置要求：将 HSE 作为 PLL 的时钟源，使系统时钟频率达到 168MHz，按表 2-7 所示配置相应的 GPIO 和串口。

1. 配置时钟及 GPIO

（1）创建 STM32 工程，芯片选择 STM32F407ZGT6，工程名为 2-3 USART。

（2）配置时钟源及时钟树，详见任务 1.3 "任务实施 1" 部分的步骤 2。

（3）配置 LED 的 GPIO：在 Pinout & Configuration 标签页中，选择 Categories 选项，依次选择 System Core → GPIO 选项，按表 2-7 所示配置 LED 的引脚。

2. 配置串口 USART1

在 Categories 选项卡中依次选择 Connectivity → USART1 选项，设置 USART1 的参数，如图 2-31 所示。

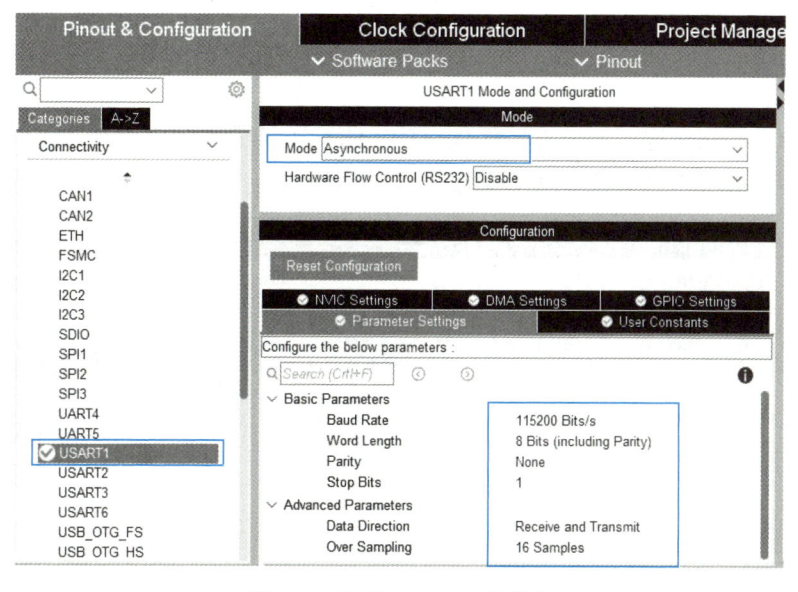

图 2-31　设置 USART1 的参数

在 Mode 栏的 Mode 下拉列表中，选择 Asynchronous 选项，设为异步模式；Hardware Flow Control 下拉列表用来开启/关闭串口 1 的硬件流控制，这里不使用硬件流控制，所以保持系统默认值 Disable 即可。

（1）Parameter Settings 选项卡用来配置 USART1 的初始化参数，包括 4 个基本参数和 2 个扩展参数。

4 个基本参数如下。

- Baud Rate：波特率，设置为 115200。
- Word Length：字长，包括奇偶检验位，可选 8 位或 9 位，这里设置为 8。
- Parity：奇偶检验位，包含 None（无）选项、Even（偶检验）选项和 Odd（奇检验）选项，这里设置为 None。如果设置为 Even 或 Odd，那么 Word Length 应设置为 9。
- Stop Bits：停止位，可选 1 位或 2 位，这里设置为 1。

2 个扩展参数如下。

- Data Direction：数据方向，这里选择 Receive and Transmit 选项，即设置为发送/接收均开启，还可以设置为只发送或只接收。
- Over Sampling：过采样，这里保持系统默认值 16 Samples，即设置为 16 倍过采样，防止误采样数据。

（2）User Constants 选项卡用来配置用户常量，本任务没用到。

（3）NVIC Settings 选项卡用来使能 USART1 中断。本任务勾选 Enabled 栏中的复选框，如图 2-32 所示。

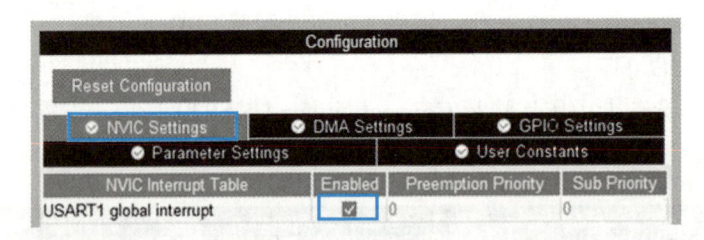

图 2-32　USART1 的 NVIC 设置

（4）GPIO Settings 选项卡用来配置 USART1 的发送和接收 GPIO 引脚，如图 2-33 所示，本任务采用默认配置即可，将配置参数填入表 2-7。

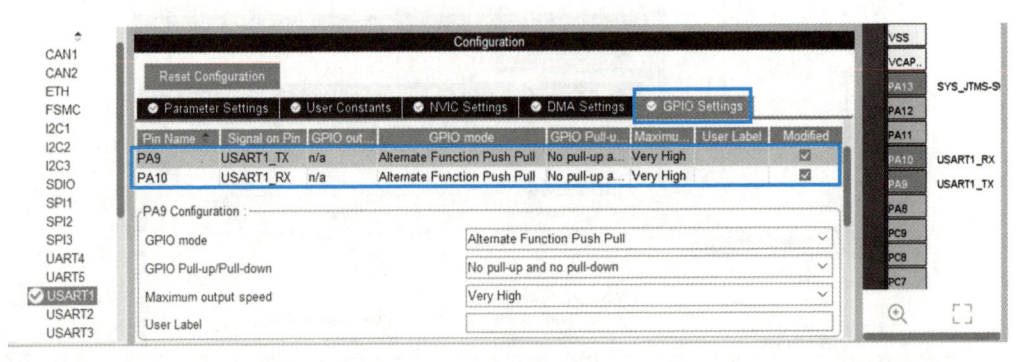

图 2-33　USART1 的 GPIO 配置

3. 设置中断分组 NVIC

因为用到串口中断，所以需要设置中断优先级分组，中断相关内容将在 3.1 节进行详细介绍。这里先选择 System Core 选项，再选择 NVIC 选项，对用到的中断进行分组。将 Priority Group 设置为 2 bits for pre-emption priority 2 bits for sub priority，即全部设置为 2 位；将 USART1 global interrupt 对应的 Preemption Priority 和 Sub Priority 设置为 3，即将 USART1 的抢占优先级和响应优先级都设置为 3；将 Time base: System tick timer 设置为 0，如图 2-34 所示。

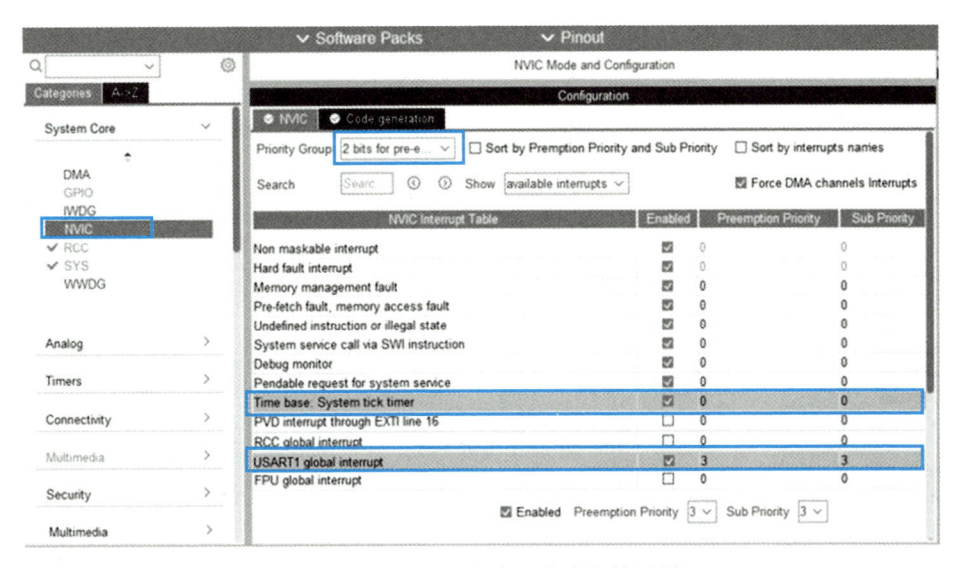

图 2-34　NVIC 中各中断优先级的设置

为每个外设生成独立的 .c/.h 文件，生成初始化代码，编译工程，要求编译无误。

4. CubeIDE 软件设计中的几个技巧设置

（1）中文注释出现乱码的解决办法。在左侧的 Project Explorer 窗格中选择工程名，右击，在快捷菜单中选择 Properties 选项，打开如图 2-35 所示的窗口，在 Resource 选项卡中选择 Other 前的单选按钮，并在后面的下拉列表中选择 GBK 选项，如果没有该选项，可以直接输入 GBK。

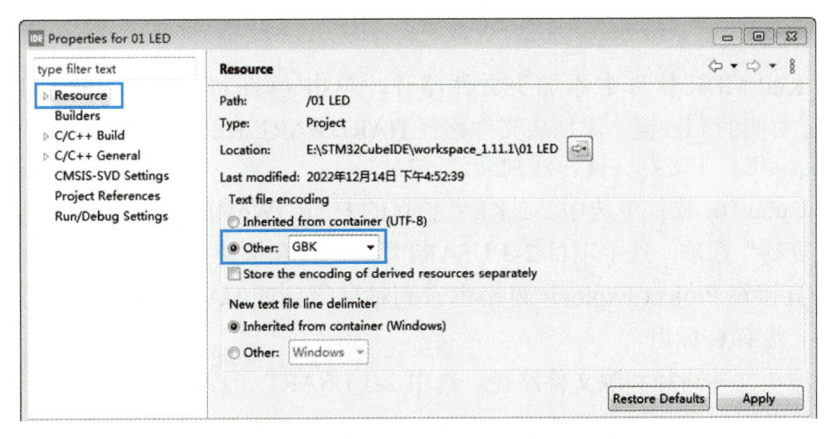

图 2-35　中文注释出现乱码的解决办法

（2）中文字体偏小的解决办法。执行 Windows 命令，选择最后一个 Properties 选项，按如图 2-36 所示步骤进行操作，将脚本设置为中欧字符。

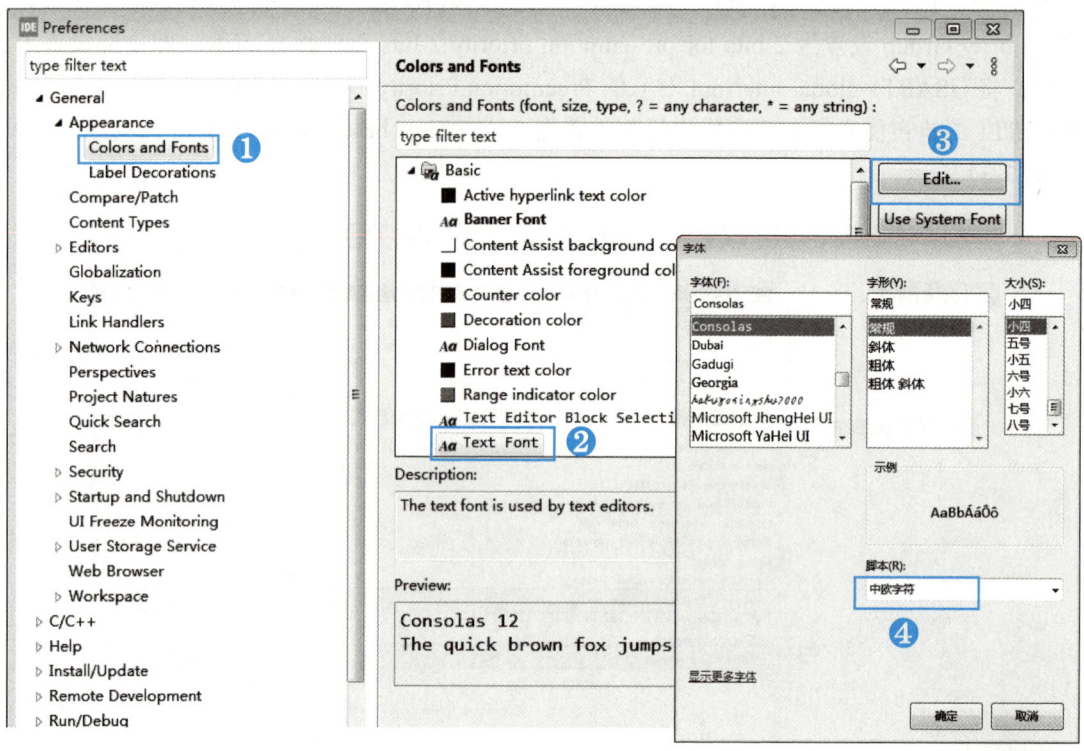

图 2-36　中文字体偏小的解决办法

步骤 3：复制外设驱动文件，添加文件路径

由于本任务中使用了开发板的 LED 外设，因此可以将 2-2 KEY 工程的 HARDWARE 文件夹直接复制过来，添加 key_led.h 头文件路径。因为没有使用按键，所以不用添加 key.c 源文件。

1. 在 Keil MDK 软件中复制文件，添加文件路径

（1）先在计算机中复制 2-2 KEY 项目的 HARDWARE 文件夹，然后到项目 2-3 USART 文件夹的根目录中粘贴。

（2）在 Keil MDK 软件中添加头文件路径。单击 图标，在 C/C++ 选项卡中单击 Include Paths 右侧的 … 按钮，添加头文件路径 HARDWARE/KEY_LED。

2. 在 CubeIDE 中复制文件，添加文件路径

（1）在 CubeIDE 软件中选中 2-2 KEY 项目的 HARDWARE 文件夹，右击，在快捷菜单中选择"复制"选项，选中项目 2-3 USART，右击，在快捷菜单中选择"粘贴"选项。此时，可以直接在 Project Explorer 窗格中看到粘贴得到的 HARDWARE 文件夹，但是该文件夹图标上没有 C 标识。

（2）添加头文件路径和源文件路径。选中 2-3 USART 工程，执行 Project → Properties 命令，在打开的窗口中依次选择 C/C++ General → Paths and Symbols 选项，分别添加按键头文件路径 HARDWARE/KEY_LED 和源文件路径 HARDWARE。

步骤 4：分析串行通信配置代码

（1）在 Core → Src 文件夹中打开 usart.c 源文件，查看 USART1 初始化函数 MX_USART1_UART_Init()，分析串口相关参数。

```
UART_HandleTypeDef   huart1;
void MX_USART1_UART_Init(void)
{
    huart1.Instance = USART1;                          //USART1 外设基地址
    huart1.Init.BaudRate = 115200;                     // 设置_____为_____
    huart1.Init.WordLength = UART_WORDLENGTH_8B;       // 设置_____为_____
    huart1.Init.StopBits = UART_STOPBITS_1;            // 设置_____为_____
    huart1.Init.Parity = UART_PARITY_NONE;             // 设置_____为_____
    huart1.Init.Mode = UART_MODE_TX_RX;                // 设置_____为_____
    huart1.Init.HwFlowCtl = UART_HWCONTROL_NONE;       // 设置_____为_____
    huart1.Init.OverSampling = UART_OVERSAMPLING_16;   // 设置_____为_____
    if (HAL_UART_Init(&huart1) != HAL_OK)
    {
        Error_Handler();
    }
    /* USER CODE BEGIN USART1_Init 2 */
    /* USER CODE END USART1_Init 2 */
}
```

扫码看答案

上述代码定义了一个 UART_HandleTypeDef 类型的外设对象变量 huart1，用于表示串口 1。MX_USART1_UART_Init() 函数为 huart1 的成员变量赋值，huart1.Init 是 UART_InitTypeDef 结构体类型，其成员变量是串口通信的各个参数。

（2）在 MX_USART1_UART_Init() 函数中配置完串口的相关参数后，使能接收中断，发送字符串"Usart1_Ready!"，提示串口已经初始化完成，代码如下。

```
/* USER CODE BEGIN USART1_Init 2 */
HAL_UART_Receive_IT(&huart1, &Res, 1);   // 使能接收中断
/* 发送初始化完成提示 */
HAL_UART_Transmit_IT(&huart1,(uint8_t *)("Usart1_Ready!\r\n"), sizeof("Usart1_Ready!\r\n"));
/* USER CODE END USART1_Init 2 */
```

（3）由于上述代码使用了变量 Res，因此要在 usart.c 源文件的用户代码 0 段定义这个变量。

```
uint8_t  Res;
```

（4）在串口的 MSP 初始化函数 USART_MspInit() 中，使能串口的时钟，配置 GPIO 及中断。

```
void HAL_UART_MspInit(UART_HandleTypeDef* uartHandle)
{
    GPIO_InitTypeDef   GPIO_InitStruct = {0};
```

```c
if(uartHandle->Instance==USART1)
{
    /* 使能 USART1 时钟 */
    __HAL_RCC_USART1_CLK_ENABLE();
    __HAL_RCC_GPIOA_CLK_ENABLE();
    /*USART1 GPIO 引脚配置：PA9 ---> USART1_TX，PA10 ---> USART1_RX */
    GPIO_InitStruct.Pin = GPIO_PIN_9|GPIO_PIN_10;
    GPIO_InitStruct.Mode = GPIO_MODE_AF_PP;              //GPIO 模式：_____
    GPIO_InitStruct.Pull = GPIO_NOPULL;                  // 表示：_____
    GPIO_InitStruct.Speed = GPIO_SPEED_FREQ_VERY_HIGH;   // 速度为_____Hz
    GPIO_InitStruct.Alternate = GPIO_AF7_USART1;         // 复用为 USART1
    HAL_GPIO_Init(GPIOA, &GPIO_InitStruct);
    /* USART1 中断设置 */
    HAL_NVIC_SetPriority(USART1_IRQn, 3, 3);             // 设置 USART1 中断优先级
    HAL_NVIC_EnableIRQ(USART1_IRQn);                     // 使能 USART1 中断
}
}
```

扫码看答案

步骤 5：添加串口重定向代码

【注意】在不同软件中本步骤的操作方法不一样，下面分别介绍在 CubeIDE 软件和 Keil MDK 软件中相关的操作。

1. CubeIDE 软件中的在 usart.h 头文件中添加串口 1 重定向代码操作

在 Core/Inc 文件夹中打开 usart.h 头文件，在用户添加头文件代码段中添加如下重定向 printf() 函数的代码，使 printf() 函数可以在 USART1 相关代码中被调用。

```c
/* USER CODE BEGIN Includes */
#include "key_led.h"
#include "stdio.h"
/* 重定向 printf() 函数 */
__attribute__((weak)) int _write(int file, char *ptr, int len)
{
    int DataIdx;
    for (DataIdx = 0; DataIdx < len; DataIdx++)
    {
        while ((USART1->SR & 0X40) == 0); // 等待发送完毕
        USART1->DR = (uint8_t) *ptr++;
    }
    return len;
}
/* USER CODE END Includes */
```

2. Keil MDK 软件中的在 main.c 源文件中添加串口 1 重定向代码操作

单击 图标，在 Target 选项卡中勾选 Use MicroLIB 复选框，默认使用 MicroLIB 库作为 C 程序的函数库，如图 2-37 所示。

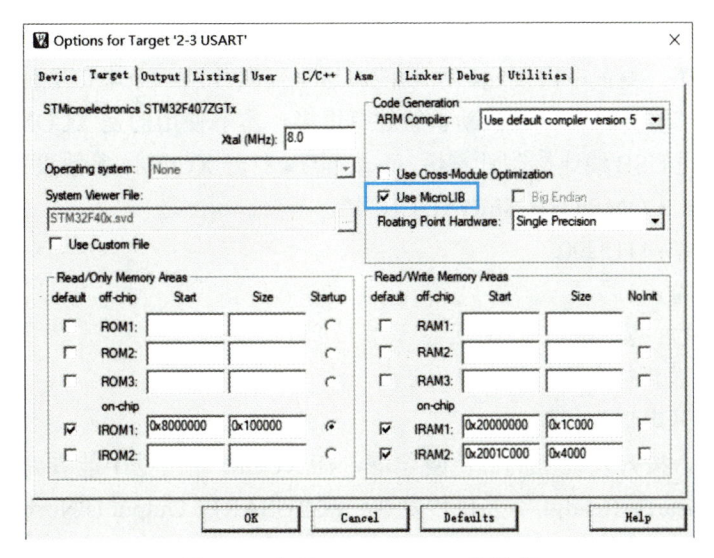

图 2-37 勾选 Use MicroLIB 复选框

为了将 MicroLIB 库中的 printf() 函数输出的内容通过串口打印，需要在 main.c 源文件中重写 fputc() 函数。

（1）在用户代码中添加头文件代码段、打印输出函数需要用的 stdio.h 头文件、key_led.h 头文件。

```
#include "stdio.h"
#include "key_led.h"
```

（2）在用户代码 0 段中添加如下重定向 fputc() 函数的代码。

```
/* 重定向 fputc() 函数 */
int fputc(int ch, FILE *f)
{
    while((USART1->SR&0X40)==0);   // 循环发送，直到发送完毕
    USART1->DR = (uint8_t) ch;
    return ch;
}
```

添加完以上代码后，编译工程，避免出现错误。

步骤 6：实现串口发送功能

（1）在 main.c 源文件的主函数循环内添加代码，实现每隔 1s 发送一次串口 1 输出正常和个人信息。

```
while (1)
{
    printf("\r\n USART1 Output is Normal. \r\n");
    printf("\r\n 班级 组别 姓名 \r\n");
    RLED_Toggle();   GLED_Toggle();
    HAL_Delay(1000);
}
```

编译工程，直至编译无误。

（2）下载程序，测试串口发送信息功能。这里需要使用一个串口通信软件与开发板进行串口通信测试，这样的串口调试助手软件有很多，本书使用的是 XCOM。

将开发板通过 USB 线连接到计算机，下载程序。打开 XCOM，参数设置如图 2-38 所示。

① 选择串口：COMS USB-SERIAL CH340。

② 设置波特率：115200。

③ 设置停止位：1。

④ 设置数据位：8。

⑤ 勾选"发送新行"复选框。

⑥ 单击"打开串口"按钮。

打开串口后，按开发板上的红色复位键，在 XCOM 输出框中能看到串口初始化完成发送的字符串"Usart1_Ready!"，并每秒发送一次"USART1 Output is Normal"和个人信息，说明串口发送信息功能正常。

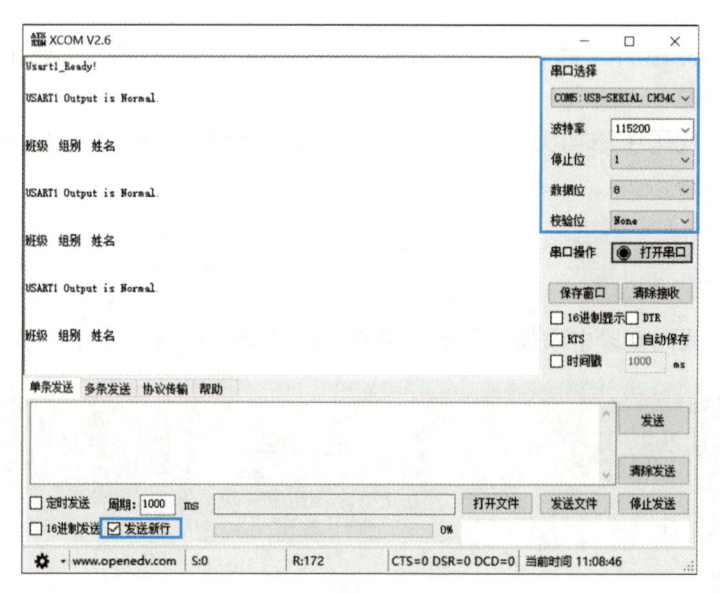

图 2-38　XCOM 参数设置

【想一想】此时如果在 XCOM 下方的输入框中输入信息，单击"发送"按钮，在 XCOM 输出框中能看到什么呢？这是为什么？

技能训练 2：串口发送及接收信息

步骤 1：复制串口通信工程

【注意】在不同软件中本步骤的操作方法不一样，下面分别介绍在 Keil MDK 软件和 Cube IDE 软件中相关的操作。

1. 在 Keil MDK 软件中复制工程

（1）在计算机中复制 2-3 USART 文件夹，在粘贴后将其重命名为 2-3 USART_RXTX。

（2）进入项目文件夹后，选中 2-3 USART.ioc 文件，右击，将其重命名为 2-3 USART_

RXTX.ioc。

（3）进入 MDK-ARM 文件夹，将 3 个名字含有 2-3 USART 的文件都修改为 2-3 USART_RXTX。同时删除 MDK-ARM 文件夹中的 3 个调试配置及输出文件夹：2-3 USART、DebugConfig、RTE。

（4）打开 2-3 USART_RXTX.uvprojx 文件，在 Keil MDK 软件中单击 图标，打开 Manage Project Items 对话框，将 Project Targets 栏下的 2-3 USART 修改为 2-3 USART_RXTX。

（5）单击 图标，在 Output 选项卡中将输出文件名修改为 2-3 USART_RXTX。

2. 在 CubeIDE 软件中复制工程

（1）在 CubeIDE 软件左侧的 Project Explorer 窗格中选中 2-3 USART 工程，右击，在弹出的快捷菜单中选择"复制"选项（或按 Ctrl+C 快捷键）。在空白位置右击，在弹出的快捷菜单中选择"粘贴"选项（或按 Ctrl+V 快捷键），弹出如图 2-39 所示的窗口，修改工程名为 2-3 USART_RXTX，选择默认路径，单击 Copy 按钮，复制工程。

（2）选中 2-3 USART.ioc 文件，右击，在弹出的快捷菜单中选择"重命名"选项，弹出如图 2-40 所示的窗口，将文件重命名为 2-3 USART_RXTX.ioc。要保持 ioc 文件与工程同名，否则不能修改工程参数及配置。

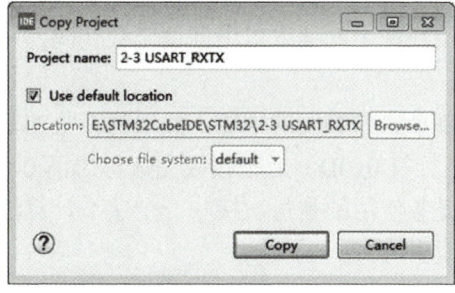

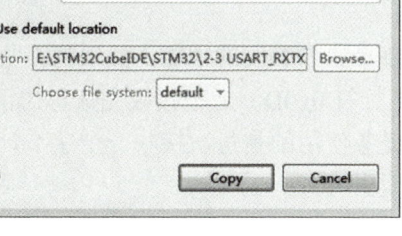

图 2-39　Copy Project 窗口　　　　图 2-40　Rename Resource 窗口

（3）删除工程中的 Debug 文件夹。
（4）打开 ioc 文件查看串口通信工程配置，保存工程，编译代码。

步骤 2：编写串口接收信息功能代码

（1）打开 main.c 文件，在用户添加宏定义 PD 代码区添加以下代码，生成串口接收字节最大长度的宏定义。

```
/* Private define ------------------------------------------------------------*/
/* USER CODE BEGIN PD */
#define USART_REC_LEN 200    //接收字节的最大长度（如果接收数据量大就增大该值）
/* USER CODE END PD */
```

（2）在用户添加变量 PV 代码区定义回调函数需要使用的全局变量。

```
/* Private variables ---------------------------------------------------------*/
/* USER CODE BEGIN PV */
```

```c
extern uint8_t Res;
uint8_t  USART1_RX_BUF[USART_REC_LEN];        // 最大接收 USART_REC_LEN 个字节
uint16_t USART1_RX_STA;                       // 接收状态标记
/* USER CODE END PV */
```

(3) 在 main() 函数的 while() 循环内添加如下代码。

```c
while (1)
{
    if(USART1_RX_STA & 0x8000)
    {   printf("\r\n 您输入的字符是：\r\n\r\n");
        while(huart1.gState != HAL_UART_STATE_READY){};   // 等待发送完成
        /* 发送接收到的字节 */
        HAL_UART_Transmit_IT(&huart1,USART1_RX_BUF,USART1_RX_STA&0x7FFF);
        printf("\r\n");                // 插入换行符
        USART1_RX_STA=0;               // 串口1所有位清0，重新接收
    }else
    {   RLED_Toggle();
        HAL_Delay(100);
    }
}
```

(4) 编写串口中断回调函数。在用户代码 4 段注释中间插入以下回调函数代码，一定要写在注释内部。

回调函数代码：在进入回调函数后，先判断哪个串口触发的中断，然后将接收的数据（一个字节）保存到 BUFF 内，接收到结尾帧（换行符 0x0D）后把接收完成标志清 0，同时在此调用 RX 中断，为下一次接收做准备，本任务使用的是每次接收一个字节，算法虽然复杂，但可以接收不定长字节数据，更贴合工程应用。

```c
/* USER CODE BEGIN 4 */
void HAL_UART_RxCpltCallback(UART_HandleTypeDef *huart)
{
    /* 判断是哪个串口触发的中断 */
    if (huart ->Instance == USART1)
    {   /* 处理接收到的数据 */
        if((USART1_RX_STA & 0x8000)==0)   // 接收未完成
        {/* 读取接收到的数据 */
            if(Res==0x0D)
            {   USART1_RX_STA|=0x8000;
                HAL_UART_Receive_IT(&huart1, &Res, 1);
            }else
            {   USART1_RX_BUF[USART1_RX_STA&0X3FFF]=Res ;
                USART1_RX_STA++;
                if (USART1_RX_STA>(USART_REC_LEN-1))
                    USART1_RX_STA=0;
            }
        }
        HAL_UART_Receive_IT(huart,&Res,1);       // 等待下一次接收中断
    }
```

```
}
/* USER CODE END 4 */
```

步骤3：下载调试串口发送及接收信息功能

（1）编译工程无误，将开发板与计算机通过 USB 转串口相连，下载程序。

（2）打开 XCOM，设置相关参数，如图 2-38 所示，单击"打开串口"按钮，按开发板上的红色复位键。若看见字符串"Usart1_Ready!"，则说明串口 1 发送功能正常。

（3）在 XCOM 下方的输入框中输入英文字符、数字、中文字符等信息，单击"发送"按钮，在 XCOM 的输出框中出现提示信息"您输入的字符是："及刚输入的字符。如果输出正确，就说明串口的发送及接收信息功能正常；如果错误，就仔细检查代码。

任务实施

步骤1：编写串口控制 LED 代码

在实现串口的发送和接收信息功能后，按照"技能训练 2"部分的步骤 1，复制并粘贴 2-3 USART_RXTX 工程，并将其重命名为 2-3 USART_LED，修改 ioc 文件名与工程同名，打开 main.c 文件。

（1）在用户引入头文件代码区添加数组对比操作要用到的头文件。

```
/* USER CODE BEGIN Includes */
#include "string.h"
/* USER CODE END Includes */
```

（2）编写 main() 函数。

① 在用户代码 1 段添加变量及控制命令数组。

② 在用户代码 2 段添加上电显示的项目名、姓名等初始化代码。

③ 在 while() 循环中修改信息接收代码，添加串口控制 LED 代码，具体如下：持续判断接收中断标志最高位有没有置 1，置 1 表示有一帧数据来到，可以进行处理，处理内容为发送接收到的数据，同时将数据复制到 SendData 数组中。对比 SendData 数组中的元素与控制命令数组中的元素，如果对比成功，就控制 LED 完成对应的操作，如果输入命令为"红灯亮"就点亮 LED0；如果输入命令为"红灯灭"，就熄灭 LED0；如果输入命令为"绿灯亮"，就点亮 LED1；如果输入命令为"绿灯灭"，就熄灭 LED1，代码如下。

```
int main(void)
{
    /* USER CODE BEGIN 1 */
    uint8_t t,len;
    /* 定义字符数组，放置控制命令 */
    char led0on[]=" 红灯亮 ",led0off[]=" 红灯灭 ",led1on[]=" 绿灯亮 ",led1off[]=" 绿灯灭 ";
    char SendData[200];
    /* USER CODE END 1 */
    HAL_Init();
    SystemClock_Config();
```

```c
  MX_GPIO_Init();
  MX_USART1_UART_Init();
  /* USER CODE BEGIN 2 */
  printf("\r\n 串口控制 LED 实验 \r\n");
  printf("\r\n 班级 组别 姓名 \r\n");
  /* USER CODE END 2 */
  /* USER CODE BEGIN WHILE */
  while (1)
  {
    if(USART1_RX_STA & 0x8000)
    {   len=USART1_RX_STA & 0x3fff;
        printf("\r\n 输入控制命令： \r\n\r\n");
        while(huart1.gState != HAL_UART_STATE_READY){}; // 等待发送完成
        HAL_UART_Transmit_IT(&huart1,USART1_RX_BUF,USART1_RX_STA&0x7FFF);
        for(t=0;t<len;t++)
        {   /* 将串口输入的数据复制到 SendData 数组中 */
            SendData[t]=USART1_RX_BUF[t];
        }
        printf("\r\n\r\n");
        /* 将 SendData 数组中的元素与控制命令数组中的元素对比，如果对比成功，就控制 LED 完成对
应的操作 */
        if(strcmp(SendData,led0on)==0)    // 比较字符串
            { RLED_ON();      printf(" 开发板红灯亮 \r\n");}
        else if(strcmp(SendData,led0off)==0)
            { RLED_OFF();     printf(" 开发板红灯灭 \r\n");}
        else if(strcmp(SendData,led1on)==0)
            { GLED_ON();      printf(" 开发板绿灯亮 \r\n");}
        else if(strcmp(SendData,led1off)==0)
            { GLED_OFF();     printf(" 开发板绿灯灭 \r\n");}
        else { printf(" 输入命令错误 !\r\n 命令格式如下： \r\n");
               printf(" 绿灯亮   绿灯灭   红灯亮   红灯灭 \r\n");}
        printf("\r\n");                   // 插入换行
        USART1_RX_STA=0;                  // 串口 1 所有位清 0，重新接收
        memset(SendData, 0, 200);         // 清空 SendData 数组，200 是需要清空的数组长度
    }
    else HAL_Delay(100);
  /* USER CODE END WHILE */
  }
}
```

步骤 2：下载程序并测试串口控制 LED 功能

将 STM32F4 通过串口与计算机相连，在计算机的上位机（XCOM）中输入控制命令，如"红灯亮""红灯灭""绿灯亮""绿灯灭"，STM32F4 在收到上位机发来的字符串后，根据指令控制开发板上红灯和绿灯的亮或灭，并且将当前操作结果在上位机中显示出来。

拓展训练：串口控制 RGB 灯

拓展训练功能：分别在 XCOM 中输入以下颜色指令，控制 RGB 灯显示对应的颜色（如红、绿、蓝、黄、青、紫、白、灭）及熄灭。

扫码看答案

RGB 色彩模式是工业界的一种颜色标准，是通过对红（Red）、绿（Green）、蓝（Blue）三个颜色通道的变化及它们相互之间的叠加来得到多种颜色的。红、绿、蓝三个颜色通道各分为 255 阶亮度，为 0 时灯最暗——被关掉，为 255 时灯最亮。例如：纯红色 R 为 255，G 为 0，B 为 0；当 R、G、B 值相等时（除了 0 和 255），产生无色彩的灰度色；当 R、G、B 值均为 255 时，产生纯白色；当 R、G、B 值均为 0 时，产生纯黑色。RGB 色彩模式只使用三种颜色，使它们按照不同的比例混合，就可以在屏幕上重现 16777216 种颜色。

1. 硬件电路设计

设计电路使用任务 2.1 中"拓展训练"部分的 RGB 灯拓展板，电路原理图如图 2-8 所示。

本任务不考虑 RGB 灯的亮度设计，只点亮对应的红灯、绿灯、蓝灯，通过不同组合可以得到对应的颜色，请根据题目的颜色要求，填写如表 2-8 所示的 RGB 灯引脚驱动表，（点亮打 √，熄灭打 ×）。

请根据 RGB 灯拓展板的电路原理图，在图 2-41 中绘制 RGB 灯与 STM32 连接的电路原理图。本任务选用的是共_____极的 RGB 灯。

表 2-8 RGB 灯引脚驱动表

显示颜色	红灯 RLED	绿灯 GLED	蓝灯 BLED
红			
绿			
蓝			
黄			
青			
紫			
白			
灭			

图 2-41 RGB 灯与 STM32 连接的电路原理图

2. 软件设计、上板调试

（1）创建工程，并将其命名为 2-3 USART_RGB。可以通过复制修改 2-3 USART_LED 工程实现。修改 ioc 文件为同名文件。打开 ioc 文件，根据如表 2-3 所示的 RGB 的 GPIO 配置进行设置。

（2）参考任务 2.2 中"任务实施"部分的步骤 4，在 key_led.h 文件中将控制 RGB 灯显示的操作定义为宏函数，以便主程序使用。例如，RLED_ON() 函数、GLED_ON() 函数和 BLED_ON() 函数分别是点亮红灯、点亮绿灯和点亮蓝灯，RLED_OFF() 函数、GLED_OFF() 函数和 BLED_OFF() 函数分别是熄灭红灯、熄灭绿灯和熄灭蓝灯。

（3）参考本节"任务实施"部分的步骤 2 的控制 LED 代码，编写代码实现在串口输入颜色指令（如红、绿、蓝、黄、青、紫、白、灭，对比命令），比对成功就控制 RGB 灯显示对应的颜色。

（4）将 RGB 灯拓展板接到 STM32 的开发板上，下载程序，打开 XCOM，输入指令，调试电路功能。

【项目评价】

按照分组，由项目验收员检查本组成员三个控制 LED 项目任务的完成情况，并将情况汇总，进行小组自评、组间互评、教师评价，完成项目 2 考核评价表，如表 2-9 所示。

表 2-9 项目 2 考核评价表

姓名		组别		小组成员			
考核项目	考核内容	评分标准	配分	自评 20%	互评 20%	师评 60%
任务 2.1 8 位跑马灯设计（20 分）	硬件设计	LED 引脚的 GPIO 配置正确	4			
	软件设计	STM32 工程配置：系统时钟配置正确、GPIO 配置正确、初始化代码编译无误，得 5 分；两种跑马灯花样代码编写正确，得 5 分	10			
	功能实现	每种跑马灯花样能正常实现，各得 3 分	6			
任务 2.2 按键控制 LED 设计（25 分）	硬件设计	LED、蜂鸣器、按键引脚的 GPIO 配置正确	7			
	软件设计	STM32 工程配置正确，得 5 分；按键控制 LED 代码编译无误，得 5 分	10			
	功能实现	4 个独立按键控制 LED 功能正常实现，每个独立按键 2 分	8			
任务 2.3 串口控制 LED 设计（25 分）	技能训练 1	串口配置正确，能发送信息，得 7 分	7			
	技能训练 2	串口与计算机能通过 XCOM 正常发送和接收信息，得 8 分	8			
	任务实施	上电 XCOM 能正常输出提示信息，得 2 分；4 个指令控制 LED 功能正常实现，每个指令 2 分	10			
职业素养（30 分）	信息获取	采取多样化手段收集信息、解决实际问题	10			
	积极主动	主动性强，保质保量完成相关任务	10			
	团队协作	互相协作、交流沟通、分享能力	10			
合计			100			
评价人		时间		总分			

【思考练习】

一、选择题

（　　）1. SYSCLK 可来源于哪几个时钟源？

A. HSI　　　　B. LSI　　　　C. HSE　　　　D. LSE　　　　E. PLL

（　　）2. 在 STM32 工程中，以下哪个文件夹是放置 main.c 文件的？
      A. Core/Src　　　　　　　　　B. Core/Inc
      C. Devices/CMSIS/Include　　　D. MDK-ARM

（　　）3. 以下哪个是高速外部时钟源？
      A. HSI　　B. LSI　　C. HSE　　D. LSE　　E. PLL

（　　）4. STM32F407 要得到 168MHz 的时钟主频，如果采用 8MHz 的 HSE 作为 PLL 的时钟源，分频系数 M 和 P 分别为 8 和 2，那么倍频系数 N 应设置为多少？
      A. 84　　B. 168　　C. 336　　D. 512

（　　）5. 以下哪一个是时钟配置函数？
      A. MX_GPIO_Init() 函数　　　　B. SystemClock_Config() 函数
      C. HAL_RCC_ClockConfig() 函数　D. HAL_RCC_OscConfig() 函数

（　　）6. GPIO 模式寄存器名是什么？
      A. IDR　　B. ODR　　C. OTYPER　　D. MODER

（　　）7. 以下哪个函数能让引脚输出电平翻转？
      A. HAL_GPIO_Init() 函数　　　　B. HAL_GPIO_ReadPin() 函数
      C. HAL_GPIO_WritePin() 函数　　D. HAL_GPIO_TogglePin() 函数

二、填空题

1. 在 CubeIDE 软件中编写完程序后，可按快捷键（　　）+（　　），进行整个工程的编译。在 CubeMX 软件中，编译工程的快捷键是（　　）。

2. STM32F407 一共有（　　）组 GPIO，每组 GPIO 引脚含有（　　）个寄存器，这些寄存器共同控制一组 GPIO 的（　　）个 GPIO 引脚。

3. GPIO 的输出模式有 4 种，分别是（　　）输出模式和（　　）输出模式，以及它们的复用功能模式。

4. 分析如图 2-42 所示的电路，要点亮 LED 应输出（　　）电平，初始状态输出电平设置为（　　）电平，上拉/下拉应设置为（　　），LED 引脚模式应设置为（　　）。

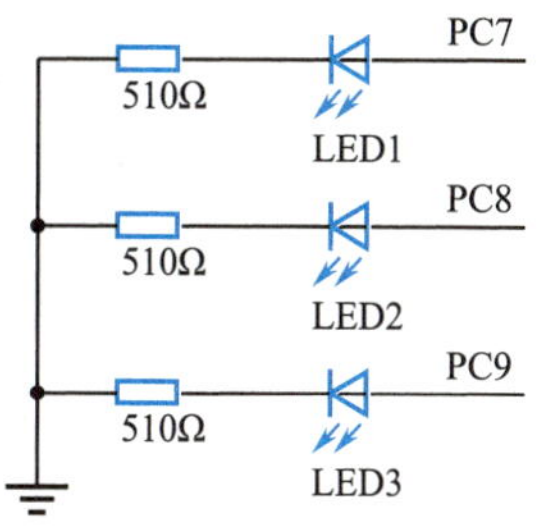

图 2-42　填空题 4 电路

5. STM32F407 共有（　　）个串口，其中 USART1 位于（　　）总线上，最高速率为（　　）。

三、思考题

1. 简述通过 CubeMX 软件配置并导出 Keil MDK 工程的过程。

2. STM32F407 有哪些时钟源？

3. 在 STM32F407 中，GPIO 的工作模式有哪几种？如何设置工作模式？

4. 串行通信根据数据传输方向都有哪些分类？

5. 根据如图 2-42 所示的电路，编程实现 3 个 LED 循环点亮的代码，每个 LED 点亮 1s 后熄灭，再点亮下一个 LED，依次循环。

项目 3　三人抢答器设计

项目描述

设计一个三人抢答器，该抢答器包括一个主持人按键和三个选手按键，示意图如图 3-1 所示。

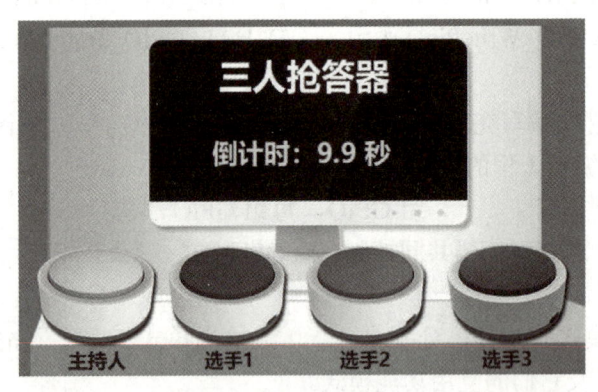

图 3-1　三人抢答器示意图

三人抢答器设计实现的功能如下。

- 当按下主持人按键，进入 10s 倒计时，TFTLCD 显示抢答状态。
- 当有选手抢答成功时，同时进行声光提示，TFTLCD 显示抢答成功状态及选手编号，其他人不能再进行抢答。
- 如果直到 10s 倒计时结束都没有人抢答，蜂鸣器就发声提示，TFTLCD 显示抢答超时，不能再进行抢答。

本项目根据电路功能拆分为三个任务，分别为三人抢答器按键模块设计、三人抢答器限时抢答设计和三人抢答器显示界面设计。其中，按键用 STM32 的外部中断实现，10s 倒计时通过定时器实现，抢答器的显示界面用 TFTLCD 实现。在这三个任务中分别介绍 STM32F407 的外部中断、定时器及 FSMC 驱动 TFTLCD 显示等内容。

最后将这三个任务设计整合到一起，实现三人抢答器设计的完整功能。

任务 3.1 三人抢答器按键模块设计

🎯 任务描述

↳【任务要求】

使用 STM32F4 开发板上的四个独立按键，通过外部中断设计三人抢答器按键模块，实现如下功能。

（1）初始状态，串口输出提示信息"请按下主持人按键准备开始抢答"，同时点亮绿灯，以提示系统在正常运行，此时不能进行抢答。

（2）按下主持人按键（KEY_UP），进入抢答状态，串口输出提示信息"请选手开始抢答"，同时红灯每秒闪烁一次。

（3）按下选手按键（KEY0、KEY1、KEY2），抢答成功，在串口输出选手编号，蜂鸣器响 1s，其他选手不能再抢答。

（4）抢答结束后，返回初始状态，即点亮绿灯，串口输出提示信息"请按下主持人按键准备开始抢答"。

拓展设计：可以使用 8 位跑马灯拓展板上的 3 个 LED 作为选手灯，当有选手抢答成功时，点亮对应的 LED。

↳【学习目标】

知识目标	技能目标	素质目标
➢ 能说出 STM32 中断、EXTI 的概念，以及 GPIO 和中断线的映射关系 ➢ 能列举 NVIC 中断优先级分组类型及特点	➢ 会复制工程，正确配置按键的外部中断模式及参数，配置相关外设的 GPIO ➢ 能根据串口通信协议，正确配置 USART1 参数 ➢ 正确编写三人抢答器按键模块的代码，通过外部中断回调函数控制 LED、蜂鸣器及串口输出信息 ➢ 能正确下载程序，在开发板上实现三人抢答器按键模块功能	➢ 具有较强的沟通协调能力，良好的团队合作能力 ➢ 具有思维迁移能力，能够进行设计功能移植，举一反三，触类旁通，以寻求解决问题的新思路

📝 任务学习

3.1.1 中断概述

本节介绍几个关于 STM32 中断的重要概念。

1. 中断

主程序在运行过程中若出现了特定的中断源，单片机将暂停当前正在运行的程序转而去处理中断程序，在处理完成后返回原来被暂停的位置继续运行。

（1）中断发生：CPU 在处理某一事件 A 时，发生了另一事件 B（中断源），请求 CPU 去处理事件 B。

（2）中断处理：CPU 暂停执行当前的事件 A，转去处理事件 B。

（3）中断返回：CPU 处理完事件 B 后，再回到事件 A 中被暂停的地方继续处理事件 A。

2. 中断优先级

当有多个中断源同时申请中断时，单片机会根据中断源请求的轻重缓急对中断进行排序。中断被处理的优先次序又称为中断优先级或中断优先权。

3. 中断嵌套

当一个中断程序正在运行时，若有新的更高优先级的中断源申请中断，单片机将再次暂停当前中断程序，转而去处理新的中断程序，处理完成后依次返回，这就是中断嵌套。中断嵌套示意图如图 3-2 所示。

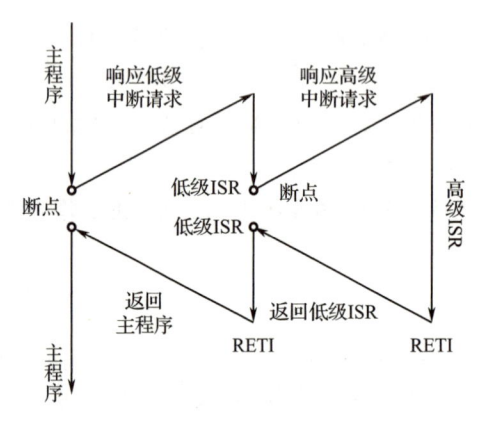

图 3-2 中断嵌套示意图

4. 中断分类

（1）硬件中断和软件中断。硬件中断是由 CPU 外部的硬件设备触发的中断，如时钟中断、串口接收中断、外部中断等。硬件设备在需要处理数据或事件时，会向 CPU 发送一个中断请求，CPU 在收到中断请求后会立即暂停当前正在执行的任务，进入 ISR 处理中断请求。硬件中断具有实时性强、可靠性高、处理速度快等特点。

软件中断是由程序调用事件触发的，一般用于完成系统调用、进程切换、异常处理等任务。软件中断需要在程序中调用，其响应速度较慢、实时性较差，但是灵活性高、可控性高。

（2）外部中断和内部中断。外部中断是指由 CPU 外部信号触发的中断，它的中断源必须是某个硬件，所以又称为硬件中断。

内部中断可分为软中断和异常。软中断是由软件主动发起的中断，它是主观的而不是客观的内部错误。异常是指令执行期间由 CPU 内部产生的错误引起的，如因硬件出错（如突然掉电、发生奇偶检验错等）或运算出错（如除数为零、运算溢出、单步中断等）等引起的中断。因此，内部中断通常称为软件中断或系统异常中断。

3.1.2 NVIC 中断优先级

基于 Cortex-M3/M4 内核的微控制器最多可支持 256 个中断，其中包括 16 个内核中断和 240 个外部中断，并且具有 256 级可编程的中断优先级设置（支持最多 128 级抢占优先级）。STM32F407xx 中只用到了 92 个中断，包括 10 个内核中断和 82 个可屏蔽中断，具有 16 级可编程的中断优先级。常用的是 82 个可屏蔽中断，包含 EXTI 外部中断、TIM 定时中断、ADC 数模中断、USART 串口中断、SPI 通信中断、IIC 通信中断、RTC 实时时钟中断等。

中断使用 NVIC 统一管理，每个中断通道都拥有 16 个可编程的优先级。通过对优先级进行分组，可进一步设置抢占优先级（Pre-emption Priority）和响应优先级（Sub Priority）（又称子优先级）。

NVIC 中断优先级由优先级寄存器的 4 位二进制数设置，分为高 n 位的抢占优先级和低 $4-n$ 位的响应优先级，如表 3-1 所示。

表 3-1 NVIC 中断优先级分组

优先级分组	抢占优先级	响应优先级
NVIC PriorityGroup 0	0 位，取值为 0	4 位，取值为 0～15
NVIC PriorityGroup 1	1 位，取值为 0～1	3 位，取值为 0～7
NVIC PriorityGroup 2	2 位，取值为 0～3	4 位，取值为 0～3
NVIC PriorityGroup 3	3 位，取值为 0～7	4 位，取值为 0～1
NVIC PriorityGroup 4	4 位，取值为 0～15	4 位，取值为 0

优先级的数值越小表示优先级的级别越高。抢占优先级高的中断可以打断其他正在执行的中断，这时就出现了中断嵌套。如果两个中断的抢占优先级相同，则响应优先级高的中断可以优先被处理，但是不能打断正在执行的响应优先级低的中断。抢占优先级和响应优先级均相同的中断按中断号（IRQn）排队处理。STM32F407 的每个中断有一个 IRQn 和一个对应的 ISR 名称。

3.1.3 EXTI 外部中断

EXTI（Extended Interrupt/Event Controller，外部中断/事件控制器）是意法半导体公司在其 STM32 产品上扩展的外部中断控制功能，它包含两部分，一部分是中断，另一部分是事件。

STM32F407 的 EXTI 支持 22 个外部中断/事件请求。每个中断/事件都设有状态位，有独立的触发设置（如上升沿、下降沿、上升下降沿）和屏蔽。STM32F407 的 22 个外部中断/事件如下。

EXTI 线 0～15：对应外部 I/O 口的输入中断。

EXTI 线 16：连接到 PVD 输出。

EXTI 线 17：连接到 RTC 闹钟事件。

EXTI 线 18：连接到 USB OTG FS 唤醒事件。

EXTI 线 19：连接到以太网唤醒事件。

EXTI 线 20：连接到 USB OTG HS［在 FS（全速 USB 接口）中配置］唤醒事件。

EXTI 线 21：连接到 RTC 入侵和时间戳事件。

EXTI 线 22：连接到 RTC 唤醒事件。

STM32 的每个 GPIO 引脚都可以作为外部中断的输入口。从上面可以看出，STM32F4 供 GPIO 引脚使用的中断线（EXTI 线 0～15）只有 16 个，但是 STM32F4 的 GPIO 引脚远不止 16 个（有 112 个），那么 STM32F4 是怎么把 16 个中断线和 GPIO 引脚一一对应起来的呢？

GPIO 的引脚 GPIOx.0～GPIOx.15（x 为 A、B、C、D、E、F、G、H、I）分别对应 EXTI 线 0～15。这样每个中断线最多对应 7 个 GPIO 引脚。例如，EXTI 线 0 对应 GPIOA.0 引脚、GPIOB.0 引脚、GPIOC.0 引脚、GPIOD.0 引脚、GPIOE.0 引脚、GPIOF.0 引脚、GPIOG.0 引脚。

中断线每次只能连接 1 个 GPIO 引脚，这样就需要进行相应配置，以确定中断线对应的 GPIO 引脚。图 3-3 所示为 GPIO 引脚和中断线的映射关系图。

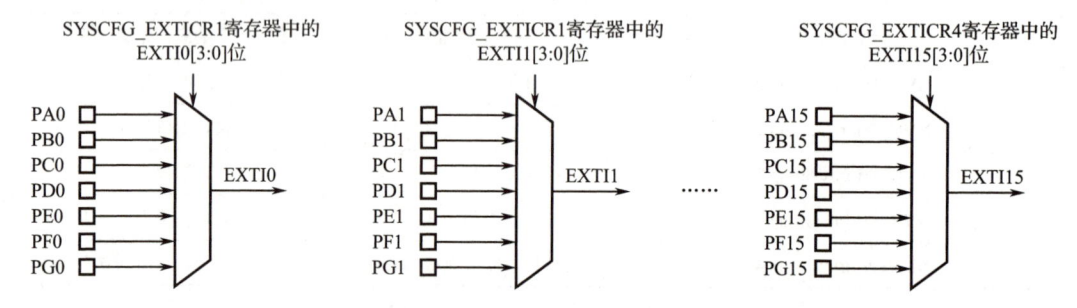

图 3-3　GPIO 引脚和中断线的映射关系图

每个 EXTI 线可以独立地配置触发方式——上升沿触发、下降沿触发或双边沿触发。

GPIO 的外部中断源需要通过一个 EXTI 控制器与 NVIC 接口进行管理。GPIO 与 EXTI 之间的接口称为 EXTI Line；而 EXTI 与 NVIC 之间的接口称为 IRQ Channel（中断通道）。GPIO、EXTI 与 NVIC 之间的关系可以用图 3-4 表示。

图 3-4　GPIO、EXTI 与 NVIC 之间的关系

EXTI Line 与 IRQ Channel 之间的对应关系是 16 个 EXTI Line 占用 7 个 IRQ Channel。

- EXTI Line 0～4 各对应一个 IRQ Channel，共有 5 个 IRQ Channel。
- EXTI Line 5～9 共用一个 IRQ Channel。
- EXTI Line 10～15 共用一个 IRQ Channel。

对于编程而言，需要分别对 GPIO、EXTI、NVIC 进行配置和操作，对此使用 CubeMX 软件可大大降低开发的复杂度。

3.1.4 EXTI 相关 HAL 函数

外部中断相关 HAL 函数定义在 stm32f4xx_hal_gpio.h 头文件中，如表 3-2 所示。

表 3-2 外部中断相关 HAL 函数

函数名	功能描述
__HAL_GPIO_EXTI_GET_IT()	检查某个 EXTI 线是否有挂起（Pending）的中断
__HAL_GPIO_EXTI_CLEAR_IT()	清除某个 EXTI 线的挂起标志位
__HAL_GPIO_EXTI_GET_FLAG()	与 __HAL_GPIO_EXTI_GET_IT() 函数功能完全相同
__HAL_GPIO_EXTI_CLEAR_FLAG()	与 __HAL_GPIO_EXTI_CLEAR_IT() 函数功能完全相同
__HAL_GPIO_EXTI_GENERATE_SWIT()	在某个 EXTI 线上产生软中断
__HAL_GPIO_EXTI_IRQHandler()	外部中断 ISR 中调用的通用处理函数
__HAL_GPIO_EXTI_Callback()	外部中断处理的回调函数，需要用户重新实现

任务实施

步骤 1：外部中断按键引脚配置

STM32F4 开发板的 LED、蜂鸣器及 4 个独立按键的电路原理图如图 2-13 所示，图中 KEY0、KEY1 和 KEY2 低电平有效，而 KEY_UP 高电平有效，请根据图 2-13 设置按键的触发方式及上拉 / 下拉输入模式，并填入表 3-3。

要求：初始状态为绿灯亮，其余 LED 不亮、蜂鸣器不响，其中 4 个独立按键的抢占优先级都设置为 2，主持人按键比选手按键的响应优先级高，配置 GPIO 并将相关参数填入表 3-3。

表 3-3 三人抢答器外设引脚的 GPIO 配置

外设名 （用户标签）	GPIO	引脚模式	触发方式	上拉 / 下拉	中断 优先级
KEY_UP					
KEY0					
KEY1					
KEY2					

外设名 （用户标签）	GPIO	引脚模式	输出电平 （高或低）	上拉 / 下拉	传输速度
BEEP					
LED0					
LED1					
D1					
D2					
D3					

表 3-3 中的 D1、D2、D3 是"拓展训练 1：给三人抢答器添加三个选手指示灯"中抢答选手对应的 3 个 LED，开发板上没有，可根据实际情况选择是否配置。

步骤 2：CubeMX 工程配置

（1）复制并粘贴 2-3 USART 串口通信工程，将其重命名为 3-1 EXTI，同时修改 ioc 文件名与工程同名。

（2）打开 3-1 EXTI.ioc 文件，在 Categories 选项卡中，选择 System Core 选项，配置 GPIO，具体参数如表 3-3 所示，配置完成后如图 3-5 所示。

Pin Name	Sign.	GPIO output	GPIO mode	GPIO Pull...	Max.	User Label	Mo...
PA0-WKUP	n/a	n/a	External Interrupt Mode with Rising edge trigger detection	Pull-down	n/a	KEY_UP	✓
PE2	n/a	n/a	External Interrupt Mode with Falling edge trigger detection	Pull-up	n/a	KEY2	✓
PE3	n/a	n/a	External Interrupt Mode with Falling edge trigger detection	Pull-up	n/a	KEY1	✓
PE4	n/a	n/a	External Interrupt Mode with Falling edge trigger detection	Pull-up	n/a	KEY0	✓
PF8	n/a	Low	Output Push Pull	Pull-down	High	BEEP	✓
PF9	n/a	High	Output Push Pull	Pull-up	High	LED0	✓
PF10	n/a	Low	Output Push Pull	Pull-up	High	LED1	✓

图 3-5 GPIO 配置完成

在 GPIO 选项卡中选择 NVIC 选项，勾选 Enabled 栏中的复选框，使能外部中断，如图 3-6 所示。

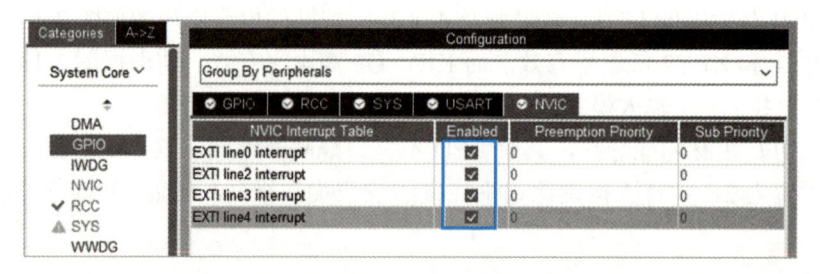

图 3-6 使能外部中断

（3）在 Categories 选项卡中选择 NVIC 选项，将 4 个独立按键的外部中断抢占优先级都设置为 2，并设置主持人按键的响应优先级应比选手按键的响应优先级高，如图 3-7 所示。

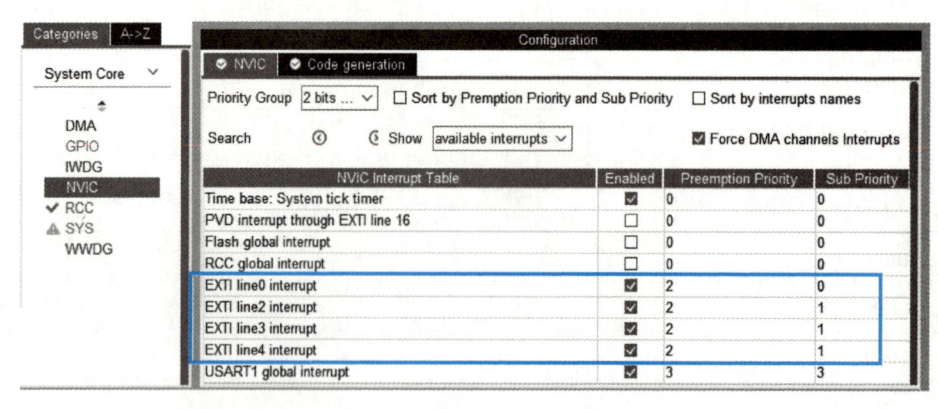

图 3-7 中断抢占优先级与响应优先级设置

（4）保存工程，生成初始化代码。

步骤 3：外部中断按键代码设计

1. 分析外部中断的配置代码

（1）查看按键外部中断的用户标签。在 main.h 头文件中查看按键的宏定义代码，填写其中空缺部分。

```
#define KEY2_Pin                GPIO_PIN_2
#define KEY2_GPIO_Port          GPIOE
#define KEY2_EXTI_IRQn          _____
#define KEY1_Pin                GPIO_PIN_3
#define KEY1_GPIO_Port          GPIOE
#define KEY1_EXTI_IRQn          _____
#define KEY0_Pin                GPIO_PIN_4
#define KEY0_GPIO_Port          GPIOE
#define KEY0_EXTI_IRQn          _____
#define KEY_UP_Pin              _____
#define KEY_UP_GPIO_Port        _____
#define KEY_UP_EXTI_IRQn        _____
```

（2）分析按键外部中断的 GPIO 配置代码。打开 gpio.c 源文件，可以在 MX_GPIO_Init() 函数中查看按键外部中断的 GPIO 配置代码，以下是提取了按键的 GPIO 配置代码，请分析并填写完整代码功能。

```
void MX_GPIO_Init(void)
{
    GPIO_InitTypeDef GPIO_InitStruct = {0};
    __HAL_RCC_GPIOE_CLK_ENABLE();       // 使能_____外设时钟
    __HAL_RCC_GPIOA_CLK_ENABLE();       // 使能_____外设时钟
    ......// 省略使能其他外设时钟的代码
    GPIO_InitStruct.Pin = KEY2_Pin|KEY1_Pin|KEY0_Pin;  // 配置_____按键
    GPIO_InitStruct.Mode = GPIO_MODE_IT_FALLING;       // 模式为_____
    GPIO_InitStruct.Pull = GPIO_PULLUP;                // 配置为_____
    HAL_GPIO_Init(_____, &GPIO_InitStruct);
    GPIO_InitStruct.Pin = KEY_UP_Pin;                  // 配置_____按键
    GPIO_InitStruct.Mode = GPIO_MODE_IT_RISING;        // 模式为_____
    GPIO_InitStruct.Pull = GPIO_PULLDOWN;              // 配置为_____
    HAL_GPIO_Init(_____, &GPIO_InitStruct);
    ......// 省略其他外设的 GPIO 配置
    HAL_NVIC_SetPriority(EXTI0_IRQn, 2, 0);    // 作用是_____
    HAL_NVIC_EnableIRQ(EXTI0_IRQn);            // 作用是_____
    HAL_NVIC_SetPriority(EXTI2_IRQn, 2, 1);    // 作用是_____
    HAL_NVIC_EnableIRQ(EXTI2_IRQn);            // 作用是_____
    HAL_NVIC_SetPriority(EXTI3_IRQn, 2, 1);
    HAL_NVIC_EnableIRQ(EXTI3_IRQn);
    HAL_NVIC_SetPriority(EXTI4_IRQn, 2, 1);
    HAL_NVIC_EnableIRQ(EXTI4_IRQn);
}
```

2. 编写三人抢答器主函数代码

（1）添加外部全局变量 state，用来记录三人抢答器状态。

```
/* USER CODE BEGIN PV */
uint8_t state=0; //三人抢答器状态：0 表示初始状态；1 表示主持人键被按下，进入抢答状态；2 表示抢答结束状态
uint8_t xuanshou=0; // 选手编号：0 表示没人抢答，1、2、3 表示选手编号
/* USER CODE END PV */
```

（2）在 main() 函数中 while() 循环前的用户代码 2 段中添加输出个人信息及三人抢答器提示语的代码。

```
printf("\r\n 班级 组别 姓名 \r\n");
printf("\r\n 请按下主持人按键，准备开始抢答 \r\n");
```

（3）清除 while() 循环内原来的代码，添加以下代码：判断三人抢答器状态，按主持人按键时进入抢答状态——红灯每秒闪烁 1 次，如果有选手抢答成功，红灯熄灭，绿灯点亮，蜂鸣器响 1s。将以下代码填写完整。

```
while (1)
{
    if(state ==1)    // 主持人键被按下，进入抢答状态
    {
        _____        // 红灯闪烁
        HAL_Delay (_____);           // 每秒闪烁一次
    }
    else if(state ==2)    // 抢答结束
    {
        _____        // 红灯熄灭
        printf("\r\n %d 号选手抢答成功！ \r\n\r\n",xuanshou);
        BEEP_ON();                    // 蜂鸣器响
        HAL_Delay (_____);         // 延时 1s
        BEEP_OFF();                   // 蜂鸣器不响
        state =0;                     // 返回初始状态
        _____        // 绿灯点亮
        printf("\r\n 请按下主持人按键，准备开始抢答 \r\n");
    }
}
```

（4）编写三人抢答器按键外部中断回调函数。在 main.c 文件的用户代码 4 段中编写中断回调函数，实现 4 个独立按键的外部中断功能。其中，主持人按键和选手 1 按键的代码如下，其余 2 个选手按键的代码请根据选手 1 按键的代码自行编写。

```
/* USER CODE BEGIN 4 */
void HAL_GPIO_EXTI_Callback(uint16_t GPIO_Pin)
{
    if(GPIO_Pin == KEY_UP_Pin)    // 主持人按键 KEY_UP 按下中断
    {
```

```
            HAL_Delay(10);              // 按键按下消抖
            if(KEY_UP==1)               // 再次判断主持人按键 KEY_UP 是否被按下
            {
                xuanshou=0;             // 没有人抢答
                GLED_OFF();             // 绿灯熄灭
                printf("\n 请选手进行抢答 \r\n");
                state=1;                // 进入抢答状态
            }
        }
        else if(GPIO_Pin == KEY2_Pin)   // 是不是选手1按键 KEY2 按下中断
        {
            HAL_Delay(10);              // 按键按下消抖
            if(state==1 && KEY2==0)     // 在没有其他人抢答时,再次判断选手1按键 KEY2 是否被按下
            {
                xuanshou=1;             // 选手1
                state=2;                // 抢答结束状态
            }
        }
        ......// 剩余 2 个选手按键的代码请自行补充完整
        HAL_Delay(5);                   // 按键松开消抖
        __HAL_GPIO_EXTI_CLEAR_IT(GPIO_Pin);  // 清除外部中断标志
}
/* USER CODE END 4 */
```

3. 程序下载,测试三人抢答器按键功能

下载程序,打开 XCOM,分别按下主持人按键和选手按键,测试三人抢答器实现的功能是否正常。

【问题】当有选手抢答成功,蜂鸣器还在响时,还不算抢答结束,按设 扫码看答案 计要求是不能进行下一次抢答的。但是,如果在蜂鸣器响的这 1s 内,快速按下主持人按键,再按选手按键,也能抢答成功。

请问怎么修改代码才能使抢答成功后在蜂鸣器响期间不能进行下一次抢答?

【解决方法】

拓展训练 1:给三人抢答器添加三个选手指示灯

本任务中只有开发板上的红色、绿色两个 LED 指示抢答状态,不能直观看到选手抢答结果。因此,希望能给三个选手分别添加一个指示灯,即 D1、D2、D3,要求能实现以下功能。

(1)主持人按键被按下时,三个指示灯熄灭。

(2)有选手抢答成功时,对应选手灯点亮。

【操作提示】可以使用 8 位跑马灯拓展板,将其中三个 LED 作为选手灯,同时进行以下操作。

(1)在 CubeMX 软件中对 D1、D2、D3 的 GPIO 进行配置,使三个 LED 在上电时不亮。

（2）在程序中增加以下代码。

- 仿照跑马灯的代码，在 main.c 源文件中添加控制 D1、D2、D3 点亮和熄灭的函数。
- 当按下主持人按键时，三个指示灯会熄灭，如 LED_OFF(xuanshou)。
- 在抢答结束时，根据按下的选手按键，点亮对应的选手灯，如 LED_ON(xuanshou)。

将 8 位跑马灯拓展板接到开发板左下角的 OLED 接口中，或者用杜邦线接到开发板对应的引脚上，再测试三人抢答器实现的功能。

拓展训练 2：通过外部中断方式实现按键控制 RGB 灯

设计一个按键控制 RGB 灯的实验，使用 RGB 灯拓展板，其硬件电路参考任务 2.2 的"拓展训练"部分，要求能实现以下功能。

（1）上电时先通过串口输出个人信息，如"班级、第几组、姓名"等，然后在程序运行时开发板上的红灯每 300ms 闪烁一次。

（2）按键控制：按下 KEY0，RGB 显示为红灯；按下 KEY1，RGB 显示为绿灯；按下 KEY2，RGB 显示为蓝灯；按下 KEY_UP，RGB 显示为白灯。

（3）当按下相应按键时，在 XCOM 中显示当前按键及实现的功能，如图 3-8 所示。

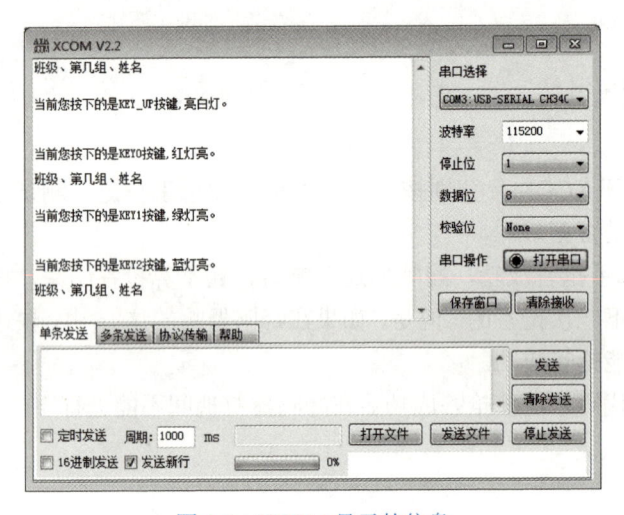

图 3-8　XCOM 显示的信息

任务 3.2　三人抢答器限时抢答设计

任务描述

【任务要求】

在三人抢答器按键模块设计实现的功能上，添加 10s 倒计时限时抢答功能。

（1）当按下主持人按键时，进入抢答状态，串口输出提示信息"请选手开始抢答"，同时从 9.9s 开始倒计时，计时单位为 0.1s，红灯每秒闪烁一次。

（2）当按下选手按键时，立即停止倒计时，同时串口显示抢答成功选手的编号，蜂鸣器响 1s。

（3）如果直到倒计时结束都没有人抢答，则蜂鸣器发声提示，同时停止倒计时。

本任务使用基本定时器 TIM6，通过定时器中断来控制单位为 0.1s 的计时功能。

【学习目标】

知识目标	技能目标	素质目标
➢ 能列举 STM32 定时器的三种分类及其特点、计数模式等 ➢ 能简述通用定时器、基本定时器的结构、特点，以及定时参数的计算方式	➢ 能根据设计要求计算定时器相关参数，并正确配置定时器参数 ➢ 能正确编写程序，实现三人抢答器的 10s 倒计时功能 ➢ 能下载程序，在开发板上实现三人抢答器限时抢答功能	➢ 培养严谨认真、一丝不苟的科学工作精神

任务学习

3.2.1 STM32 定时器概述

STM32F407 共有 14 个定时器，包括 2 个基本定时器（TIM6 和 TIM7）、10 个通用定时器（TIM2～TIM5，TIM9～TIM14）、2 个高级控制定时器（TIM1 和 TIM8）。STM32F407 定时器的特性如表 3-4 所示。

表 3-4 STM32F407 定时器的特性

定时器类型	定时器	计数位数	计数模式	DMA	捕获/比较通道	互补输出	所在总线	最大定时器时钟	应用场景
高级定时器	TIM1、TIM8	16	递增、递减、中心对齐	有	4	有	APB2	SYSCLK	带可编程死区的互补输出
通用定时器	TIM2、TIM5	32	递增、递减、中心对齐	有	4	无	APB1	SYSCLK/2	定时、计数、生成 PWM 信号、输入捕获、输出比较
	TIM3、TIM4	16	递增、递减、中心对齐	有	4	无	APB1	SYSCLK/2	
	TIM9	16	递增	无	2	无	APB2	SYSCLK	
	TIM10、TIM11	16	递增	无	1	无	APB2	SYSCLK	
	TIM12	16	递增	无	2	无	APB1	SYSCLK/2	
	TIM13、TIM14	16	递增	无	1	无	APB1	SYSCLK/2	
基本定时器	TIM6、TIM7	16	递增	有	0	无	APB1	SYSCLK/2	触发 DAC

由表 3-4 可知，定时器的计数位数除了 TIM2 和 TIM5 是 32 位，其他定时器都是 16 位。定时器的计数模式有递增计数模式、递减计数模式、中心对齐计数模式（递增/递减计数模式），如图 3-9 所示。

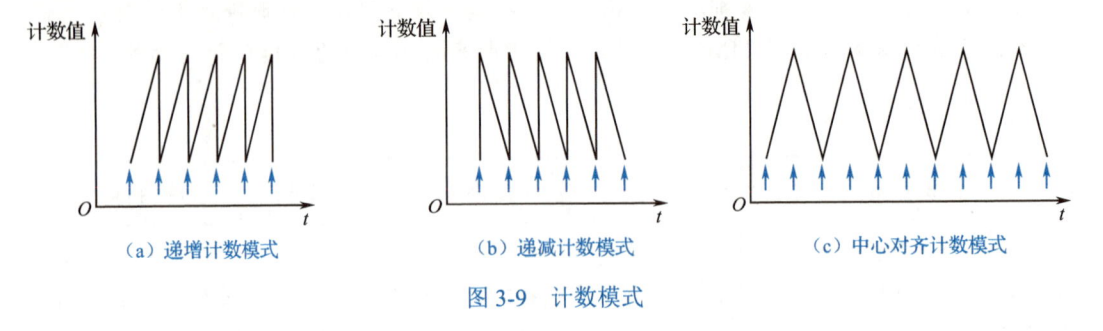

（a）递增计数模式　　　　　（b）递减计数模式　　　　　（c）中心对齐计数模式

图 3-9　计数模式

（1）递增计数模式：计数器从 0 开始向上计数到自动重装载值 ARR 并产生一个计数器溢出事件，然后重新从 0 开始计数。

（2）递减计数模式：计数器从自动重装载值 ARR 开始向下计数到 0 并产生一个计数器溢出事件，然后自动重装载值 ARR 开始重新计数。

（3）中心对齐计数模式：计数器从 0 开始向上计数到自动重装载值 ARR-1 并产生一个计数器溢出事件，然后从自动重装载值 ARR-1 开始向下计数到 1 并产生一个计数器溢出事件，再重新从 0 开始计数。

定时器的时钟信号来自 APB1 或 APB2（见图 1-4），所以不同定时器的最高工作频率不一样。图 3-10 所示为 CubeMX 软件时钟树配置涉及定时器的部分，如本任务中使用的基本定时器挂在 APB1（低速外设总线）上，其时钟源于 PCLK1（APB1 时钟），但是基本定时器时钟信号不直接由 APB1 时钟提供，而是经过一个倍频器倍频得到的。当 APB1 的预分频系数为 1 时，此倍频器的倍频系数为 1；当 APB1 的预分频系数大于 1 时，此倍频器的倍频系数为 2。因此，当 APB1 时钟频率的最大值为 42MHz 时，基本定时器时钟频率的最大值为 84MHz。

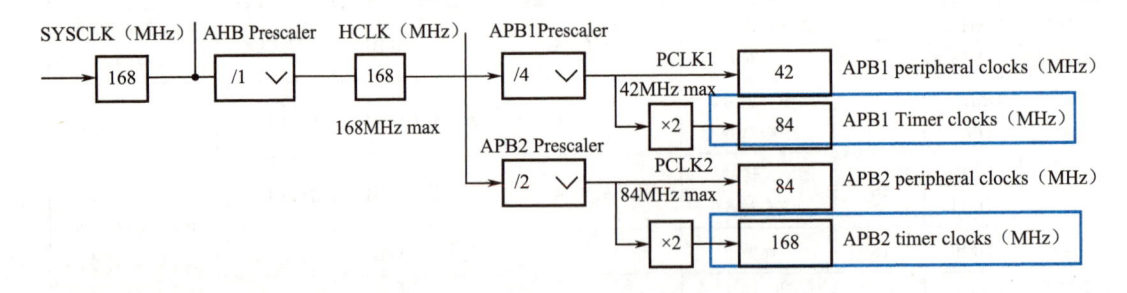

图 3-10　CubeMX 软件时钟树配置涉及定时器的部分

通用定时器和高级定时器在基本定时器的基础上多了一些额外功能。通用定时器具有基本定时器的所有功能，并且增加了递减计数、中心对齐计数、生成 PWM 信号、输入捕获、输出比较等功能。高级定时器具有通用定时器的所有功能，并且增加了带可编程死区的互补输出、重复计数、断路等功能。

3.2.2 通用定时器

STM32F407 有 10 个通用定时器，这些通用定时器可被用于测量输入信号的脉冲长度（输入捕获）或产生输出波形（输出比较和生成 PWM 信号）等。STM32F4 的每个通用定时器是完全独立的，没有任何互相共享的资源。

STM32 的通用定时器包括 TIM 2 ～ TIM5 和 TIM9 ～ TIM14，它们的功能如下。

（1）具有 16 位或 32 位（仅 TIM2 和 TIM5）的递增计数器、递减计数器、中心对齐计数器。

【注意】TIM9 ～ TIM14 只支持递增计数模式。

（2）具有 16 位的可编程（可以实时修改）预分频器，计数器时钟频率的分频系数为 1 ～ 65535 间的任意数值。

（3）具有 1 个、2 个或 4 个独立通道，这些通道可以用于实现如下功能。

◆ 输入捕获。

◆ 输出比较。

◆ 生成 PWM 信号（递增计数模式、递减计数模式或中心对齐计数模式，需要注意的是 TIM9 ～ TIM14 只支持递增计数模式）。

◆ 单脉冲模式输出。

（4）可以使用外部信号来控制定时器，并实现定时器之间的互连，以实现一个定时器对另一个定时器的同步控制。

（5）在发生如下事件时产生中断或进行 DMA（TIM9 ～ TIM14 不支持 DMA）。

◆ 更新：计数器向上溢出/向下溢出，计数器初始化（通过软件触发或内部/外部触发）。

◆ 触发事件（计数器使能、停止、初始化或由内部/外部触发计数）。

◆ 输入捕获。

◆ 输出比较。

STM32F407 的通用定时器 TIM10 ～ TIM14 只能用内部时钟作为时钟源。

图 3-11 所示为通用定时器 TIM2 ～ TIM5 的框图，通过该框图可以了解基本定时器的工作过程。先对图 3-11 中的 4 部分进行如下介绍。

❶ 定时器时钟源：根据需要选择，一般使用内部时钟。

◆ 内部时钟为 CK_INT，前面提到定时器的时钟并非直接来自 APB1 或 APB2，而是来自输入为 APB1 或 APB2 的一个倍频器。当 APB1 的预分频系数为 1 时，定时器的时钟频率等于 APB1 的频率；当 APB1 的预分频系数为 2 时，定时器的时钟频率等于 APB1 频率的 2 倍。也就是当 SYSCLK 为 100MHz 时，APB1 时钟频率的最大值为 25MHz，APB1 定时器时钟频率的最大值为 50MHz。

◆ 外部时钟为 TIMx_ETR。

◆ 内部触发时钟有 4 个，即 ITR0 ～ ITR3（用一个定时器作为另一个定时器的分频器）。

◆ 外部时钟：捕捉并比较 TI1F_ED。

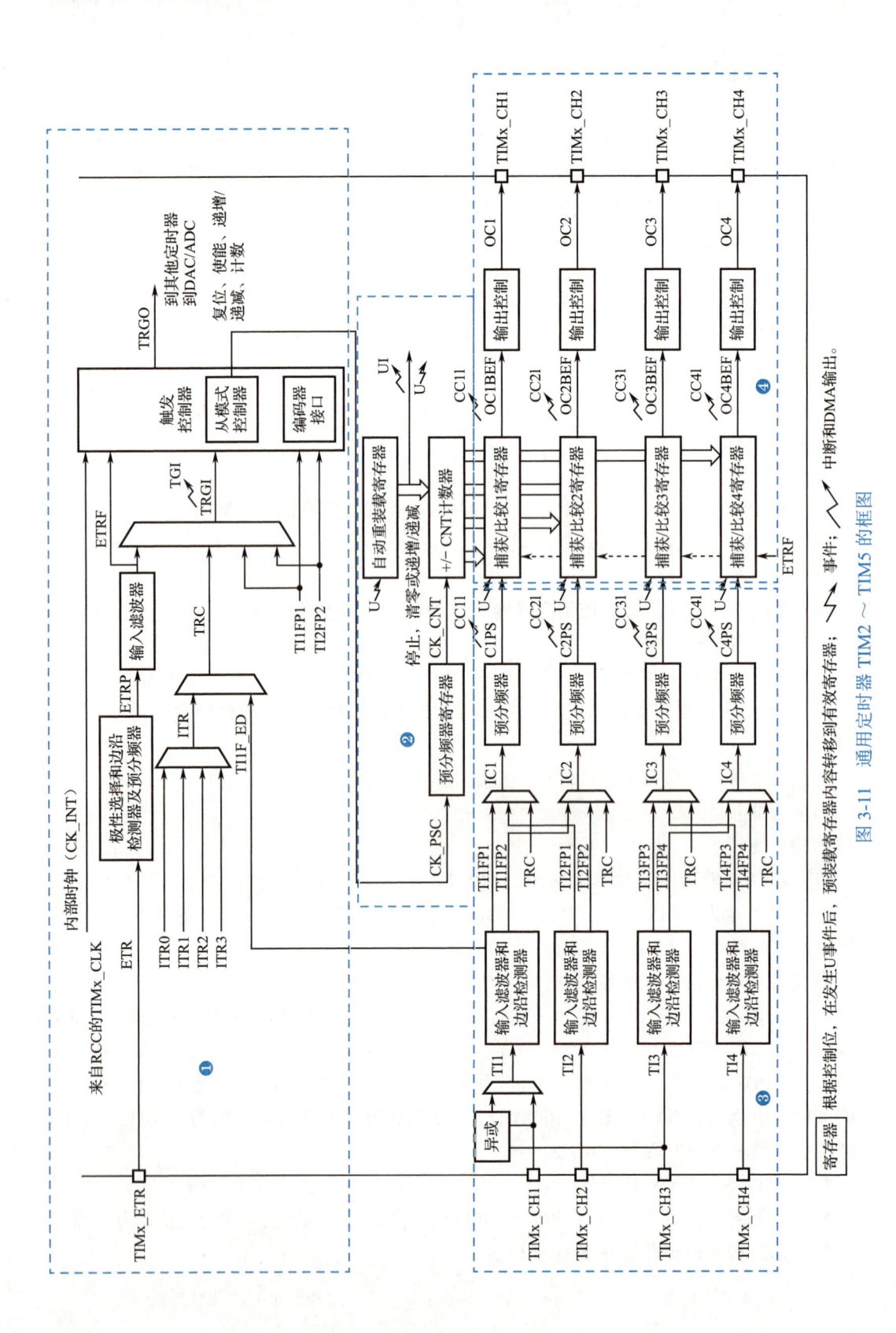

图 3-11 通用定时器 TIM2～TIM5 的框图

❷ 时基单元：包含一个 16 位或 32 位计数器（CNT），该计数器由可编程的预分频器寄存器驱动。调整使用定时器预分频器和 RCC 时钟控制器预分频器的值，可使脉冲宽度和波形周期在几微秒到几毫秒间调整。

◆ 计数器寄存器（TIMx_CNT）：有递增计数模式、递减计数模式、中心对齐计数模式式。例如，在递增计数模式下，计数器对时钟信号 CK_CNT 从 0 开始向上计数，即每来一个时钟信号 CK_CNT，计数器的值就加 1。

◆ 预分频寄存器（TIMx_PSC）：可将时钟按 1～65536 之间的任意值进行分频。在运行时可改变预分频系数，可设置的值为 0～65535，实际分频系数是预分频系数加 1。若设预分频系数为 4999，则实际分频系数为 5000，那么预分频器的输出时钟信号 CK_CNT 的频率为

$$f_{CK\_CNT} = \frac{f_{CK\_PSC}}{PSC+1} = \frac{50MHz}{5000} = 10000Hz$$

◆ 自动重装载寄存器（TIMx_ARR）：存储一个自动重装载值 ARR，如 9999，当计数器的值达到该值时自动生成更新事件（UEV），且计数器自动清 0，重新开始计数，不断重复上述过程；因此只需要设定 TIMx_PSC 和 TIMx_ARR 两个寄存器的值——程序中的定时器预分频系数 PSC 和定时器周期 ARR，就可以控制定时器的溢出时间，即

$$T_{out} = \frac{ARR+1}{f_{CK\_CNT}} = \frac{(PSC+1) \times (ARR+1)}{f_{CK\_PSC}} = \frac{5000 \times 10000}{50MHz} = 1s$$

❸ 输入捕获功能：可以计算脉冲宽度。
❹ 输出比较功能：与寄存器中配置的值进行比较，可以用来调整脉冲的宽度和周期。

3.2.3 基本定时器

STM32F407 有两个基本定时器，即 TIM6 和 TIM7，其基本特征如下。
（1）具有 16 位 TIMx_ARR，用于设置计数周期。
（2）具有 16 位可编程的预分频器，用于对计数器时钟频率进行分频（可在运行时修改分频值）设置范围为 0～65535，分频系数范围为 1～65536。
（3）可以输出触发信号（TRGO），用于触发 DAC 的同步电路。
（4）发生计数器上溢出更新事件时会生成中断和 DMA 请求。

图 3-12 所示为基本定时器的框图，通过该框图可以了解基本定时器的工作过程。
❶ 时钟源：基本定时器的时钟源只能来自内部时钟，由 CK_INT 提供，且只能源于 APB1。当系统时钟频率为 168MHz 时，若 APB1 的时钟频率最大值为 42MHz，则基本定时器的时钟频率最大值为 84MHz。

❷ 控制器：基本定时器的控制器包含一个触发控制器，控制器通过定时器配置 TIM6 和 TIM7 的寄存器（TIMx_CR1），实现对定时器的复位、使能及计数功能。换言之，控制器控制 CK_INT 时钟是否可以正常传输到 TIMx_PSC，从而使能基本定时器。

触发控制器专门用于控制定时器输出一个信号，这个信号可以输出到 STM32 内部其他外设（作为其他外设的输入信号）。基本定时器的触发输出功能专门用于触发 DAC。

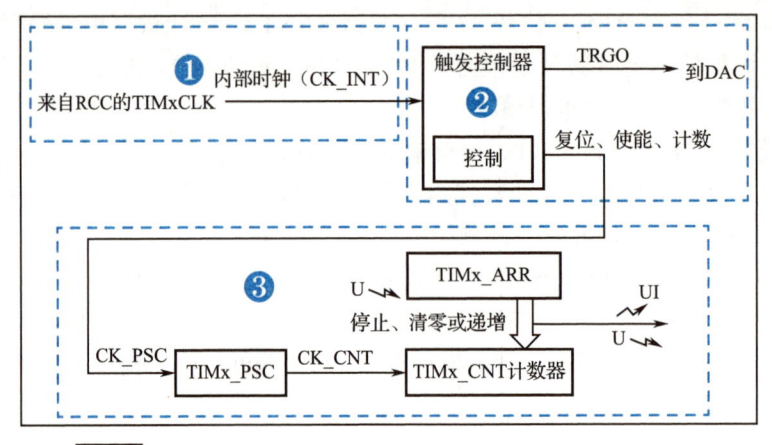

图 3-12 基本定时器的框图

❸ 计数器：基本定时器的时钟频率是 84MHz。定时器实现定时功能实际上是一个计数过程，共涉及三个寄存器：TIMx_CNT、TIMx_PSC、TIMx_ARR。这三个寄存器都是 16 位有效的，可设置的值为 0 ～ 65535。基本定时器的输出周期 T_{out} 的计算公式与通用定时器一样。

例如，当系统时钟频率为 168MHz 时，APB1 定时器的时钟频率 f_{CK_PSC} 为 84MHz。设预分频系数为 8400-1，自动重装载值 ARR 为 10000-1 时定时器的溢出时间为

$$T_{out} = \frac{(PSC+1) \times (ARR+1)}{f_{CK\_PSC}} = \frac{8400 \times 10000}{84MHz} = 1s$$

图 3-12 中的 TIMx_ARR 和 TIMx_PSC 用于底层工作，是看不见的，无法对其进行读写操作，但它们在使用中能真正起作用。TIMx_PSC 具有缓冲，在运行过程中可以改变其数值，新的预分频系数将在发生下一个更新事件时起作用。

图 3-12 中有两个指向不同的图标，其中指向右下角的图标表示事件，指向右上角的图标表示中断和 DMA 输出，TIMx_ARR 左边的 U 表示 Update，即更新事件发生时将预装载寄存器的内容复制到 TIMx_ARR 内。

3.2.4 定时器的 HAL 驱动函数

基本定时器只有定时这一个基本功能，在计数溢出时产生的更新事件是基本定时器中断的唯一事件源。根据控制寄存器 TIMx_CR1 中 OPM（One Pulse Mode，单脉冲模式）位的值可知，基本定时器有两种定时模式：连续定时模式和单次定时模式。

（1）当 OPM 位的值是 0 时，定时器是连续定时模式，也就是计数器在发生更新事件时不停止计数。因此，在连续定时模式下，可以产生连续的更新事件，从而可以产生连续的、周期性的定时中断，这是定时器默认的定时模式。

（2）当 OPM 位的值是 1 时，定时器是单次定时模式，也就是计数器在发生下一次更

新事件时会停止计数。在单次定时模式下，如果使能了更新事件中断，在产生一次定时中断后，定时器就停止计数了。

表 3-5 所示为定时器一些主要的 HAL 驱动函数，因为所有定时器都具有定时功能，所以这些函数适用于通用定时器、高级控制定时器。

表 3-5 定时器一些主要的 HAL 驱动函数

分组	函数名	功能描述
初始化	HAL_TIM_Base_Init()	定时器初始化，设置各种参数和连续定时模式
	HAL_TIM_OnePulse_Init()	将定时器配置为单次定时模式，需要先执行 HAL_TIM_Base_Init() 函数
	HAL_TIM_Base_MspInit()	MSP 弱函数，在 HAL_TIM_Base_Init() 函数里被调用，重新实现的这个函数一般用于定时器时钟使能和中断设置
使能和停止	HAL_TIM_Base_Start()	以轮询工作方式使能定时器，不会产生中断
	HAL_TIM_Base_Stop()	停止轮询工作方式的定时器
	HAL_TIM_Base_Start_IT()	以中断工作方式使能定时器，在发生更新事件时产生中断
	HAL_TIM_Base_Stop_IT()	停止中断工作方式的定时器
	HAL_TIM_Base_Start_DMA()	以 DMA 工作方式使能定时器
	HAL_TIM_Base_Stop_DMA()	停止 DMA 工作方式的定时器
获取状态	HAL_TIM_Base_GetState()	获取基础定时器的当前状态

技能训练：通用定时器设计

设计要求：用两种方法分别实现 LED 闪烁的控制，亮灭各 500ms。

（1）用延迟函数控制红灯闪烁，每秒闪烁一次。

（2）由 TIM3 控制绿灯闪烁，每秒闪烁一次。

（3）将 HSE 设置为 PLL 的时钟源，并配置系统时钟频率达到 100MHz。

微课

步骤 1：通用定时器参数计算

采用 TIM3 进行 0.5s 计时中断，该定时器时钟采用的是____（填 APB1 或 APB2）时钟。当系统时钟频率为 100MHz 时，TIM3 的时钟频率 f_{CLK} 为_____Hz。

将 TIM3 的预分频系数设置为 5000-1，要使定时器溢出时间为 0.5s，那么应设置自动重装载值（计数周期）ARR 为_____，计算公式为

步骤 2：通用定时器 CubeMX 工程配置

1. 创建工程，配置时钟树

工程配置要求：使用 HSE 作为 PLL 时钟源，使系统时钟频率达到 100MHz，按照开发板上 LED0 和 LED1 的硬件电路，配置 GPIO，且要求上电时 LED 不亮。

（1）创建 STM32 工程，芯片选择 STM32F407ZGT6，工程名为 2-2 TIMER。

（2）配置时钟源及时钟树，使系统时钟频率达到 100MHz。

① 选择时钟源：打开_____界面，开启 HSE。

② 配置时钟树：在界面上方选择 Clock Configuration 标签，进入时钟配置界面。

◆ 设置 PLL 的来源为 HSE，其频率为_____MHz。

◆ 当设置 PLL 的分频系数 M 为 4，PLL 的分频系数 P 为 2 时，PLL 的倍频系数 N 应设置为_____。此时，系统时钟的时钟源选择 PLLCLK，系统时钟频率即可达到 100MHz。填写计算公式：

$$SYSCLK=_____$$

◆ 为使 APB1CLK 和 APB2CLK 不超过规定值，APB1 的分频系数最大可设为____，由此可得 APB1CLK=____MHz。APB2 的分频系数设置方法与 APB1 的分频系数设置方法一样。

2. 配置 GPIO

配置 LED 的 GPIO：在 Pinout & Configuration 标签页中选择 Categories 选项，依次选择 System Core → GPIO 选项，按任务 1.3 "任务实施 1" 部分的 CubeMX 工程配置中的步骤 3 配置 LED0 和 LED1 的引脚。

3. 配置通用定时器参数

（1）在 Categories 选项卡中选择 Timers 选项，单击 TIM3 选项，按图 3-13 进行相关参数设置。

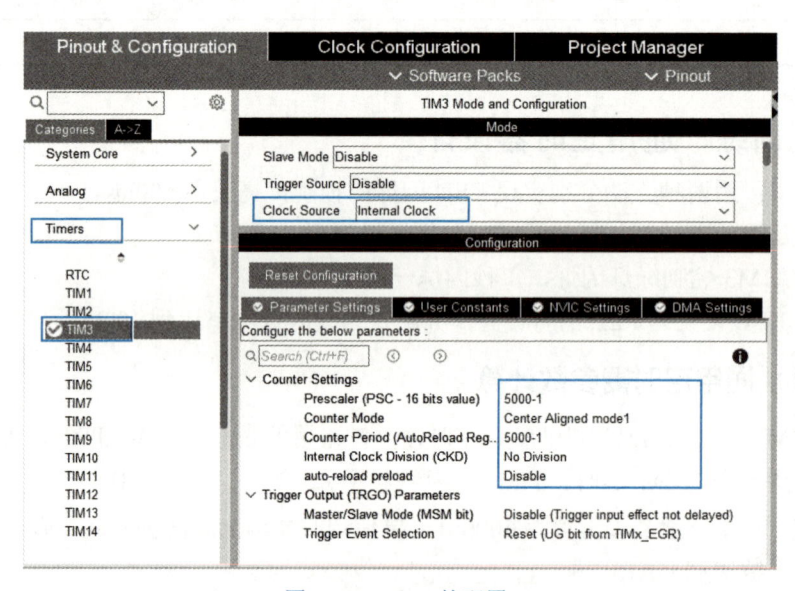

图 3-13　TIM3 的配置

（2）在 Mode 栏中的 Clock Source 下拉列表中选择 Internal Clock 选项。

（3）在 Configuration 栏中，选择 Parameter Settings 选项，配置参数如下。

计数器设置如下。

◆ 预分频系数为_____。

◆ 计数周期（自动重装载值）ARR 为_____。

◆ 计数模式为_____。

◆ 内部时钟不分频。

◆ 禁用自动重装载预加载。

触发器输出参数如下。

◆ 禁用主从模式。

◆ 触发事件选择重置方式。

（4）在 Configuration 栏中，选择 NVIC Settings 选项，勾选 Enabled 栏中的复选框，使能 TIM3 中断，如图 3-14 所示。

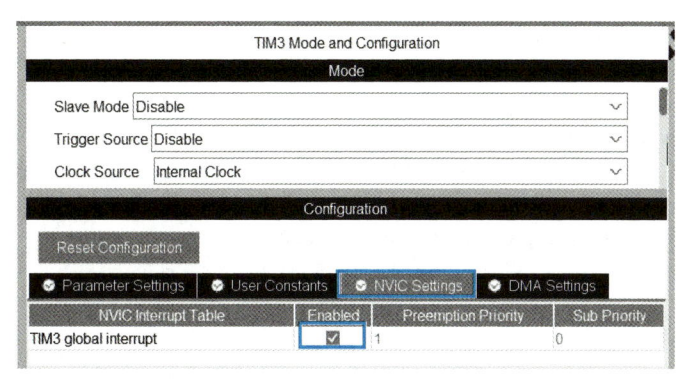

图 3-14 使能 TIM3 中断

（5）设置 NVIC 中断分组及优先级。在 Categories 选项卡中选择 NVIC 选项，设置 TIM3 的抢占优先级为 1，响应优先级为 0，如图 3-15 所示。

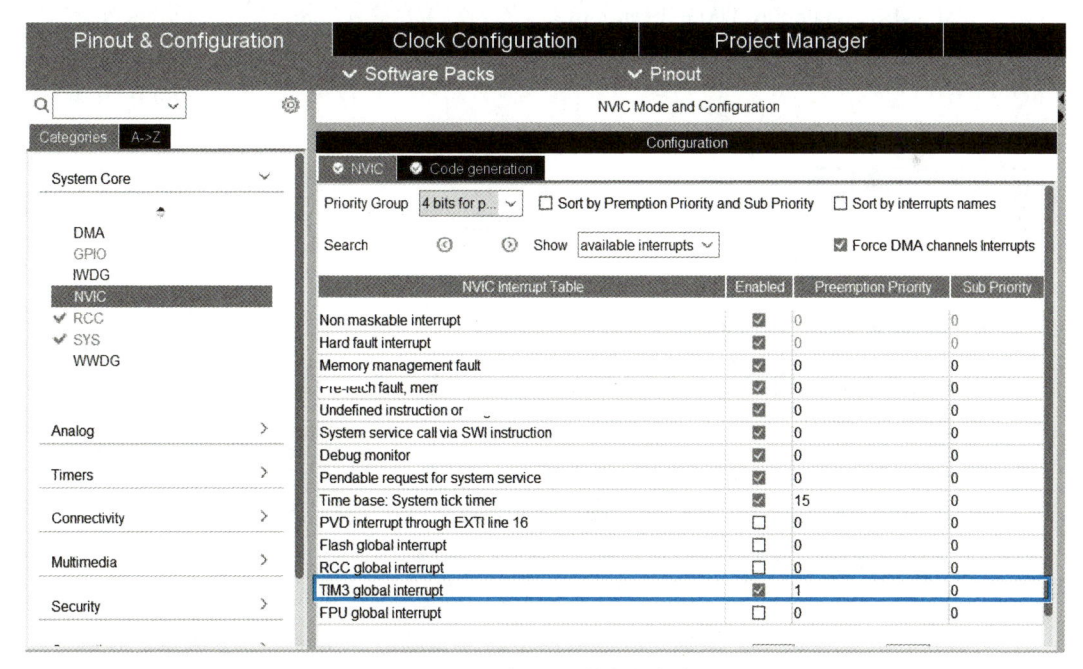

图 3-15 设置 TIM3 的中断优先级

（6）在 Project Manager 标签页中，设置工程名为 3-2 TIMER，将 .c 源文件和 .h 头文件分别生成代码。

（7）保存，生成工程初始化代码，编译工程。

步骤 3：实现通用定时器控制 LED 闪烁

1. 分析 TIM3 配置的初始化函数

打开 tim.c 源文件，在 MX_TIM3_Init() 函数中查看 TIM3 配置初始化代码，请分析并填写以下代码的功能。

```
void MX_TIM3_Init(void)
{
  TIM_ClockConfigTypeDef sClockSourceConfig = {0};
  TIM_MasterConfigTypeDef sMasterConfig = {0};
  htim3.Instance = TIM3;
  htim3.Init.Prescaler = 5000-1;      // 设置_____值，实际系数为_____
  htim3.Init.CounterMode = TIM_COUNTERMODE_CENTERALIGNED1; // 计数模式为_____
  htim3.Init.Period = 5000-1;         // 设置_____值，实际系数为_____
  htim3.Init.ClockDivision = TIM_CLOCKDIVISION_DIV1;
  htim3.Init.AutoReloadPreload = TIM_AUTORELOAD_PRELOAD_DISABLE;
  ......  // 省略部分代码
}
void HAL_TIM_Base_MspInit(TIM_HandleTypeDef* tim_baseHandle)
{
  if(tim_baseHandle->Instance==TIM3)
  {
      __HAL_RCC_TIM3_CLK_ENABLE();          // 使能 TIM3 时钟
      HAL_NVIC_SetPriority(TIM3_IRQn, 1, 0); // 设置 TIM3 中断优先级
      HAL_NVIC_EnableIRQ(TIM3_IRQn);         // 使能 TIM3 中断
  }
}
```

扫码看答案

2. 编写主函数代码

（1）在 Core 文件夹下的 Src 文件夹中打开 main.c 源文件，在 while() 循环之前的用户代码 2 段处添加使能 TIM3 中断的代码。

```
HAL_TIM_Base_Start_IT(&htim3);    //TIM3 中断
```

（2）将 while() 循环内的代码设计为红灯闪烁，每秒闪烁一次（亮灭各 500ms）。

```
while (1)
{
    HAL_GPIO_TogglePin(LED0_GPIO_Port, LED0_Pin);   // 红灯闪烁
    HAL_Delay(500);
}
```

（3）在用户代码 4 段中，增加定时器溢出中断回调函数，实现对绿灯闪烁的控制。

```
/* 定时器中断回调函数 */
void HAL_TIM_PeriodElapsedCallback(TIM_HandleTypeDef *htim)
{
    if(htim->Instance==TIM3)    // 判断定时器中断是否来自 TIM3
    {
```

```
            HAL_GPIO_TogglePin(LED1_GPIO_Port, LED1_Pin);    //绿灯闪烁
    }
}
```

（4）编译无误，输出 hex 文件。

3. 上板调试

上板调试，查看两个 LED 闪烁情况：红灯和绿灯闪烁，每秒闪烁一次（亮灭各 500ms）。

【拓展】如果将 while() 循环内的红灯的延时方式修改为用计数模式实现，如 5ms×100 次 =500ms，则实现代码如下。

```
while (1)
{
    if (timers==99)
    {
        HAL_GPIO_TogglePin(LED0_GPIO_Port, LED0_Pin); // 红灯翻转
        timers=0;
    }
    HAL_Delay(5);    // 延时 5ms
    timers++;
}
```

【思考】此时，与 TIM3 控制的绿灯闪烁时间一致，将程序下载到开发板会观察到什么现象？为什么会出现这种现象？

_____

_____

任务实施

【设计要求】在任务 3.1 三人抢答器按键设计的基础上，添加 10s 限时抢答功能，采用 TIM6 实现单位为 0.1s 的倒计时。

步骤 1：基本定时器参数计算

TIM6 采用的是_____（填 APB1 或 APB2）时钟，当系统时钟频率为 168MHz 时，TIM6 的时钟频率 f_{CLK} 为____Hz。

设置 TIM6 的预分频系数为 8400-1，要使定时器溢出时间为 0.1s，那么应将自动重装载值 ARR 设置为_____。

步骤 2：基本定时器 CubeMX 工程配置

复制并粘贴 3-1 EXTI 外部中断工程，并将其重命名为 3-2 BASIC_TIMER。修改 ioc 文件与工程同名。

1. 配置基本定时器参数

打开 3-2 BASIC_TIMER.ioc 文件，在 Categories 选项卡中选择 Timers 选项，选择 TIM6 进行参数配置，如图 3-16 所示。

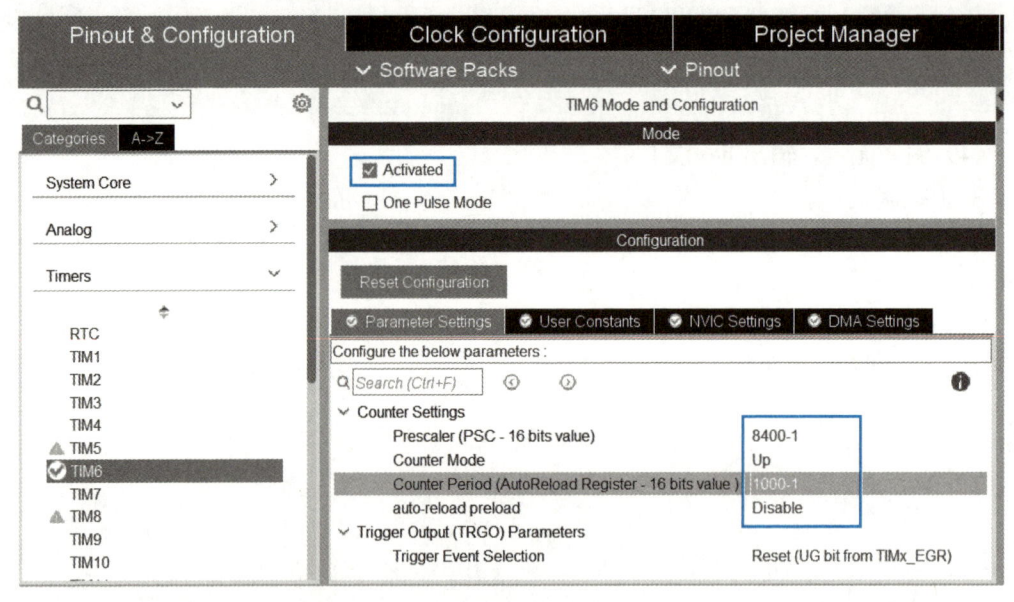

图 3-16　TIM6 的配置

（1）在 Mode 栏中，勾选 Activated 复选框，激活 TIM6。

（2）在 Configuration 栏中，选择 Parameter Settings 选项，配置预分频系数为_____，计数模式为_____，计数周期 ARR 为_____，禁用自动重装载预加载。

（3）在 Configuration 栏中选择 NVIC Settings 选项，设置中断。勾选 Enabled 栏中的复选框，使能 TIM6 中断，如图 3-17 所示。

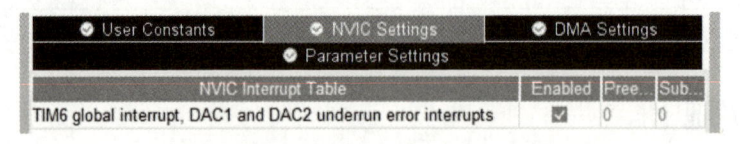

图 3-17　使能 TIM6 中断

2. 设置 NVIC 中断优先级

在 Categories 选项卡中选择 NVIC 选项，设置 TIM6 的抢占优先级为 1，高于外部中断和串口的优先级；设置响应优先级为 3。

保存，生成工程初始化代码，编译工程。

步骤 3：限时抢答代码设计及浮点数输出

微课

在三人抢答器程序的基础上添加代码，实现限时抢答功能：按下主持人按键使能 TIM6 中断；抢答结束关闭 TIM6 中断。添加定时器中断回调函数，倒计时每减少 0.1s，就在串口输出一次倒计时时间，如果倒计时结束仍无人抢答，就结束抢答状态，同时在串口输出提示信息。

1. 在 main.c 源文件中编写限时抢答代码

（1）设置倒计时的全局变量，因为倒计时单位是 0.1s，所以定义浮点型变量。

```
float num=9.9;    // 倒计时的初始值
```

（2）在 while() 循环中，编写代码实现抢答结束时，立刻关闭 TIM6 中断。

HAL_TIM_Base_Stop_IT(&htim6);   // 关闭 TIM6 中断

（3）在用户代码 4 段的按键外部中断回调函数中，编写代码实现按下主持人键进入抢答状态，此时复位倒计时初始时间为 9.9s，并使能 TIM6 中断。

```
state=1;           // 进入抢答状态
num=9.9;           // 复位倒计时初始时间
HAL_TIM_Base_Start_IT(&htim6);   // 使能 TIM6 中断
```

（4）在用户代码 4 段的按键外部中断回调函数后，增加定时器中断回调函数，实现 10s 倒计时串口输出显示功能，且倒计时结束时关闭定时器中断，蜂鸣器发出声响。

```
/* 定时器中断回调函数，显示倒计时 */
void HAL_TIM_PeriodElapsedCallback(TIM_HandleTypeDef *htim)
{
    if(htim->Instance==TIM6)    // 如果是 TIM6 中断
    {
        if( state ==1)          // 如果进入抢答状态
        {
            printf("\r\n %.1f \r\n",num);   // 通过串口输出时间，单位为 0.1s
            if(num>0)    num-=0.1;          // 如果倒计时没到 0，就减 0.1
            else
            {
                state =2;       // 倒计时结束标志
                printf("\r\n 倒计时结束，无人抢答 \r\n");
            }
        }
    }
}
```

2. 解决 printf() 函数不支持浮点数的问题

【注意】不同软件解决 printf() 函数不支持浮点数问题的操作方法不一样。

下面分别介绍 Keil MDK 软件和 CubeIDE 软件的操作方法。

（1）Keil MDK 软件的警告处理。在 Keil MDK 软件中编译工程后发现有一个警告，如图 3-18 所示。

```
Build Output
../Core/Src/main.c(247): warning:  #1035-D: single-precision operand implicitly converted to double-precision
                 if(num>0)    num-=0.1; //如果倒计时没到0，就减0.1
../Core/Src/main.c: 1 warning, 0 errors
linking...
Program Size: Code=12714 RO-data=626 RW-data=32 ZI-data=1776
FromELF: creating hex file...
"..\Debug\4-2 BASIC_TIMER.axf" - 0 Error(s), 1 Warning(s).
Build Time Elapsed:  00:00:05
```

图 3-18 Build Output 窗口中的警告信息

Build Output 窗口输出的警告信息是 Warning:#1035-D: single-precision operand implicitly converted to double-precision，意思是单精度运算隐式转换成双精度运算。可以忽略这个警告，也可以通过在所有浮点数后面加 f 来消除这个警告。例如，在小数 0.1 的后面加上 f，代码如下。

if(num>0)　num-=0.1f;

（2）CubeIDE 软件的报错处理。在 CubeIDE 软件中编译工程后可打开 Problems 面板查看错误信息，如图 3-19 所示。

图 3-19　Problems 面板

Problems 面板中显示的错误信息提示是 The float formatting support is not enabled。这说明在 main.c 源文件的代码中，printf() 函数不支持浮点数格式，同时提示了处理方法：check your MCU Settings from "Project Properties > C/C++ Build > Settings > Tool Settings"，or add manually "-u _printf_float" in linker flags，也就是检查 MCU 设置。

方法一：执行 Project → Properties 命令，打开 Properties 对话框，在左侧依次选择 C/C++ Build → Settings 选项，在右侧的 Tool Settings 选项卡中，选择 MCU GCC Linker 选项下的 Miscellaneous 选项，单击右上侧的 图标，在弹出的对话框中填入 -u_printf_float，单击 OK 按钮返回，最后单击右下角的 Apply and Close 按钮就可以了，如图 3-20 所示。

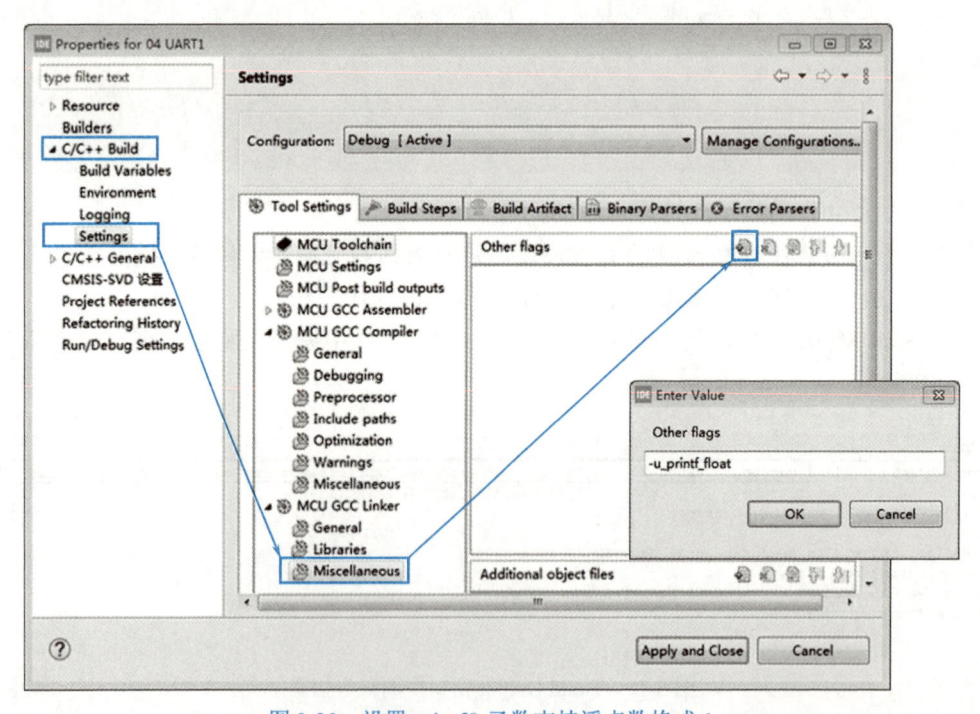

图 3-20　设置 printf() 函数支持浮点数格式 1

方法二：在 Tool Settings 选项卡中，选择 MCU Settings 选项，勾选右下角的 Use float with printf from newlib-nano 选项，如图 3-21 所示。单击右下角的 Apply and Close 按钮就可以了。

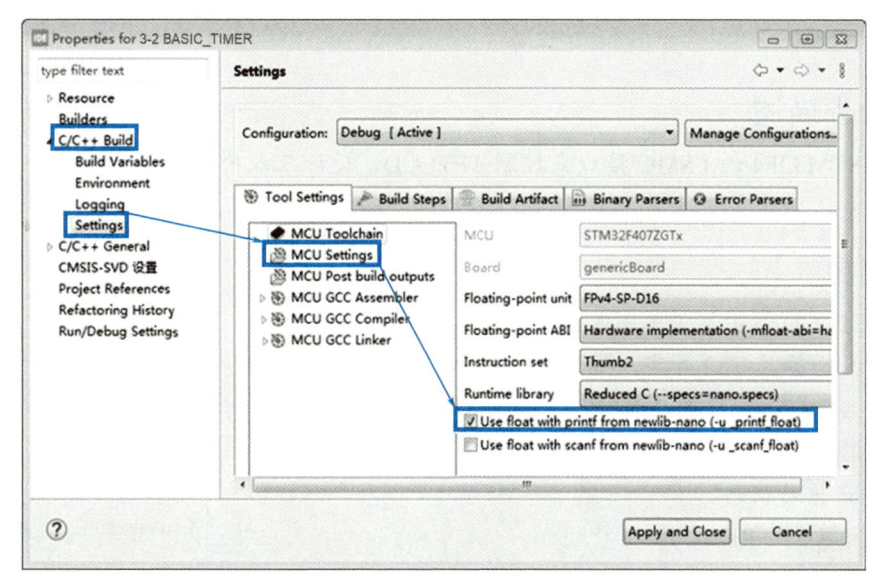

图 3-21　设置 printf() 函数支持浮点数格式 2

设置完成后，再次编译工程，直至无误。

3．下载程序，测试三人抢答器倒计时功能

打开 XCOM，分别按下主持人按键和选手按键，测试三人抢答器电路功能实现是否正常。

【问题 1】当按下主持人按键倒计时到 0 时，串口输出"倒计时结束，无人抢答"和"0 号选手抢答成功！"，应该怎么修改代码才能不输出后面这句信息？

【解决方法】_____

【问题 2】当倒计时到 0 时，发现串口输出显示"-0.0"，负号怎么处理？此处使用 abs() 函数，还是 fabs() 函数？二者有什么区别？

【解决方法】_____
_____

修改 printf() 函数的代码为_____

【问题 3】引入函数对浮点数取绝对值之后出现如图 3-22 所示的警告信息，对此应怎么处理？

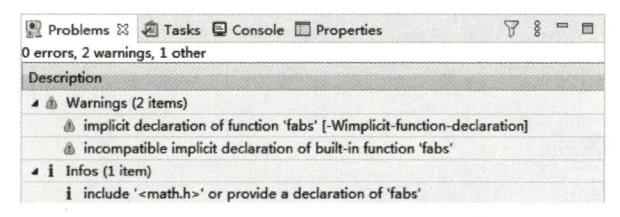

图 3-22　Problems 面板中的警告信息

【解决方法】

任务 3.3　三人抢答器显示界面设计

🎯 任务描述

通过 STM32F4 的 FSMC 接口来控制 TFTLCD，设计三人抢答器显示界面，如图 3-23 所示。

↳【任务要求】

➢ TFTLCD 显示英文单词或拼音。
◆ 三人抢答器：32 号字，带边框，居中，红色。
◆ 姓名、班级、日期：左对齐，蓝色。
◆ 抢答状态、倒计时、选手编号：32 号字，左对齐。
➢ 显示抢答状态。
◆ 初始状态：READY。
◆ 开始抢答：START。
◆ 无人抢答：TIME OUT。
◆ 抢答结束：FINISH。

在前三种状态下，所有选手编号圆圈背景显示为白色；当有人抢答成功时，对应选手编号圆圈背景显示为绿色。

➢ 每0.5s循环切换一次状态，在抢答结束状态下，三个选手圆圈分别依次显示为绿色。

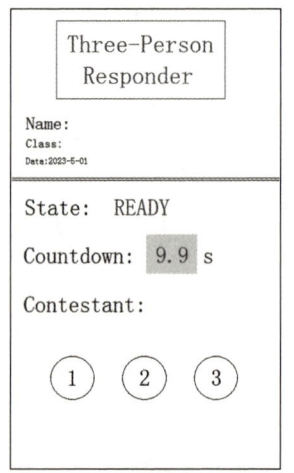

图 3-23　三人抢答器显示界面

↳【学习目标】

知识目标	技能目标	素质目标
➢ 能说出 TFTLCD 概念及 ATK-4.3 寸 TFTLCD 的特点 ➢ 能简述 FSMC 接口连接外部 SRAM 的原理	➢ 能根据 TFTLCD 连接电路配置 GPIO，能正确配置 FSMC 接口 ➢ 能正确查找、分析 TFTLCD 的驱动代码及应用函数 ➢ 能根据设计要求编写三人抢答器显示界面代码，在开发板的 TFTLCD 上显示三人抢答器显示界面	➢ 初步形成全局观思维，培养统筹思考能力

📝 任务学习

3.3.1　TFTLCD 概述

TFTLCD 即薄膜晶体管液晶显示器，其英文全称为 Thin Film Transistor Liquid Crystal

Display。TFTLCD 的每一个像素上都设置有一个薄膜晶体管。TFTLCD 面板可视为两片玻璃基板中间夹着一层液晶，上层的玻璃基板是彩色滤光片，下层的玻璃基板镶嵌有晶体管。电流通过晶体管产生电场变化，液晶分子偏转，光线的偏极性被改变，进而利用偏光片控制像素的明暗状态。此外，上层玻璃因为与彩色滤光片贴合，由此形成的每个像素都包含红色、蓝色、绿色三种颜色，这些包含红色、蓝色、绿色三种颜色的像素构成了 TFTLCD 面板上的画面。TFTLCD 也被叫作真彩液晶显示器。

TFTLCD 具有亮度高、对比度高、层次感强、颜色鲜艳等特点，是目前主流的 LCD，被广泛应用于电视、手机、计算机、平板电脑等各种电子产品。

正点原子的 STM32F4 开发板有配套的 TFTLCD 模块，其特点如下。

（1）有 2.4 寸、2.8 寸、3.5 寸、4.3 寸、7 寸五种大小的屏幕可选，本任务中采用的是 ATK-4.3 寸 TFTLCD 模块，实物图如图 3-24 所示。

图 3-24 ATK-4.3 寸 TFTLCD 模块实物图

ATK-4.3 寸 TFTLCD 模块通过 2×17 的排针（间距为 2.54mm）同外部连接，其可以与正点原子的 STM32F4 开发板直接对接。ATK-4.3 寸 TFTLCD 模块对外接口原理图如图 3-25 所示。

图 3-25 ATK-4.3 寸 TFTLCD 模块对外接口原理图

（2）ATK-4.3 寸 TFTLCD 模块的分辨率为 800 像素 ×480 像素。

（3）16 位真彩显示，采用 NT35510 驱动，该芯片自带 GRAM，无须外加驱动器，因此任何单片机都可以轻易驱动。

（4）ATK-4.3 寸 TFTLCD 模块采用 16 位 8080 并口与外部连接，不支持其他方式。

（5）ATK-4.3 寸 TFTLCD 模块自带电容触摸屏，最多支持 5 点同时触摸，具有非常好的操控效果，可以用来作为控制输入。

ATK-4.3 寸 TFTLCD 模块引脚说明如表 3-6 所示。

表 3-6　ATK-4.3 寸 TFTLCD 模块引脚说明

序号	名称	说明
1	CS	LCD 片选信号（低电平有效）
2	RS	命令 / 数据控制信号（0 表示命令，1 表示数据）
3	WR	写使能信号（低电平有效）
4	RD	读使能信号（低电平有效）
5	RST	复位信号（低电平有效）
6～21	DB0～DB15	双向数据总线
22、26、27	GND	地线
23	BL_CTR	背光控制引脚（高电平点亮背光，低电平关闭背光）
24、25	VDD3.3	主电源供电引脚（3.3V）
28	BL_VDD	背光供电引脚（5V）
29	MISO	NC，电容触摸屏模块未用到
30	MOSI	电容触摸屏模块 IIC_SDA 信号（CT_SDA）
31	T_PEN	电容触摸屏模块中断信号（CT_INT）
32	MO	NC，电容触摸屏模块未用到
33	T_CS	电容触摸屏模块复位信号（CT_RST）
34	CLK	电容触摸屏模块 IIC_SCL 信号（CT_SCL）

从表 3-6 中可以看出，TFTLCD 控制器总共需要 21 个 I/O 口，背光控制需要 1 个 I/O 口，电容触摸屏需要 4 个 I/O 口，这样整个模块总共需要 26 个 I/O 口。

需要特别注意的是，ATK-4.3 寸 TFTLCD 模块需要双电源分别提供 5V 和 3.3V 电压，只有双电源全部接上才可以正常工作，5V 电源用于背光供电，3.3V 电源用于除背光外的其他供电。

3.3.2　FSMC 简介

STM32F4 开发板的主芯片为 STM32F407ZGT6，自带 FSMC 接口。

FSMC 即灵活的静态存储控制器，能够与同步或异步存储器和 16 位 PC 卡连接，STM32F4 的 FSMC 接口支持包括 SRAM、NAND FLASH、NOR FLASH 和 PSRAM 等。FSMC 的框图如图 3-26 所示。

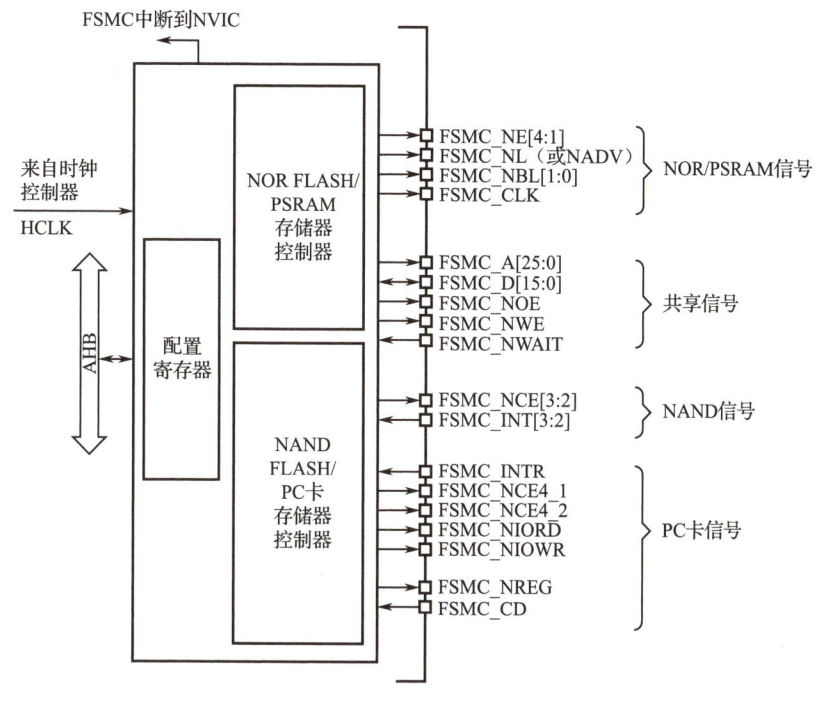

图 3-26 FSMC 的框图

从图 3-26 中可以看出，STM32F4 开发板的 FSMC 接口将外设分为 2 类：NOR FLASH/PSRAM 设备、NAND FLASH/PC 卡设备。它们共用地址数据总线等信号，具有不同的 CS，以区分不同的设备，如本任务的 TFTLCD 就是使用 FSMC_NE4 信号作为片选信号的，其实就是将 TFTLCD 当作 SRAM 来用。

为什么可以把 TFTLCD 当作 SRAM 来用？首先，对外部 SRAM 进行控制的信号有地址信号（如 A0～A18）、数据信号（如 D0～D15）、写信号（WE 信号）、读信号（OE 信号）、片选信号（CS 信号）。如果 SRAM 支持字节控制，那么还有 UB 信号和 LB 信号。TFTLCD 操作时序涉及的信号包括 RS 信号、数据信号（D0～D15）、WR 信号、RD 信号、CS 信号、RST 信号和 BL 信号等，其中在操作 TFTLCD 时需要用到的信号有 RS 信号、数据信号（D0～D15）、WR 信号、RD 信号和 CS 信号。其操作时序涉及的信号和控制 SRAM 的信号类似，唯一的不同就是 TFTLCD 有 RS 信号，但是没有地址信号。

TFTLCD 通过 RS 信号来决定传送的是数据还是命令，本质上可以理解为一个地址信号，比如 STM32F4 开发板是把 RS 引脚与地址线 A6 相接，那么当 FSMC 控制器写地址 0 的时候，A6 信号将变为 0，对 TFTLCD 来说，就是写命令；当 FSMC 控制器写地址 1 的时候，A6 信号将变为 1，对 TFTLCD 来说，就是写数据。这样，就把数据和命令区分开了，它们对应 SRAM 操作其实就是两个连续地址。

STM32F4 开发板的 FSMC 接口支持 8 位、16 位、32 位数据宽度，这里用到的

TFTLCD 的数据宽度是 16 位，所以在设置的时候选择 16 位宽。

STM32F4 开发板的 FSMC 接口将外部存储器划分为固定大小为 256MB 的 4 个存储块，各存储块的映像地址和配置寄存器如表 3-7 所示。

表 3-7　各存储块的映像地址和配置寄存器

内部控制器	存储块	管理的地址范围	支持的设备类型	配置寄存器
NOR FLASH 控制器	Bank1 4×64MB	0x6000，0000 ～ 0X6FFF，FFFF	SRAM/ROM NOR FLASH PSRAM	FSMC_BCR1/2/3/4 FSMC_BTR1/2/3/4 FSMC_BWTR1/2/3/4
NAND FLASH /PC 卡 控制器	Bank2 4×64MB	0x7000，0000 ～ 0X7FFF，FFFF	NOR FLASH	FSMC_PCR2/3/4 FSMC_SR2/3/4 FSMC_PMEM2/3/4 FSMC_PATT2/3/4 FSMC_PI04 FSMC_ECCR2/3
	Bank3 4×64MB	0x8000，0000 ～ 0X8FFF，FFFF		
	Bank4 4×64MB	0x9000，0000 ～ 0X9FFF，FFFF	PC 卡	

从表 3-7 中可以看出，FSMC 总共管理着 1GB 存储空间，拥有 4 个存储块（Bank），其中 Bank1 被分为 4 个区，每个区管理 64MB 存储空间，如表 3-8 所示，每个区都有独立的寄存器对其连接的存储器进行配置，本任务用到的是 Bank1 的第 4 区。

表 3-8　Bank1 存储区选择表

Bank1 的区	片选信号	地址范围	HADDR	
			[27:26]	[25:0]
第 1 区	FSMC_NE1	0X60000000 ～ 63FFFFFF	00	FSMC_A[25:0]
第 2 区	FSMC_NE2	0X64000000 ～ 67FFFFFF	01	
第 3 区	FSMC_NE3	0X68000000 ～ 6BFFFFFF	10	
第 4 区	FSMC_NE4	0X6C000000 ～ 6FFFFFFF	11	

FSMC 的 NOR FLASH 控制器支持异步和同步突发两种访问方式，如表 3-9 所示。FSMC 综合了 SRAM、ROM、PSRAM 和 NOR FLASH 产品的信号特点，定义了不同的异步时序模型。在选用不同的异步时序模型时，需要设置不同的时间参数。

表 3-9　NOR FLASH 控制器支持的时序模型

时序模型		简单描述	时间参数
异步	Mode 1	SRAM/CRAM 时序	DATAST、ADDSET
	Mode A	SRAM/CRAM OE 选通型时序	DATAST、ADDSET
	Mode 2/B	NOR FLASH 时序	DATAST、ADDSET
	Mode C	NOR FLASH OE 选通型时序	DATAST、ADDSET
	Mode D	延长地址保持时间的异步时序	DATAST、ADDSET、ADDHLK
同步突发		根据同步时钟 FSMC_CK 读取多个顺序单元的数据	CLKDIV、DATLAT

本任务使用异步模式 A（Mode A）来控制 TFTLCD。异步模式 A 的读写操作时序图如图 3-27 所示。

（a）异步模式 A 的读操作时序图

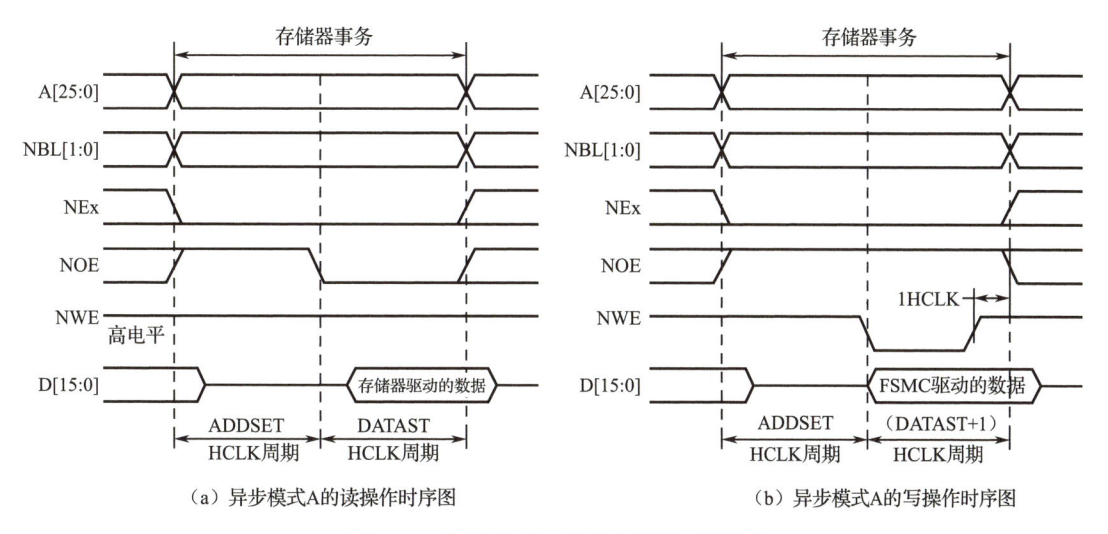

（b）异步模式 A 的写操作时序图

图 3-27　异步模式 A 的读写操作时序图

对于异步访问方式，FSMC 主要设置 2 个时间参数：地址建立时间（ADDSET）和数据建立时间（DATAST）。时间参数取决于 TFTLCD 的驱动芯片，本任务采用的驱动芯片是 NT35510，可以根据其数据手册进行配置。

单独看 STM32 的 SRAM 异步模式 A 的读操作时序图可知，地址建立时间 ADDSET 实际等于片选信号 NEx 拉低后到读信号 NOE 拉低之间这段时间，相当于 NOE 信号的高电平持续时间。本任务设置的系统时钟频率为 168MHz，那么一个 HCLK 周期为 1/168M ≈ 6ns，可设置 ADDSET 为 15，那么 NOE 信号的高电平持续时间就等于 15×6ns=90ns。

数据建立时间 DATAST 实际等于读信号 NOE 拉低到片选信号 NEx 拉高之间的时间，相当于 NOE 信号的低电平持续时间。为了兼容其他显示器，这里设置 DATAST 为 60，也就是 60 个 HCLK 周期，时间大约是 360ns。

对于写操作，根据 TFTLCD 的时序图可设置 ADDSET 为 8，DATAST 为 9。

从上述配置参数可知，TFTLCD 在进行读操作时速度比较慢，而在进行写操作时速度比较快。如果使用异步模式 A 时序模型，那么可支持独立控制读写操作。如果要使用一样的读写时序简化配置步骤，那么只能以读时序为基准。

技能训练：TFTLCD 显示

设计要求：在 TFTLCD 上显示如图 3-28 所示的文字及图形。

（1）显示如下字符。

Xing Ming：姓名（红色、32 号字、居中）。

微课

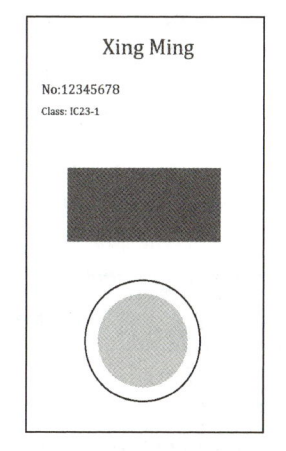

图 3-28　TFTLCD 显示内容

"No："：学号或组别（蓝色、24 号字、左对齐）。

"Class："：班级（蓝色、16 号字、左对齐）。

（2）绘制一个绿色填充的矩形。

（3）绘制一个半径为 100 像素的蓝色空心圆。

（4）绘制一个半径为 80 像素的同心圆，填充色为黄色。

步骤 1：连接 TFTLCD 硬件电路

根据如图 3-29 所示的 TFTLCD 与 STM32F407 连接电路图对 TFTLCD 背光引脚进行 GPIO 配置，并填写表 3-10。要求：在上电时点亮 TFTLCD 背光。

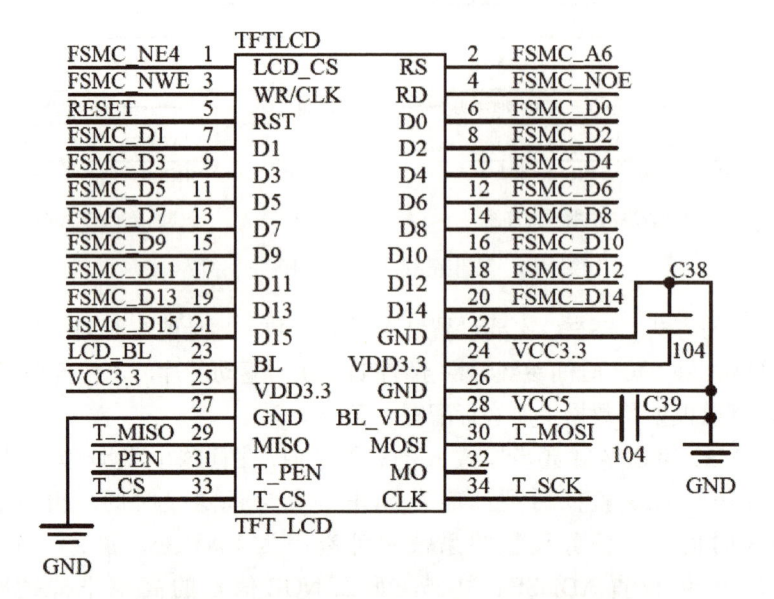

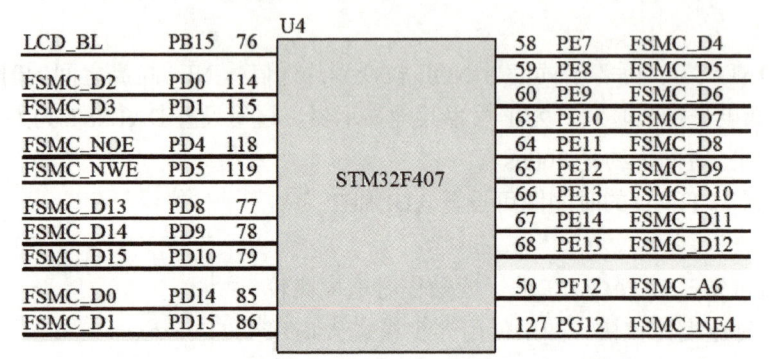

图 3-29　TFTLCD 与 STM32F407 连接电路图

扫码看答案

表 3-10　TFTLCD 背光引脚的 GPIO 配置

外设名 （用户标签）	GPIO	引脚模式	输出电平 （高或低）	上拉/下拉	传输速度
LCD_BL					

将 FSMC 引脚对应的 GPIO 名称填入表 3-11。

表 3-11　FSMC 引脚对应的 GPIO 名称

控制端引脚	引脚名	NE4		A6		NWE		NOE	
	GPIO 名称								
	功能								
数据端引脚	引脚名	D0	D1	D2	D3	D4	D5	D6	D7
	GPIO 名称								
	引脚名	D8	D9	D10	D11	D12	D13	D14	D15
	GPIO 名称								

步骤 2：TFTLCD 的 CubeMX 工程配置

因为要用串口打印 TFTLCD 的 ID，所以复制并粘贴 2-3 USART 工程，将其重命名为 3-3 TFTLCD，同时修改 ioc 文件与工程文件同名。

1. 配置 GPIO

打开 3-3 TFTLCD.ioc 文件，在 Categories 选项卡中选择 System Core 选项，配置 GPIO，按表 3-10 配置 LCD 背光引脚。

2. 配置 FSMC

依次选择 Connectivity → FSMC 选项，为 FSMC 接口配置参数。

（1）在 Mode 栏中配置参数，如图 3-30 所示。

◆ 单击 NOR Flash/PSRAM/SRAM/ROM/LCD 1 选项，对 STM32 FSMC 的 Bank1 进行配置。

◆ 在 Chip Select 下拉列表中选择 NE4 选项，即 Bank1 的第 4 区，这是根据原理图的映射引脚进行选择的，这里选择不同区对应的引脚是不同的。

◆ 在 Memory type 下拉列表中选择存储类型，这里选择 LCD Interface 选项。

◆ 在 LCD Register Select 下拉列表中选择 A6 选项，也就是命令/数据选择位。

◆ 在 Data 下拉列表中选择 16bits 选项。

图 3-30　Mode 栏配置

（2）根据表 3-11 中的 FSMC 引脚使能情况检查右侧 Pinout view 标签页中的引脚信息。使能了大量引脚，要仔细核查，谨防出错，以防工程配置失败。

（3）在 Configuration 栏中，选择 NOR/PSAM1 选项，配置 NOR/PSRAM 1 参数。将 Extended mode 设置为 Disabled，也就是设置读写使用一样的时序，以简化配置步骤，此时只需要配置读操作参数即可。如果将 Extended mode 设置为 Enabled，将使能独立的读写操作时序，此时就需要分别配置读操作和写操作的参数，如图 3-31 所示。

读操作参数配置如下。
- 地址建立时间的时钟周期：ADDSET 为 15。
- 数据建立时间的时钟周期：DATAST 为 60。
- 总线翻转时间的时钟周期：设置为 0。
- 数据访问模式：设置为异步 A 模式。

写操作参数配置如下。
- 扩展地址建立时间：ADDSET 为 8。
- 扩展数据建立时间：DATAST 为 9。
- 扩展总线翻转时间：设置为 0。
- 扩展数据访问模式：设置为异步 A 模式。

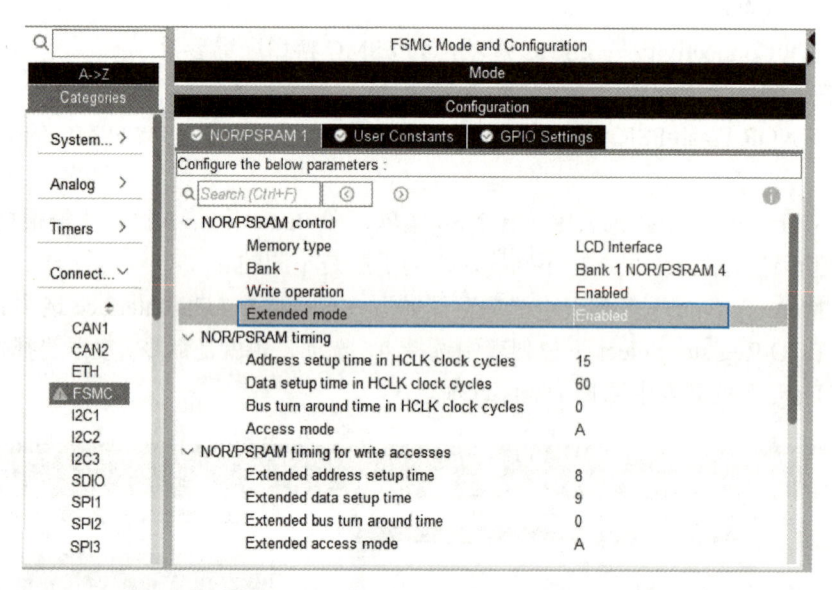

图 3-31 FSMC 的 Configuration 配置

保存文件，生成初始化代码，编译工程，直至无误。

步骤 3：分析代码，移植 LCD 驱动文件

1. 分析 FSMC 配置相关函数

打开 fsmc.c 文件，查看 FSMC 初始化函数和 FSMC 引脚配置，部分代码如下，填写其中空缺处。

```
#include "fsmc.h"
SRAM_HandleTypeDef hsram1;    //Bank1 第 4 区的外设对象变量，用于配置 TFTLCD
```

```c
/* FSMC 初始化函数 */
void MX_FSMC_Init(void)
{
    FSMC_NORSRAM_TimingTypeDef Timing = {0};         // 基本时序
    FSMC_NORSRAM_TimingTypeDef ExtTiming = {0};      // 扩展时序
    /* 第4区初始化,用于 TFTLCD */
    hsram1.Instance = FSMC_NORSRAM_DEVICE;           //FSMC Bank1 寄存器地址
    hsram1.Extended = FSMC_NORSRAM_EXTENDED_DEVICE;
    /* hsram1.Init 参数设置 */
    hsram1.Init.NSBank = FSMC_NORSRAM_BANK4;         //Bank1 第4区
    hsram1.Init.DataAddressMux = FSMC_DATA_ADDRESS_MUX_DISABLE;
    hsram1.Init.MemoryType = FSMC_MEMORY_TYPE_SRAM;
    hsram1.Init.MemoryDataWidth = FSMC_NORSRAM_MEM_BUS_WIDTH_16;  // 配置_____
    ......  // 省略部分代码,详见 fsmc.c 文件
    /* 基本时序设置 */
    Timing.AddressSetupTime = 15;    // 配置_____
    Timing.AddressHoldTime = 15;
    Timing.DataSetupTime = 60;       // 配置_____
    Timing.BusTurnAroundDuration = 0;
    Timing.CLKDivision = 16;
    Timing.DataLatency = 17;
    Timing.AccessMode = FSMC_ACCESS_MODE_A;   // 配置_____
    /* 扩展时序设置 */
    ExtTiming.AddressSetupTime = 8;    // 配置_____
    ExtTiming.AddressHoldTime = 15;
    ExtTiming.DataSetupTime = 9;       // 配置_____
    ExtTiming.BusTurnAroundDuration = 0;
    ExtTiming.CLKDivision = 16;
    ExtTiming.DataLatency = 17;
    ExtTiming.AccessMode = FSMC_ACCESS_MODE_A;   // 配置_____
    if (HAL_SRAM_Init(&hsram1, &Timing, &ExtTiming) != HAL_OK)
        Error_Handler( );    //HAL_SRAM_Init() 函数里会调用 HAL_SRAM_MspInit() 函数
}
static uint32_t FSMC_Initialized = 0;   // 静态变量,表示是否进行过 MSP 初始化
/*SRAM 接口 GPIO 初始化函数,在 HAL_SRAM_MspInit() 函数中被调用 */
static void HAL_FSMC_MspInit(void){
    GPIO_InitTypeDef GPIO_InitStruct = {0};
    if (FSMC_Initialized)         //FSMC 接口 GPIO 初始化函数只需要执行一次
        return;
    FSMC_Initialized = 1;         // 表示已经进行了 FSMC 接口 GPIO 初始化
    /* 使能 FSMC 时钟 */
    __HAL_RCC_FSMC_CLK_ENABLE();
    /* FSMC GPIO 引脚配置
    PF12    ------> FSMC_A6
    PD14    ------> FSMC_D0
    ...... 省略部分引脚,详见 fsmc.c 文件   */
    /* GPIO_InitStruct 配置 */
    GPIO_InitStruct.Pin = GPIO_PIN_12;
```

```
    GPIO_InitStruct.Mode = GPIO_MODE_AF_PP;              // 配置 GPIO 为_____模式
    GPIO_InitStruct.Pull = GPIO_NOPULL;                  // 配置为_____
    GPIO_InitStruct.Speed = GPIO_SPEED_FREQ_VERY_HIGH;
    GPIO_InitStruct.Alternate = GPIO_AF12_FSMC;          // 作用是_____
    HAL_GPIO_Init(GPIOF, &GPIO_InitStruct);              // 初始化配置_____引脚
    ......// 省略部分 GPIO 配置代码，详见 fsmc.c 文件
}
```

2. 移植 LCD 文件

（1）创建外设驱动文件夹，复制 LCD 文件。将"TFTLCD 液晶显示"压缩包解压，里面有三个文件，分别是 font.h 源文件、lcd.h 源文件和 lcd.c 源文件。在工程的 HARDWARE 文件夹下，新建外设驱动文件夹 LCD，将前面的 font.h 源文件、lcd.h 源文件和 lcd.c 源文件放入该文件夹。

扫码下载压缩包

（2）在工程中添加头文件和源文件路径。不同的软件操作步骤不同，详见任务 2.2 "任务实施"部分的步骤 3。

① 在 Keil MDK 软件中添加源文件路径。在左侧 Project 窗格中选择 3-3 TFTLCD 项目，右击，在弹出的快捷菜单中选择 Add Group 选项。双击新建的名为 New Group 的文件夹，修改该文件夹的名字为 HARDWARE。单击工具栏中的 图标在 Manage Project Items 对话框中把 lcd.c 源文件加入到这个组中，单击 OK 按钮。

在 Keil MDK 软件中添加头文件路径。单击 图标，在弹出的对话框中选择 C/C++ 选项，单击 Include Paths 右侧的 按钮，在弹出的对话框中添加 .\HARDWARE\LCD 头文件夹路径。

② 在 CubeIDE 软件中添加头文件路径。选中 3-3 TFTLCD 项目，执行 Project → Properties 命令，在打开的窗口左侧依次选择 C/C++ General → Paths and Symbols 选项。在窗口右侧选择 Includes 选项，单击 Add 按钮。在弹出的对话框中单击 Workspace 按钮，在打开的窗口中找到 3-3 TFTLCD 项目的 HARDWARE\LCD 文件夹路径，单击 OK 按钮，添加头文件路径。

在 CubeIDE 软件中添加源文件路径。同样选中 3-3 TFTLCD 项目，执行 Project → Properties 命令，在打开的窗口右侧依次选择 C/C++General → Paths and Symbols 选项。在窗口右侧选择 Source Location 选项，单击 Add Folder 按钮，选择 HARDWARE 文件夹路径，点击 OK 按钮，添加源文件路径。

（3）查看 lcd.h 头文件。

① LCD 重要参数集。

```
typedef struct
{
    uint16_t width;                  //LCD 宽度
    uint16_t height;                 //LCD 高度
    uint16_t id;                     //LCD ID
    uint8_t  dir;                    // 横屏还是竖屏：0 表示竖屏；1 表示横屏。
    uint16_t wramcmd;                // 开始写 GRAM 指令
    uint16_t setxcmd;                // 设置 x 坐标指令
```

```
        uint16_t setycmd;              // 设置 y 坐标指令
}_lcd_dev;

extern _lcd_dev lcddev;              // 管理 LCD 重要参数
/* LCD 的笔触颜色和背景颜色 */
extern uint32_t  POINT_COLOR;        // 默认笔触颜色为红色
extern uint32_t  BACK_COLOR;         // 默认背景颜色为白色
```

② LCD 地址结构体。将 LCD_BASE 地址强制转换为 LCD_TypeDef 结构体地址，可以得到 LCD → LCD_REG 的地址就是 0X6C00007E，对应 A6 的状态为 0（也就是 RS=0）；LCD → LCD_RAM 的地址就是 0X6C000080（结构体地址自增），对应 A6 的状态为 1（也就是 RS=1），从而实现对 RS 信号的控制。

```
/* ---------------- LCD 端口定义 ---------------- */
typedef struct    //LCD 地址结构体
{
    __IO uint16_t LCD_REG;
    __IO uint16_t LCD_RAM;
} LCD_TypeDef;
// 使用 NOR/PSRAM 的 Bank1 第 4 区，地址位 HADDR[27,26]=11 选用地址线 A6 作为数据命令区分线
// 注意在设置时 STM32 内部会右移一位对齐！111 1110=0X7E
#define LCD_BASE        ((uint32_t)(0x6C000000 | 0x0000007E))
#define TFT_LCD         ((LCD_TypeDef *) LCD_BASE)
```

③ TFTLCD 显示的颜色使用 RGB565 色彩模式，根据三基色原理，任意一种颜色都可以用不同分量的 R、G、B 三色相加混合而成。RGB888 色彩模式用 24 位（3 个字节）来描述一个像素，R、G、B 各占 8 位，每种颜色分为 0～255 阶亮度，如表 3-12 所示。调整 R、G、B，可以混合出各种介于黑色光和白色光之间的色光，如蓝色为 0x0000FF、红色为 0xFF0000、白色为 0xFFFFFF。

TFTLCD 模块对外接口采用 16 位并口，颜色深度为 16 位，色彩模式为 RGB565。RGB565 色彩模式中一个像素占两个字节，即 16（5+6+5）位。第一个字节的前 5 位用来表示 R，第一个字节的后 3 位和第二个字节的前 3 位用来表示 G，第二个字节的后 5 位用来表示 B，如表 3-12 所示，因此蓝色对应二进制数为 00000 000000 11111，转换为 16 进制数为 0x001F。

表 3-12　RGB565 色彩模式与 RGB888 色彩模式的转换关系表

数据线	D15	D14	D13	D12	D11		D10	D9	D8	D7	D6	D5		D4	D3	D2	D1	D0	
RGB 565 (16 位)	R[4]	R[3]	R[2]	R[1]	R[0]		G[5]	G[4]	G[3]	G[2]	G[1]	G[0]		B[4]	B[3]	B[2]	B[1]	B[0]	
RGB 888 (24 位)	R[7]	R[6]	R[5]	R[4]	R[3]	R[2]	R[1]	R[0]	G[7]	G[6]	G[5]	G[4]	G[3]	G[2]	G[1]	G[0]	B[7]	B[6]	B[5]	B[4]	B[3]	B[2]	B[1]	B[0]

常用颜色在 RGB565 色彩模式下的取值见 lcd.h 头文件，请将空缺处填写完整。

```
// 画笔颜色
#define WHITE          0xFFFF          // 白色
#define BLACK          0x0000          // 黑色
#define BLUE           0x001F          //_____色
#define BRED           0XF81F          //_____色
#define GRED           0XFFE0          //_____色
#define GBLUE          0X07FF          //_____色
#define RED            0xF800          //_____色
#define MAGENTA        0xF81F          //_____色
#define GREEN          0x07E0          //_____色
#define CYAN           0x07FF          //_____色
#define YELLOW         0xFFE0          //_____色
#define BROWN          0XBC40          // 棕色
#define BRRED          0XFC07          // 棕红色
#define GRAY           0X8430          // 灰色
#define ORANGE         _____           // 橙色
```

扫码看答案

根据表 3-12 计算 RGB565 色彩模式下橙色对应的参数，将其填写到代码中。也可以在网上查找 RGB 的颜色对照表，添加几个你喜欢的颜色代码，如紫罗兰色、洋红色、亚麻色、绿松石色等。

④ 定义 28 个 LCD 应用函数，其中几个常用的函数如下。

```
void LCD_Clear(uint32_t Color);                                                      // 清屏
void LCD_Fast_DrawPoint(uint16_t x,uint16_t y,uint32_t color);                       // 快速画点
void LCD_Draw_Circle(uint16_t x0,uint16_t y0,uint8_t r);                             // 画圆
void LCD_DrawLine(uint16_t x1, uint16_t y1, uint16_t x2, uint16_t y2);               // 画线
void LCD_Draw_hline(uint16_t x0,uint16_t y0,uint16_t len,uint16_t color);            // 画水平线
void LCD_Fill_Circle(uint16_t x0,uint16_t y0,uint16_t r,uint16_t color);             // 画实心圆
void LCD_DrawRectangle(uint16_t x1, uint16_t y1, uint16_t x2, uint16_t y2);          // 画矩形
void LCD_Fill(uint16_t sx,uint16_t sy,uint16_t ex,uint16_t ey,uint32_t color);       // 填充矩形
// 显示一个字符
void LCD_ShowChar(uint16_t x,uint16_t y,uint8_t num,uint8_t size,uint8_t mode);
void LCD_ShowxNum(uint16_t x,uint16_t y,uint32_t num,uint8_t len,uint8_t size, uint8_t mode);
// 显示数字
void LCD_ShowString(uint16_t x,uint16_t y,uint16_t width,uint16_t height, uint8_t size,uint8_t *p);
// 显示一个字符串
void LCD_Display_Dir(uint8_t dir);           // 设置横屏显示或竖屏显示
```

（4）查看 lcd.c 源文件。lcd.h 头文件中定义的 28 个 LCD 函数在 lcd.c 源文件中实现，其中 LCD 初始化函数自第 440 行开始。

```
//LCD 初始化函数
void TFTLCD_Init(void)
{
    HAL_Delay(50);
    ......// 读取 LCD ID；446 ～ 481 行
    printf("LCD ID:%x\r\n",lcddev.id);            // 串口打印 LCD ID
```

```
    ......// 根据不同的 ID 执行 LCD 初始化代码：483～1740 行
    LCD_Display_Dir(0);              // 默认为竖屏显示，1750 行
    GPIOB->ODR |= 1<<15;             // 点亮背光，1751 行
    LCD_Clear(WHITE);                // 清屏白色，1752 行
}
```

显示字符函数 LCD_ShowChar() 在 1874 行，其中有调用 1206 字体、1608 字体、2412 字体、3216 字体的代码，这些字体对应的 95 个 ASCII 字符集代码在 font.h 头文件中。

```
// 在指定位置显示一个字符
//x,y: 起始坐标
//num: 要显示的字符:" "--->"~"
//size: 字体大小 12 号、16 号、24 号、32 号
//mode: 叠加方式（取值为 1）还是非叠加方式（取值为 0）
void LCD_ShowChar(uint16_t x,uint16_t y,uint8_t num,uint8_t size,uint8_t mode)
{   uint8_t temp,t1,t;
    uint16_t y0=y;
    // 得到字体一个字符对应点阵集所占字节数
    uint8_t csize=(size/8+((size%8)?1:0))*(size/2);
    // 得到偏移后的值（ASCII 字库从空格开始取模，-' ' 就是对应字符的字库）
    num=num-' ';
    for(t=0;t<csize;t++)
    {
        if(size==12)temp=asc2_1206[num][t];          // 调用 1206 字体
        else if(size==16)temp=asc2_1608[num][t];     // 调用 1608 字体
        else if(size==24)temp=asc2_2412[num][t];     // 调用 2412 字体
        else if(size==32)temp=asc2_3216[num][t];     // 调用 3216 字体
        else return;                                  // 调用没有的字库
        for(t1=0;t1<8;t1++)
        {   if(temp&0x80)       LCD_Fast_DrawPoint(x,y,POINT_COLOR);
            else if(mode==0)    LCD_Fast_DrawPoint(x,y,BACK_COLOR);
            temp<<=1;
            y++;
            if(y>=lcddev.height)return;              // 超区域了
            if((y-y0)==size)
            {   y=y0;
                x++;
                if(x>=lcddev.width)return;           // 超区域了
                break;
            }
        }
    }
}
```

（5）查看字符码表 font.h 头文件。在该头文件中有 12 号、16 号、24 号、32 号四种字号的 ASCII 字符集点阵。

ASCII 字符集的 95 个字符分别是 !"#$%&'()*+,-./0123456789:;<=>?@ ABCDEFGHIJKLMNOPQRSTUVWXYZ[\]^_`abcdefghijklmnopqrstuvwxyz{|} ~。

每个字符占用的字节数为 (size/8+((size%8)?1:0))*(size/2)，其中 size 是字库生成时的点阵大小，如 12、16、24、32……。

以下为 1206 字符集点阵的部分代码。

```
//12×12 字符集点阵
const unsigned char asc2_1206[95][12]={
{0x00,0x00,0x00,0x00,0x00,0x00,0x00,0x00,0x00,0x00,0x00,0x00},/*" ",0*/
{0x00,0x00,0x00,0x00,0x3F,0x40,0x00,0x00,0x00,0x00,0x00,0x00},/*"!",1*/
……// 省略部分字符代码
{0x00,0x00,0x40,0x20,0x7B,0xE0,0x04,0x00,0x00,0x00,0x00,0x00},/*"}",93*/
{0x40,0x00,0x80,0x00,0x40,0x00,0x20,0x00,0x20,0x00,0x40,0x00},/*" ~ ",94*/
};
```

用户可以使用 PCtoLCD 2002 软件自行生成需要的字符集，取模方式设置如下：阴码+逐列式+顺向+C51 格式。

步骤 4：编写 TFTLCD 显示代码

打开 main.c 源文件，编写 TFTLCD 显示代码。

（1）引入 lcd.h 头文件。

（2）在 main() 主函数的用户代码 2 段中，先初始化 TFTLCD。需要注意的是，TFTLCD 初始化函数 TFTLCD_Init() 必须在 FSMC 初始化函数 MX_FSMC_Init() 之后调用，因为这个函数是使能底层硬件的。

（3）在 while(1) 的用户代码中，编写 TFTLCD 显示字符或绘制图形的代码，LCD 应用函数具体参数含义详见 lcd.c 源文件的函数说明。

```
TFTLCD_Init();//TFTLCD 初始化
while (1)
{
    POINT_COLOR=RED;        // 笔触颜色为红色
    // 居中显示（改为你名字的拼音），32 号字
    LCD_ShowString((480-16*9)/2,40,16*9,32,32,(uint8_t *)("Xing Ming"));
    POINT_COLOR=BLUE;       // 笔触颜色为蓝色
    LCD_ShowString(30,160,200,24,24,(uint8_t *)("No:****"));      //24 号字，学号或组别
    LCD_ShowString(30,200,200,16,16,(uint8_t *)("Class:****"));   //16 号字，班级
    LCD_Fill(100,300,380,450,GREEN);        // 填充矩形
    LCD_Draw_Circle(240,640,100);           // 画圆形
    LCD_Fill_Circle(240,640,80,YELLOW);     // 填充圆形
    RLED_Toggle();
    HAL_Delay(500);
}
```

下载程序到开发板，观察 TFTLCD 显示情况，包含姓名、班级的拼音或对应英文单词，组别或学号等信息（以拼音或英文单词形式显示），以及绘制的矩形、圆形图案是否如图 3-28 所示。

任务实施

在前面 TFTLCD 工程的基础上，编写三人抢答器的显示界面函数，实现三人抢答器在三种状态间的切换，显示如图 3-23 所示的界面。这个界面中的固定信息如标题、班级、姓名等显示代码被放在加载显示界面的函数中，动态显示的三人抢答器状态信息和选手编号代码被放在加载状态及选手编号界面的函数中。

步骤 1：复制工程

复制 3-3 TFTLCD 工程，将其重命名为 3-3 TFTLCD_UI。

步骤 2：编写代码

打开 main.c 源文件，编写三人抢答器的显示界面代码。

（1）定义两个全局变量 state 和 xuanshou，分别记录抢答器状态和选手编号。

```
/* USER CODE BEGIN PV */
uint8_t state=0;         //0 表示初始状态；1 表示抢答状态；2 表示抢答结束状态
uint8_t xuanshou=0;      // 选手编号：0 表示没人抢答，1,2,3 表示选手编号
/* USER CODE END PV */
```

（2）声明两个函数：加载显示界面的函数和加载状态及选手编号界面的函数。

```
/* USER CODE BEGIN PFP */
void load_UI(void);                                       // 声明加载显示界面
void load_State_Xuanshou(uint8_t state,uint8_t xuanshou); // 声明加载状态及选手编号界面
/* USER CODE END PFP */
```

（3）在 main() 主函数的用户代码 2 段中的 TFTLCD_Init() 函数之后添加加载显示界面和初始状态界面的函数。

```
load_UI();                        // 加载显示界面
load_State_Xuanshou(0,0);         // 加载初始状态界面
```

（4）删除 while(1) 用户代码中前面的代码，重新编写 3 个抢答状态和 3 个选手编号绿色高亮循环显示的代码。

```
while (1)
{
    for(state=0;state<=2;state++)//3 个状态循环
    {
        if(state==2)              // 抢答结束状态包括超时无人抢答和 3 个选手编号绿色高亮循环
            for(xuanshou=0;xuanshou<=3;xuanshou++)
            {
                load_State_Xuanshou(state,xuanshou);
                HAL_Delay(500);
            }
        else // 初始状态、抢答状态
        {
```

```
                load_State_Xuanshou(state,xuanshou);
                HAL_Delay(500);
        }
    }
}
```

（5）在用户代码4段中，分别编写三人抢答器显示界面函数和状态及选手编号函数，三人抢答器显示界面函数用于加载TFTLCD中的固定信息，状态及选手编号函数用于加载动态显示的三人抢答器状态和抢答成功的选手编号，代码如下。

```
void load_UI(void)
{
    POINT_COLOR=RED;                                    // 笔触颜色为红色
    LCD_DrawRectangle(100,20,380,132);                  // 画矩形
    // 居中显示，32号字
    LCD_ShowString((480-16*12)/2,40,24*12,32,32,(uint8_t *)("Three-Person"));
    LCD_ShowString((480-16*9)/2,80,24*9,32,32,(uint8_t *)("Responder"));// 居中显示
    POINT_COLOR=BLUE;    // 笔触颜色为蓝色
    LCD_ShowString(30,160,200,24,24,(uint8_t *)("Name:****"));    //24号字，姓名
    LCD_ShowString(30,200,200,16,16,(uint8_t *)("Class:****"));   //16号字，班级
    LCD_ShowString(30,240,6*15,12,12,(uint8_t *)("Data:2023-00-00")); //12号字
    POINT_COLOR=BLACK;               // 笔触颜色为黑色
    LCD_DrawLine(0,280,480,280);     // 画分界线
    LCD_DrawLine(0,285,480,285);     // 画分界线
    LCD_ShowString(30,300,16*6,32,32,(uint8_t *)("State:"));      //32号字，显示状态
    // 显示倒计时：*** 秒
    LCD_ShowString(30,400,300,32,32,(uint8_t *)("Countdown:          s"));
    LCD_ShowString(30,500,16*12,32,32,(uint8_t *)("Contestant:")); // 显示选手编号
    POINT_COLOR=RED;                 // 笔触颜色为红色
    LCD_Fill(30+16*12,388,30+16*(12+5),450,YELLOW);               // 绘制倒计时时的黄色背景
    BACK_COLOR=YELLOW;               // 背景颜色为黄色
    LCD_ShowString(30+16*13,400,16*3,32,32,(uint8_t *)("9.9"));   // 显示倒计时数字9.9
}
/* 加载抢答器状态及选手编号 */
//state：0表示初始状态；1表示抢答状态；2表示抢答结束状态
//xuanshou：0表示没人抢答；1,2,3表示选手编号
void load_State_Xuanshou(uint8_t state,uint8_t xuanshou)
{   LCD_Fill(80,600,400,680,WHITE);//TFTLCD下半部分填充白色矩形
    POINT_COLOR=BLACK;  // 选手编号外部的圆圈笔触颜色为黑色
    BACK_COLOR=WHITE;   // 选手编号外部的圆圈背景颜色为白色
    LCD_Fill(80,600,400,680,WHITE);
    LCD_Draw_Circle(120,640,40);                 // 画选手编号1对应的圆形
    LCD_ShowNum(120-8,640-16,1,1,32);            //32号字，显示选手编号1
    LCD_Draw_Circle(240,640,40);                 // 画选手编号2对应的圆形
    LCD_ShowNum(240-8,640-16,2,1,32);            //32号字，显示选手编号2
    LCD_Draw_Circle(360,640,40);                 // 画选手编号3对应的圆形
    LCD_ShowNum(360-8,640-16,3,1,32);            //32号字，显示选手编号3
    POINT_COLOR=RED;                             // 笔触颜色为红色
```

```c
        if(state==0)                                 // 初始状态，显示准备就绪
            LCD_ShowString((480-16*8)/2,300,16*8,32,32,(uint8_t *)(" READY"));
        else if(state==1)                            // 按下主持人键，进入抢答状态
            LCD_ShowString((480-16*8)/2,300,16*8,32,32,(uint8_t *)(" START   "));
        else                                         // 抢答结束
        {
            if(xuanshou==0)         // 倒计时结束无人抢答，显示抢答状态为超时
                LCD_ShowString((480-16*8)/2,300,16*8,32,32,(uint8_t *)("TIME OUT"));
            else                    // 有选手抢答成功，显示抢答状态为完成
            {
                LCD_ShowString((480-16*8)/2,300,16*8,32,32,(uint8_t *)(" FINISH "));
                POINT_COLOR=BLACK;// 抢答成功选手编号及圆圈笔触颜色为黑色
                BACK_COLOR=GREEN; // 抢答成功选手编号及圆圈背景颜色为绿色
                switch(xuanshou)
                {
                    case 1:    LCD_Fill_Circle(120,640,39,GREEN);   // 画背景颜色为绿色的圆形
                               LCD_ShowNum(120-8,640-16, xuanshou,1,32);// 显示选手编号 1
                        break;
                    case 2: LCD_Fill_Circle(240,640,39,GREEN);      // 画背景颜色为绿色的圆形
                               LCD_ShowNum(240-8,640-16, xuanshou,1,32);// 显示选手编号 2
                        break;
                    case 3: LCD_Fill_Circle(360,640,39,GREEN);      // 画背景颜色为绿色的圆形
                               LCD_ShowNum(360-8,640-16, xuanshou,1,32);// 显示选手编号 3
                        break;
                    default:break;
                }
            }
        }
    }
}
```

下载程序到开发板，观察三人抢答器显示界面是否如图 3-23 所示，3 种状态每 0.5s 循环切换一次，有人抢答时 3 个选手编号对应圆圈分别依次显示为绿色。

拓展训练 1：在 TFTLCD 上显示自己设计的 LOGO

自行设计一个简单的 LOGO，使用相关函数编写图形实现代码。尝试修改技能训练：TFTLCD 显示中的 while(1) 内的代码，看看能不能正常实现。图 3-32 所示为部分学生设计的 LOGO，仅供参考。

图 3-32 部分学生设计的 LOGO

拓展训练 2：添加 48 号字体在 LCD 显示

通过修改 TFTLCD_UI 代码，实现以下功能。

（1）将第 1 行、第 2 行的三人抢答器英文文字改为 48 号黑体，等间距显示，不能重叠。

（2）将三人抢答器英文文字的背景颜色改为一种源代码中没有的颜色。

【操作提示】

（1）使用字符生成软件 PCtoLCD 2002，生成 48 号黑体字，如图 3-33 所示。

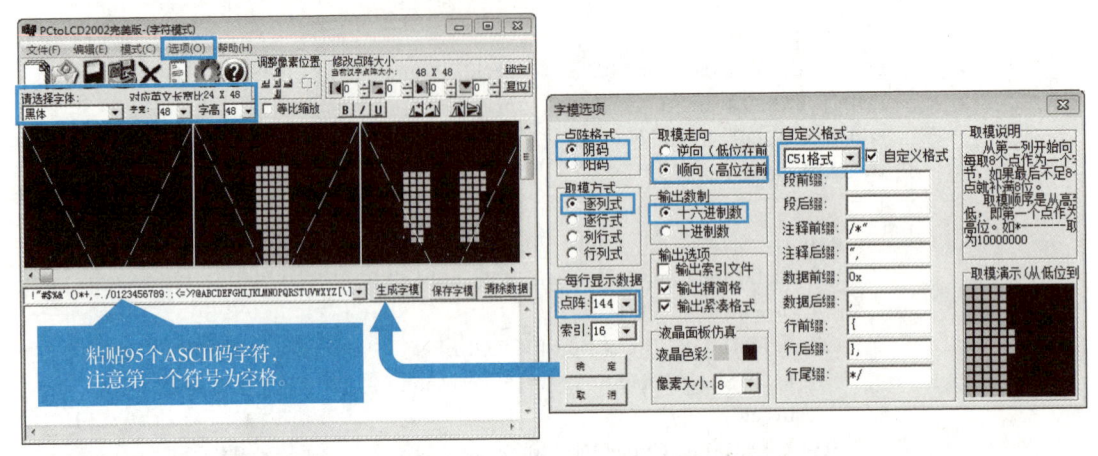

图 3-33　PCtoLCD 2002 软件的字符生成界面

（2）将生成的字模代码复制并粘贴到 font.h 头文件中。需要注意的是，字符集点阵的开头和结尾要参考其他字号的字符点阵代码，加上字符数组定义信息，如下所示。

```
/* 48*48 ASCII 字符集点阵 */
const unsigned char asc2_4824[95][144]={
/* 复制 PCtoLCD 2002 软件中的字模信息 */ }
```

（3）在 lcd.c 源文件中找到 LCD_ShowChar() 函数，添加调用 48 号黑体的命令，如图 3-34 所示。

图 3-34　在 lcd.c 源文件中添加调用 48 号黑体的代码

（4）在 main.c 源文件的 load_UI() 函数中，将三人抢答器的英文文字改为 48 号黑体。需要注意的是，同时修改字体的高度和宽度，以及边框大小。

（5）在 lcd.h 头文件中添加一个喜欢的 RGB565 色彩模式的颜色代码，在 main.c 源文件的 load_UI() 函数中，将三人抢答器的英文文字背景框修改为对应的填充色。

项目整体实施

将本项目中的按键模块、限时抢答模块与显示界面模块组合到一起，灵活应用所学外部中断、定时器中断、TFTLCD 显示等内容，完成三人抢答器的硬件、软件整体设计，实现项目综合功能。

1. 功能设计要求

（1）上电时，TFTLCD 显示三人抢答器的标题（Three-Person Responder）、姓名、班级、日期，抢答状态（READY）、倒计时（9.9s）、选手编号等信息，如图 3-23 所示。

（2）当按下主持人按键时，实现的功能如下。
- TFT LCD 显示抢答状态，即 START。
- TFTLCD 倒计时复位为 9.9s，同时红灯每秒闪烁 1 次。
- 在 10s 倒计时内抢答有效，否则不能抢答。

（3）当选手按下抢答键时，实现的功能如下。
- TFTLCD 显示抢答结束状态，即 FINISH。
- TFTLCD 停止倒计时，选手编号对应的背景颜色变为绿色。
- 蜂鸣器响 1s，开发板的绿灯被点亮。
- 有选手抢答成功后，其他选手不能再进行抢答。

（4）如果倒计时到 0 时没有人抢答，则实现如下功能。
- TFTLCD 显示抢答超时状态，即 TIME OUT。
- 蜂鸣器响 1s。

【拓展功能】添加三个选手 LED，当有选手抢答成功时，点亮对应的 LED。

2. 设计决策

三人抢答器的整体项目实施方法有如下两种，可以选择其中一种。

（1）以任务 3.3 的 3-3 TFTLCD_UI 工程为项目基础，添加 4 个独立按键的外部中断，并对 TIM6 进行配置，在程序中添加按键中断回调函数、定时器中断的倒计时功能代码，完成整体项目设计。

（2）以任务 3.2 的 3-2 BASIC TIME 工程为项目基础，在完成外部中断的按键设计和基础定时器的倒计时进行 FSMC 配置，将 TFTLCD 显示的三人抢答器显示界面代码添加到项目中，完成整体项目。

3. 项目实施步骤

下面介绍按"设计决策"部分第二种方法来实现三人抢答器的设计步骤。

步骤 1：三人抢答器工程配置

（1）复制并粘贴 3-2 BASIC TIMER 工程，并将其重命名为 3-4 Responder，同时修改 ioc 文件与工程文件同名。

（2）打开 3-4 Responder.ioc 文件，对 TFTLCD 屏背光引脚进行 GPIO 配置，对 TFTLCD 的 FSMC 接口进行配置，可以参考任务 3.3"技能训练"部分的步骤 2。

(3)参考任务3.3"技能训练"部分的步骤3,移植TFTLCD代码,在工程的HARDWARE文件夹下新建LCD文件夹,将3-3 TFTLCD_UI工程中HARDWARE文件夹下的LCD文件夹复制到本工程中,LCD文件夹中包含font.h头文件、lcd.h头文件和lcd.c源文件。

(4)添加HARDWARE/LCD的头文件路径和资源文件夹。

步骤2:移植三人抢答器显示界面代码

打开main.c源文件,参考任务3.3的"任务实施"部分,编写三人抢答器显示界面代码。

(1)引入lcd.h头文件。

(2)添加定义全局变量字符数组Dnum,长度为16位。

```
char Dnum[16];        //将倒计时浮点数转换成字符串,在TFTLCD上显示
```

(3)声明2个函数:加载显示界面的函数和加载状态及选手编号界面的函数。

(4)在main()主函数中用户代码2段的TFTLCD_Init()初始化函数后添加加载显示界面的函数和加载初始状态界面的函数。

```
load_UI();                    //加载显示界面
load_State_Xuanshou(0,0);     //加载初始状态界面
```

(5)在用户代码4段,移植3-3 TFTLCD_UI工程中的2个函数:加载显示界面的函数load_UI()、加载抢答器状态及选手编号界面的函数load_State_Xuanshou()。

(6)在用户代码4段的按键外部中断回调函数4个独立按键的外部中断功能中添加以下加载三人抢答器状态及选手编号界面。

① 在按下主持人按键进入抢答状态之后,开启定时器中断前,添加以下代码。

```
load_State_Xuanshou(state,xuanshou);   //加载抢答器状态及选手编号界面
```

② 在按下选手按键进入抢答结束状态之后,添加以下代码。

```
load_State_Xuanshou(state,xuanshou);   //加载抢答器状态及选手编号界面
```

(7)在用户代码4段的定时器溢出中断回调函数中添加倒计时界面显示功能,同时显示倒计时超时状态的代码如下。

```
/* 定时器溢出中断回调函数,倒计时界面显示 */
void HAL_TIM_PeriodElapsedCallback(TIM_HandleTypeDef *htim)
{    if(htim->Instance==TIM6)              //如果是TIM6中断
    {    if( ReadyFlag==1)                  //如果是抢答状态
        {    printf("\r\n %.1f \r\n",fabs(num));   //串口输出时间
            sprintf(Dnum, "%f", fabs(num));       //将倒计时浮点数转换成字符串
            POINT_COLOR=RED;                       //笔触为红色
            BACK_COLOR=YELLOW;                     //背景为黄色
            LCD_ShowString(30+16*13,400,16*3,32,32, (uint8_t *)Dnum);//TFTLCD输出倒计时时间
            if(num>0)    num-=0.1f;    //如果倒计时没到0,就减0.1
            else
            {   state=2;    //抢答结束标志
                printf("\r\n 倒计时结束,无人抢答 \r\n");
```

```
                    load_State_Xuanshou(state,xuanshou);        // 加载抢答器状态及选手编号界面
                }
            }
        }
    }
```

步骤3：下载程序，检测三人抢答器整体功能

将跑马灯拓展板接到开发板上，将程序下载到开发板，打开 XCOM，同时观察 TFTLCD 显示的三人抢答器显示界面，是否如图 3-23 所示。当按下主持人按键及选手按键时，TFTLCD 显示的倒计时、三种状态和三个选手背景绿色框是否正确，LED 指示及蜂鸣器提示是否正确。

【项目评价】

按照分组，由项目验收员分别检查本组成员三个任务及整体项目的完成情况，并将情况汇总，进行小组自评、组间互评、教师评价，完成项目3考核评价表，如表 3-13 所示。

表 3-13 项目 3 考核评价表

姓名		组别		小组成员				
考核项目	考核内容	评分标准			配分	自评 20%	互评 20%	师评 60%
任务 3.1 三人抢答器按键模块设计（20 分）	硬件设计	LED、蜂鸣器、按键引脚的 GPIO 设计正确			5			
	软件设计	STM32 工程配置：GPIO 及 EXTI 配置正确、三人抢答器按键功能代码编写正确			5			
	功能实现	三人抢答器的 4 个独立按键功能都能正常实现，各得 2.5 分			10			
任务 3.2 三人抢答器限时抢答设计（20 分）	软件设计	STM32 工程的 TIM 配置正确，得 5 分；三人抢答器倒计时代码编译无误，得 5 分			10			
	功能实现	4 个独立按键控制 LED 功能正常实现，倒计时功能正常、超时状态正常			10			
任务 3.3 三人抢答器显示界面设计（20 分）	工程配置	TFTLCD 的 GPIO、FSMC 接口配置正确			5			
	软件设计	三人抢答器显示界面函数、选手编号函数、主函数等代码编写正确，浮点数处理、负号处理无误			5			
	功能实现	三人抢答器显示界面所有信息显示齐全，循环高亮显示选手编号，三种状态能正确切换			10			
三人抢答器整体设计（20 分）	软件设计	正确将前 3 个任务组合成一个完整的三人抢答器项目，代码编译无误			5			
	功能实现	三人抢答器显示界面上的所有信息齐全、4 个独立按键功能都能正常实现，倒计时显示正确			15			
职业素养（20 分）	信息获取	能采取多样化手段收集信息、解决实际问题			5			
	积极主动	主动性强，保质保量完成相关任务			5			
	团队协作	互相协作、交流沟通、分享能力			10			
合计					100			
评价人		时间			总分			

【思考练习】

一、选择题

（　　）1. STM32F4 的 NVIC 具有多少个可编程优先级？
　　A. 16　　　　　B. 32　　　　　C. 43　　　　　D. 72

（　　）2. STM32F407xx 的 EXTI 线 16 连接哪个中断事件？
　　A. 外部 I/O 口的输入中断　　　　B. PVD 输出
　　C. RTC 闹钟事件　　　　　　　　D. USB OTG FS 唤醒事件

（　　）3. STM32F407xx 供 I/O 接口使用的外部中断线有几个？
　　A. 8　　　　　B. 16　　　　　C. 22　　　　　D. 32

（　　）4. 以下哪个是外部中断回调函数？
　　A. EXTI_Init()　　　　　　　　　B. EXTIx_IRQHandler()
　　C. EXTI_ClearITPendingBit()　　　D. HAL_GPIO_EXTI_Callback()

（　　）5. STM32F407xx 中 16 位的定时器有几个？
　　A. 2　　　　　B. 4　　　　　C. 12　　　　　D. 14

二、填空题

1. STM32F407xx 内有（　　）个可屏蔽中断，外部中断/事件控制器（EXTI）支持（　　）个事件中断请求。

2. STM32F407xx 的 PB12 引脚对应的 EXTI 线编号为（　　）。

3. STM32F407xx 内置了（　　）个定时器，分为三种类型，分别是（　　）、（　　）和（　　）。

4. STM32F407xx 中的 TIM1 和 TIM8 挂在（　　）上，TIM2～TIM7 挂在（　　）上。

5. TFTLCD 是（　　）液晶显示器，ATK-4.3 寸 TFTLCD 的双向数据线是（　　）位的。

三、思考题

1. 简述抢占优先级和响应优先级的设置方法。

2. STM32F407xx 中的 TIM2 计数器是几位的，都有哪些计数模式？

3. 假设 STM32F407xx 的系统时钟频率为 84MHz，如何使用定时器实现 20ms 的定时？

4. 假设 STM32F407xx 的系统时钟频率为 100MHz，编程实现 TIM1 控制 PF8 引脚连接的蜂鸣器，使其按 500ms 的周期鸣叫？

项目 4 智能调光灯设计

项目描述

设计一款智能调光灯，该调光灯能实现智能感应自动调光功能，示意图如图 4-1 所示。

图 4-1 智能调光灯示意图

智能调光灯有两种工作模式——自动模式和手动模式，可以通过按键切换工作模式，同时用 TFTLCD（本项目中简写为 LCD）显示 ADC 值、环境和 LED 的实时亮度，智能调光灯 LCD 界面能显示中文及 LOGO。

◆ 手动模式：通过按键来调节 LED 的亮度，每次按下可调节 10% 的亮度。
◆ 自动模式：由光敏传感器测量环境光强，MCU 根据环境光强控制 LED 的发光亮度。

本项目将被拆分为 3 个任务，分别是调光灯手动模式设计、调光灯自动模式设计及汉字及图片的 LCD 界面设计。其中，LED 亮度调节可以通过控制 PWM 脉冲宽度实现，智能控制由光敏传感器通过 ADC 实现，中文显示界面采用 LCD 实现。最后将 3 个任务整合到一起实现完整的智能调光灯功能。

在 3 个任务中分别介绍 STM32F407 的 PWM 输出、ADC 及光敏传感器的应用、LCD 显示汉字及图片等内容。

任务 4.1　调光灯手动模式设计

🎯 任务描述

【任务要求】

设计调光灯的手动模式，即按键调光灯功能，通过 STM32F4 开发板上的按键控制开发板上的 LED0 亮度，并通过串口输出相关信息。

(1) 上电时，系统通过串口显示"按键调光灯"及"班级、组别、姓名"；按下按键，可调节 LED0 的亮度，并通过串口输出 LED 亮度。

(2) 4 个独立按键功能如下。
- 按下 KEY_UP（在上方），LED 最亮，亮度为 100%。
- 按下 KEY0（在右侧），LED 亮度增加 10%，共 10 档。
- 按下 KEY1（在中间），LED 熄灭，亮度为 0%。
- 按下 KEY2（在左侧），LED 亮度减小 10%，共 10 档。

(3) LED 的亮度调节通过控制 PWM 脉冲宽度来实现。

【学习目标】

知识目标	技能目标	素质目标
➤ 能说出 PWM 的概念及工作原理 ➤ 会计算 PWM 脉冲的占空比等相关参数	➤ 能根据设计要求计算 PWM 相关参数，正确配置定时器的 PWM 参数。 ➤ 能正确编写程序，通过按键控制 PWM 脉冲宽度，实现 LED 亮度调节功能 ➤ 能正确下载程序，在开发板上实现按键调光灯功能	➤ 具有较强的沟通协调能力，良好的团队合作能力

📝 任务学习

4.1.1　PWM 工作原理

PWM 是 Pulse Width Modulation 的缩写，含义是脉冲宽度调制，简称脉宽调制，是一种非常有效的利用 MPU 的数字输出对模拟电路进行控制的技术。PWM 脉冲是具有一定占空比的方波，通过设置定时器可以控制方波的频率和占空比，从而实现对脉冲宽度的控制。

占空比就是一个脉冲周期内高电平 T_k 在整个周期 T 中的占比，如图 4-2 所示。由图 4-2 可知，占空比 $q = \dfrac{T_k}{T}$。

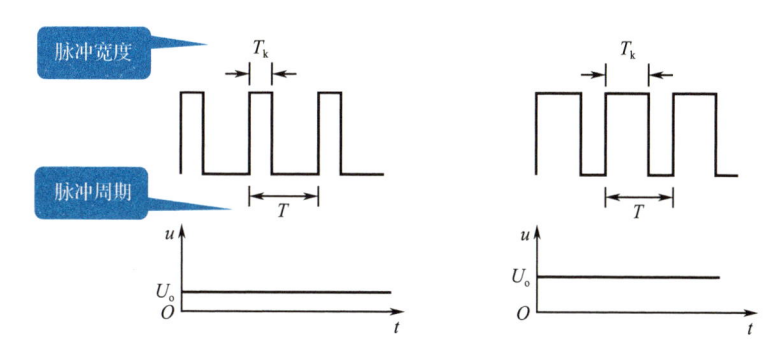

图 4-2 占空比与输出电压关系

例如，当 PWM 脉冲的幅值为 5V 时，在周期一定的条件下，如果占空比小于 50%，则输出电压小于 2.5V；如果占空比大于 50%，则输出电压大于 2.5V；当需要输出 5V 的电压时，只需将占空比调节为 100%。

STM32F4 的通用定时器和高级定时器都可以用来产生 PWM 脉冲，其中高级定时器 TIM1 和 TIM8 可以同时产生多达 7 路的 PWM 脉冲，而通用定时器也能同时产生多达 4 路的 PWM 脉冲。本任务使用的是 TIM14，该定时器仅能产生一路 PWM 脉冲。

要使 STM32F4 的通用定时器产生 PWM 脉冲，除了 3.2.2 节介绍的寄存器，还会用到 3 个寄存器来控制 PWM 脉冲。这 3 个寄存器分别是捕获/比较模式寄存器（TIMx_CCMR1/2）、捕获/比较使能寄存器（TIMx_CCER）、捕获/比较寄存器（TIMx_CCR1～4）。

PWM 脉冲的频率由自动重装载值 ARR 决定，其占空比由比较值 CCRx 决定。使用定时器生成 PWM 脉冲的工作原理如图 4-3 所示（图中 CNT 为计数值）。这里定时器的计数模式是递增计数，PWM 脉冲是边沿对齐的。

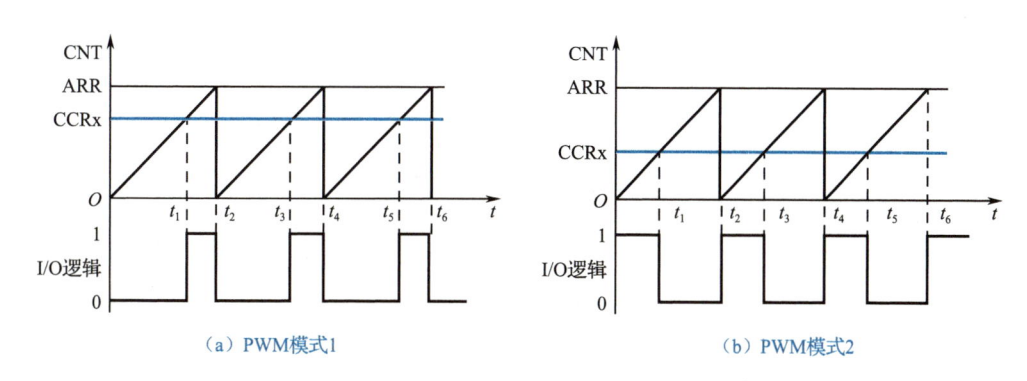

（a）PWM 模式 1　　　　　　　　　（b）PWM 模式 2

图 4-3 使用定时器生成 PWM 脉冲的工作原理

PWM 模式有两种，分别为 PWM 模式 1 和 PWM 模式 2。可以理解为 PWM 模式 1 的脉冲与 PWM 模式 2 的脉冲互补，PWM 模式 1 的脉冲为高电平时，PWM 模式 2 的脉冲为低电平，反之亦然。PWM 模式的输出电平如表 4-1 所示。

表 4-1 PWM 模式的输出电平

PWM 模式	计数器的计数模式	电平情况
PWM 模式 1	递增计数	如果 CNT<CCRx，则通道为有效电平；否则为无效电平
	递减计数	如果 CNT>CCRx，则通道为无效电平；否则为有效电平
PWM 模式 2	递增计数	如果 CNT<CCRx，则通道为无效电平；否则为有效电平
	递减计数	如果 CNT>CCRx，则通道为有效电平；否则为无效电平

例如，本任务中的 LED0 低电平有效，若采用 PWM 模式 1 递增计数，则当 CNT<CCRx 时，输出低电平，也就是逻辑 0，LED0 被点亮，为有效电平；当 CNT>CCRx 时，输出高电平，LED0 被熄灭，为无效电平。当 CNT 达到自动重装载值 ARR 时，归零，重新向上计数，依次循环。

图 4-3（a）所示的 PWM 模式 1 低电平有效占空比：

$$q = \frac{T - T_k}{T} = \frac{ARR - CCRx}{ARR}$$

图 4-3（b）所示的 PWM 模式 2 高电平有效占空比：

$$q = \frac{T_k}{T} = \frac{CCRx}{ARR}$$

由图 4-3 可知，改变 CCRx，就可以改变 PWM 脉冲的占空比；改变自动重装载值 ARR，就可以改变 PWM 脉冲的频率，这就是 PWM 的工作原理。

4.1.2 PWM 相关的 HAL 函数

这里介绍几个与 PWM 相关的 HAL 函数，如表 4-2 所示。

表 4-2 与 PWM 相关的 HAL 函数

函数名	功能描述
HAL_TIM_PWM_Init()	对 PWM 输出进行初始化配置，需要先执行 HAL_TIM_Base_Init() 函数对定时器进行初始化
HAL_TIM_PWM_ConfigChannel()	配置 PWM 通道
HAL_TIM_PWM_Start()	启动 PWM 输出，需要先执行 HAL_TIM_Base_Start() 函数使能定时器
HAL_TIM_PWM_Stop()	停止 PWM 输出
HAL_TIM_PWM_Start_IT()	以中断方式启动 PWM 输出，需要先执行 HAL_TIM_Base_Start_IT() 函数使能定时器
HAL_TIM_PWM_Stop_IT()	停止 PWM 输出
HAL_TIM_PWM_GetState	返回定时器状态，与 HAL_TIM_Base_GetState() 函数的功能相同
HAL_TIM_SET_COMPARE()	设置比较寄存器的比较值 CCRx
HAL_TIM_GET_COMPARE()	读取比较寄存器的比较值 CCRx

项目 4　智能调光灯设计

任务实施

步骤 1：PWM 参数计算

（1）本任务中 PWM 控制 LED0，使用的定时器是_____，通道是_____。在 GPIO 配置界面中将 LED0 引脚配置为 PWM 输出引脚。按键调光灯采用了 4 个独立按键电路，如图 2-13 所示，请将配置参数填入表 4-3。

表 4-3　PWM 输出引脚的 GPIO 配置

外设名/用户标签	GPIO	引脚模式	上拉/下拉
LED0 / PWM			
KEY_UP			
KEY0			
KEY1			
KEY2			

（2）本任务中的定时器的时钟在_____（APB1 或 APB2）上，当系统时钟频率是 168MHz 时，该定时器的时钟频率 f_{CLK}（f_{CK_PSC}）为_____Hz。

（3）如果每按一次按键要改变 10% 的亮度，可以设置计数次数为 100，即设置重装载值 ARR 为 100-1，那么当分别将比较值 CCR 设置为 0、10、20……100 时，就可以控制输出电压值按 10% 变化，进而控制 LED 亮度。当设置预分频系数为 1680-1 时，那么根据以下公式可以计算出定时器的溢出时间 T_{out} 为_____s。

$$T_{out} = \frac{(ARR+1)(PSC+1)}{f_{CLK}}$$

步骤 2：PWM 的 CubeMX 工程配置

因为要用串口打印信息，所以复制并粘贴工程 2-3 USART，并将其重命名为 4-1 PWM。

1. 配置 GPIO

打开 4-1 PWM.ioc 文件，在 Categories 选项卡中选择 System Core 选项，配置 GPIO。按表 4-3 所示，配置 LED0 的引脚模式为 TIM14 的 1 通道输出，配置为 PWM 引脚，配置 4 个独立按键的 GPIO 模式及参数。

2. 配置 PWM

在 Categories 选项卡中选择 Timers 选项，配置 TIM14 的 PWM，如图 4-4 所示。

（1）在 Mode 栏中勾选 Activated 复选框，激活 TIM14。Channel 1 下拉列表中的选项如下。

- ◆ Input Capture Direct Mode 选项，表示输入直接捕获模式。
- ◆ Output Compare No Output 选项，表示输出比较，不输出到通道引脚。
- ◆ Output Compare CH1 选项，表示输出比较，输出通道 1。
- ◆ PWM Generation No Output PWM 选项，表示生成 PWM，不输出到通道引脚。

- PWM Generation CH1 选项，表示生成 PWM，输出到通道 1。
- Forced Output CH1 选项，表示强制通道 1 输出电平。

这里选择 PWM Generation CH1 选项。

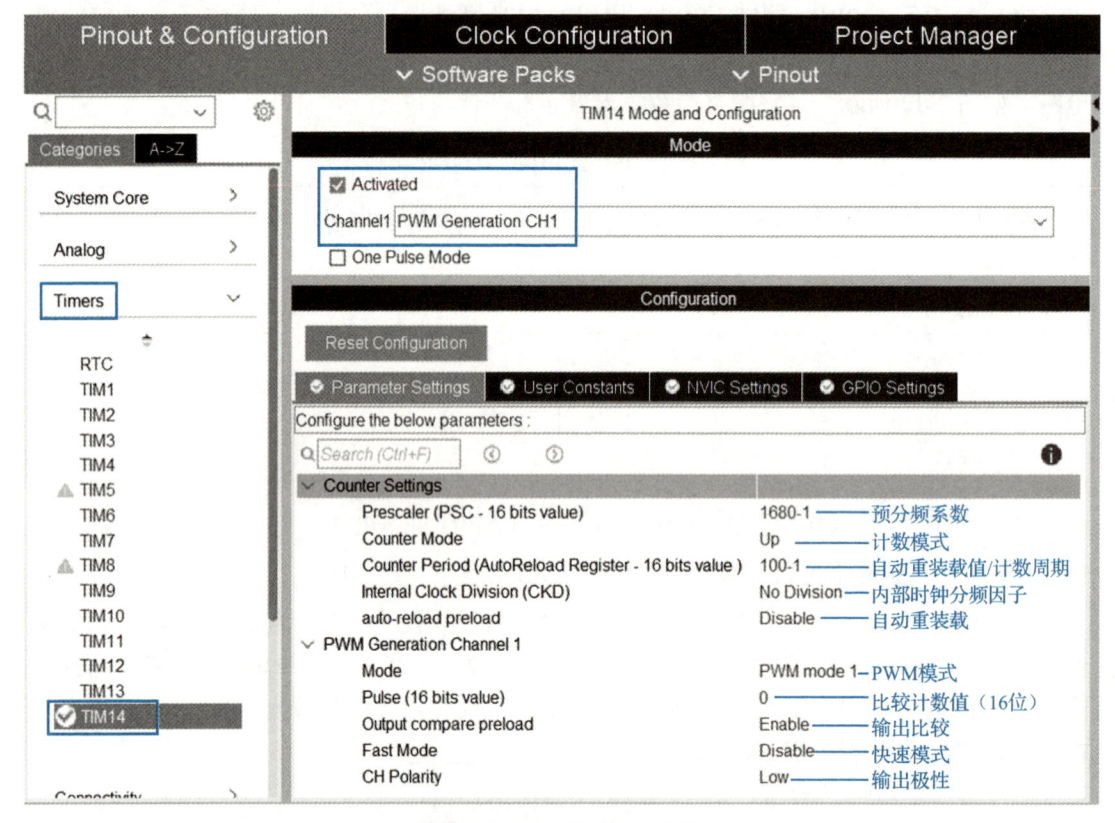

图 4-4 TIM14 的 PWM 配置

（2）在 Configuration 栏中，选择 Parameter Settings 选项，配置定时器的 PWM 参数。

① Counter Settings 选区用于配置计数器的参数。

- Prescaler：配置定时器的预分频系数，这里配置为 1680-1。系统时钟分频后的频率就是 84MHz/1680=50kHz，周期为 20μs，便于后面计算脉冲宽度。
- Counter Mode：定时器的计数模式，这里配置为 Up，即递增计数模式。
- Counter Period：计数周期，即自动重装载值 ARR，这里配置为 100-1；之前已经分频得到 20μs 的周期，这里计数 100 个 20μs，也就是计数周期为 2ms。
- Internal Clock Division：内部时钟分频因子，这里不设置分频了。
- auto-reload preload：用于设置在程序运行中，当实时修改了计数器周期/溢出比较值时是立即生效（Disable）还是等当前周期计数完再生效（Enable）。这里配置为 Disable，立即自动重装载。

② PWM Generation Channel1 选区用于配置 PWM 通道 1 的参数。

- Mode：配置 PWM 的模式，这里选择 PWM mode 1，即 PWM 模式 1。
- Pulse：比较计数值，这里就是 TIM14_CCR1 中存储的值，因为前面自动重装载值 ARR 被设置为 100-1，所以这里可以配置为 0 ~ 100。本任务配置为 0，即占空比为 0%，也就是在上电时 LED0 熄灭。在程序中可以通过 TIMx_CCR1 写入新的值来改变占空比，从而控制 LED 逐渐点亮和熄灭。

◆ Output compare preload：输出比较预加载项，即在定时器工作时是否能修改 Pulse 的值，如果禁用此项，表示在定时器工作时不能修改 Pulse 的值，只在更新事件到来时才能修改，这里设置为 Enable。

◆ Faste Mode：是在输出引脚配置为 Open Drain 时的快驱模式。在快驱模式下，等效上拉电阻更小，因此信号从 0 到 1 的上拉速度更快，适合更快速的信号传输，但是对于配置为 push-pull 的引脚无效。这里设置为 Disable。

◆ CH Polarity：输出极性，这里设置为 Low，因为 LED0 是低电平点亮的。

保存，生成初始化代码。

步骤 3：实现按键调光灯设计

1. 分析 PWM 的配置代码

打开 tim.c 源文件，在 MX_TIM14_Init() 函数中查看 TIM14 的 PWM 配置初始化代码，在 HAL_TIM_Base_MspDeInit() 函数中查看 PWM（LED0）引脚的 GPIO 配置，请填写空缺部分。

```
void MX_TIM14_Init(void)
{
  TIM_OC_InitTypeDef sConfigOC = {0};
  htim14.Instance = TIM14;
  htim14.Init.Prescaler = 1680-1;               // 设置_____
  htim14.Init.CounterMode = TIM_COUNTERMODE_UP; // 设置_____
  htim14.Init.Period = 100-1;                   // 设置_____
  htim14.Init.ClockDivision = TIM_CLOCKDIVISION_DIV1;
  htim14.Init.AutoReloadPreload = TIM_AUTORELOAD_PRELOAD_DISABLE;
  ...... // 省略部分代码
  sConfigOC.OCMode = TIM_OCMODE_PWM1;           //PWM 模式 1
  sConfigOC.Pulse = 0;
  sConfigOC.OCPolarity = TIM_OCPOLARITY_LOW;    // 设置_____
  sConfigOC.OCFastMode = TIM_OCFAST_DISABLE;
  ...... // 省略部分代码
}
void HAL_TIM_Base_MspInit(TIM_HandleTypeDef* tim_baseHandle)
{
  if(tim_baseHandle->Instance==TIM14)
  {
    __HAL_RCC_TIM14_CLK_ENABLE();  // 使能_____时钟
    HAL_NVIC_SetPriority(TIM8_TRG_COM_TIM14_IRQn, 0, 0);  // 设置_____
    HAL_NVIC_EnableIRQ(TIM8_TRG_COM_TIM14_IRQn);          // 使能定时器中断
  }
}
void HAL_TIM_MspPostInit(TIM_HandleTypeDef* timHandle)
{
  GPIO_InitTypeDef GPIO_InitStruct = {0};
```

扫码看答案

```
if(timHandle->Instance==TIM14)
{
    __HAL_RCC_GPIOF_CLK_ENABLE();              // 使能_____时钟
    GPIO_InitStruct.Pin = PWM_Pin;             // 配置_____引脚
    GPIO_InitStruct.Mode = GPIO_MODE_AF_PP;    //_____模式
    GPIO_InitStruct.Pull = GPIO_PULLUP;        // 设置_____
    GPIO_InitStruct.Speed = GPIO_SPEED_FREQ_HIGH;  // 高速
    GPIO_InitStruct.Alternate = GPIO_AF9_TIM14;    // 复用为_____模式
    HAL_GPIO_Init(GPIOF, &GPIO_InitStruct);    // 初始化____组 GPIO
}
}
```

2. 添加按键驱动文件

（1）将 2-2 KEY 工程的 HARDWARE/KEY_LED 文件夹下的 key.c 源文件复制到本工程所在目录下。

（2）添加 key.c 源文件到工程中。

① 在 Keil MDK 软件中添加源文件。在左侧 Project 窗格中选择 4-1 PWM 项目，右击，在弹出的快捷菜单中选择 Add Group 选项，双击新建的名为 New Group 的文件夹，修改文件夹名字为 HARDWARE。单击工具栏中的 图标，在 Manage Project Items 对话框中把 KEY_LED 文件夹中的 key.c 源文件加入 HARDWARE 分组，单击 OK 按钮。

② 在 CubeIDE 软件中添加源文件路径。选中 4-1 PWM 工程，执行 Project → Properties 命令，在打开的窗口中依次选择 C/C++ General → Paths and Symbols 选项，选择 Source Location 选项，单击 Add 按钮，添加源文件路径 HARDWARE。

3. 编写按键调光灯控制代码

在 Core/Src 文件夹中打开 main.c 文件，添加以下代码。

（1）在 main() 函数之前，添加 PWM 的全局变量定义，声明按键控制函数。 微课

```
/* USER CODE BEGIN PV */
int PWMvalue=0;   //PWM 比较计数值变量
/* USER CODE END PV */
void SystemClock_Config(void);
/* USER CODE BEGIN PFP */
void KEY_Ctrl(void);   // 声明按键控制函数
/* USER CODE END PFP */
```

（2）在 main() 函数内的用户代码 2 段中添加串口输出的初始化代码和使能 PWM 的函数，在 while() 循环中执行按键控制函数。

```
printf("\r\n 按键调光灯 \r\n");
printf("\r\n 班级 组别 姓名 \r\n");
HAL_TIM_PWM_Start(&htim14, TIM_CHANNEL_1);// 使能 PWM 的 TIM14 通道 1
while (1)
{
    KEY_Ctrl();// 按键控制函数
}
```

（3）在用户代码 4 段中编写按键控制 PWM 的函数。

```c
void KEY_Ctrl(void)
{
    uint8_t key;                // 存储按键返回值
    key=KEY_Scan(0);            // 按键扫描，不支持连续按
    switch(key)
    {
        case 1:                 // 按下 KEY0，LED0 变亮 10%
            if (PWMvalue<=90) PWMvalue=PWMvalue+10;
            break;
        case 2:                 // 按下 KEY1，LED0 灭
            PWMvalue=0;
            break;
        case 3:                 // 按下 KEY2，LED0 变暗 10%
            if (PWMvalue>=10) PWMvalue=PWMvalue-10;
            break;
        case 4:                 // 按下 KEY_UP，LED0 最亮
            PWMvalue=100;
            break;
    }
    if(key)// 有按键被按下
    { /* 设置 TIM14 通道 1 的比较值 CCR1，用于控制 PWM 占空比 */
        __HAL_TIM_SET_COMPARE(&htim14, TIM_CHANNEL_1,PWMvalue);
        printf("\r\nLED0 亮度 =%d%%\r\n",PWMvalue); // 串口输出 LED 亮度
    }
}
```

其中，设置 TIM14 通道 1 的比较值 CCR1 的代码：

`__HAL_TIM_SET_COMPARE(&htim14, TIM_CHANNEL_1,PWMvalue);`

与如下代码是等效的。

`TIM14->CCR1= PWMvalue;`

4. 下载程序，测试按键调光灯功能

将程序下载到开发板，通过 USB 接口连接计算机，打开 XCOM，按下按键，观察是否可以调节 LED0 的亮度，查看串口输出的 LED 亮度是否正确。

拓展训练：使用 USB_LED 设计按键调光灯

将开发板上的 LED0 换成 USB_LED，如图 4-5 所示，实现一个可调节角度的按键调光台灯。

扫码看答案

（1）通过如图 4-6 所示的 USB_A 接口电路原理图，确定本任务控制 USB_LED 的 PWM 输出的 I/O 引脚，使用的定时器是_____，通道是_____。根据其电路原理图，在 GPIO 配置界面中将其配置为定时器引脚，请将配置填入表 4-4。

图 4-5 插上 USB_LED 的开发板

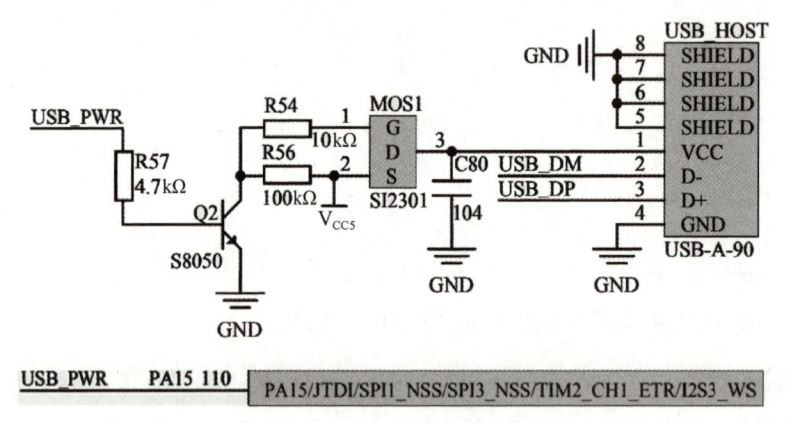

图 4-6 USB_A 接口电路原理图

表 4-4 PWM 引脚的 GPIO 配置

外设名	用户标签	GPIO	引脚模式	上拉/下拉
USB_LED	PWM			

（2）复制并粘贴 4-1 PWM 工程，将其重命名为 4-1 PWM_USBLED，在 GPIO 配置界面中单击 PF9 引脚，再次单击 TIM14_CH1，删除 LED0 引脚的配置，按表 4-4 配置 USB-LED 对应的 PWM 引脚。

（3）配置定时器的 PWM 参数，可采用本任务中的参数，但要注意 USB_LED 的有效电平是_____，因此输出极性要设置为_____电平，其余参数配置如图 4-7 所示。

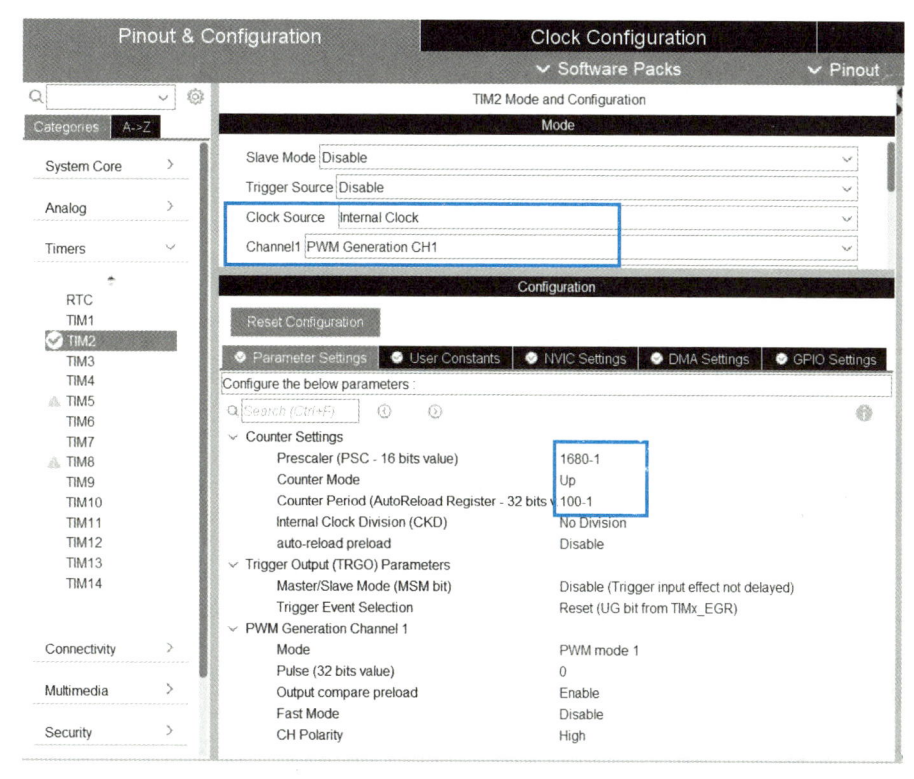

图 4-7　USB_LED 的定时器参数配置

（4）参考本节的"任务实施"部分，修改对应的定时器代码，实现按键控制 USB_LED 功能。

任务 4.2　调光灯自动模式设计

任务描述

【任务要求】

在任务 4.1 手动模式按键调光灯的基础上添加光敏传感器，通过 ADC 检测环境光强来控制 LED 的亮度，从而实现智能调光灯自动模式。

电路有两种工作模式——自动模式和手动模式，通过 KEY_UP 实现切换。

（1）自动模式：由光敏传感器测量环境光强，从而自动控制 LED 的发光亮度，并在串口输出 ADC 值、环境光强及 LED 的实时亮度。

- 当检测到环境光强小于 30% 时，LED 最亮（亮度为 100%）。
- 当检测到环境光强介于 30%～70% 时，LED 较暗（亮度为 50%）。
- 当检测到环境光强大于 70% 时，LED 熄灭（亮度为 0%）。

（2）手动模式：按下按键，可调节 LED 的亮度，并在 LCD 上显示 LED 的实时亮度，光敏传感器不工作。

- 按下 KEY_UP 切换到手动模式时，LED 最亮，显示亮度为 100%。
- 按下 KEY0，LED 亮度增加 10%。
- 按下 KEY1，LED 熄灭，显示亮度为 0%。
- 按下 KEY2，LED 亮度减小 10%。

【学习目标】

知识目标	技能目标	素质目标
➢ 能说出光敏传感器的工作原理 ➢ 能说出 STM32 的 ADC 特点	➢ 能根据光敏传感器的硬件电路，正确配置 ADC 通道及其参数 ➢ 能编写 ADC 的驱动程序，实现智能调光灯自动模式 ➢ 能在开发板上调试智能调光灯的整体功能	➢ 具备节约资源的意识

任务学习

4.2.1 STM32F4 的 ADC

ADC 用于将连续变化的模拟信号转换为离散的数字信号。真实世界中的模拟信号，如温度、湿度、音量、压力或图像等模拟信号，在时域上是连续的，需要转换成易于 MCU 存储、处理和发射的数字信号，这需要用 ADC 实现。典型的 ADC 应用就是将模拟信号转换为表示一定比例电压值的数字信号。

STM32F4 中的单个 ADC 框图如图 4-8 所示。

STM32F407ZGT6 包含 3 个 12 位逐次逼近型的 ADC，它有 19 个通道，可测量 16 个外部源、2 个内部源和 V_{BAT} 通道的信号，主要特性如下。

- 可配置 12 位、10 位、8 位或 6 位分辨率。
- 有单次转换和连续转换模式。
- 在转换结束、注入通道转换结束及发生模拟看门狗溢出事件时产生中断。
- 可独立设置各通道采样时间。
- ADC 电源要求：全速运行时为 2.4～3.6V，慢速运行时为 1.8V。
- ADC 输入范围：$V_{REF-} \leq V_{IN} \leq V_{REF+}$。

STM32F4 将 ADC 分为 2 个通道组：规则通道组和注入通道组。与程序在正常执行时中断可以打断程序执行类似，注入通道转换可以打断规则通道转换，在注入通道转换完成之后，规则通道才得以继续转换。

ADC 的规则通道组最多包含 16 个通道，而注入通道组最多包含 4 个通道。这些通道的 A/D 转换可以是单次转换模式、连续转换模式、连续扫描模式、间断扫描模式。本任务使用规则通道的单次转换模式。

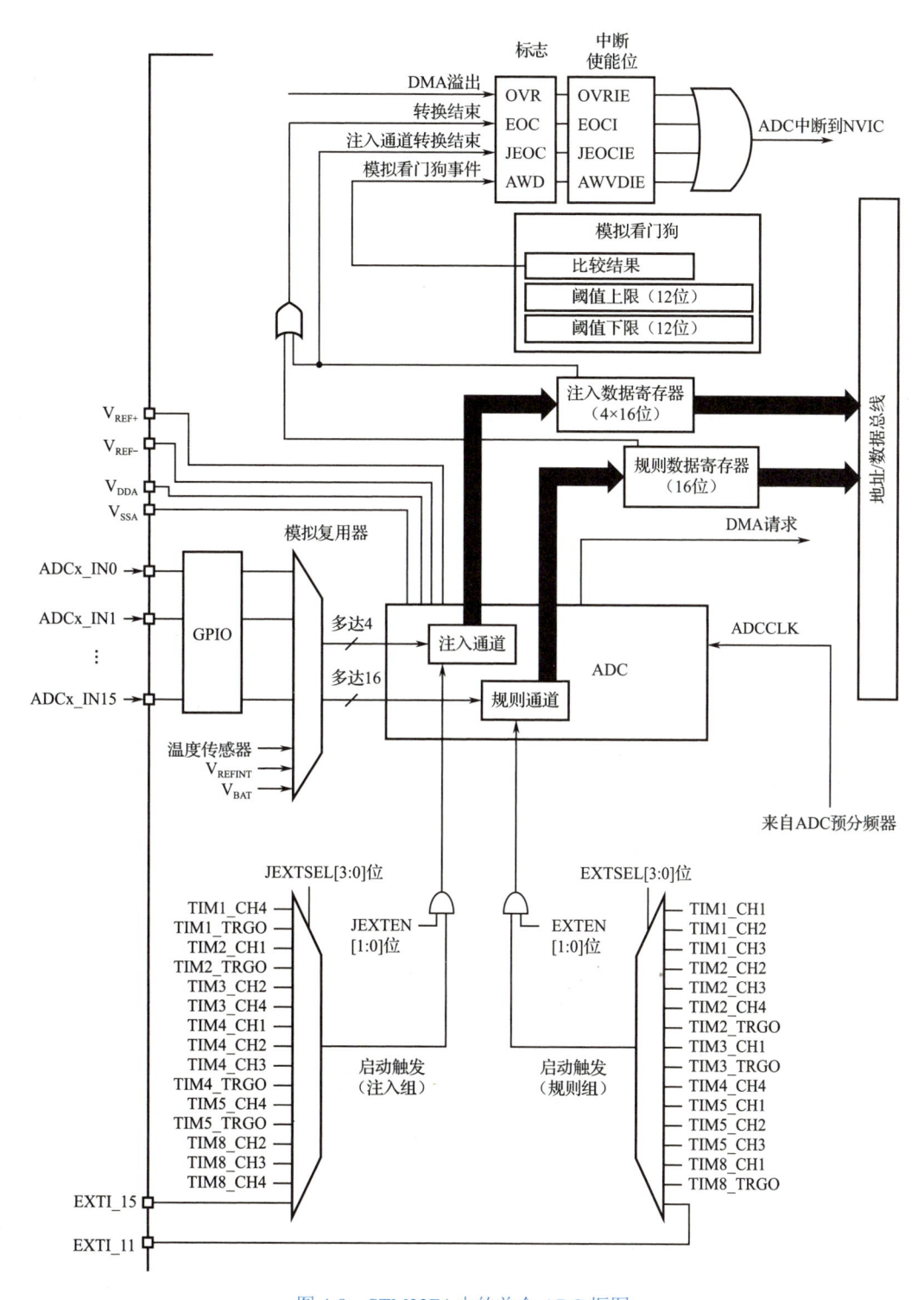

图 4-8　STM32F4 中的单个 ADC 框图

图 4-8 所示的框图中的部分信号如表 4-5 所示。

表 4-5　图 4-8 所示的框图中的部分信号

名称	型号类型	说明
V_{REF+}	正模拟参考电压输入	ADC 高 / 正参考电压：$1.8V \leq V_{REF+} \leq V_{DDA}$
V_{DDA}	模拟电源输入	模拟电源电压，等于 V_{DD} 全速运行时，$2.4V \leq V_{DDA} \leq V_{DD}$（3.6V） 低速运行时，$1.8V \leq V_{DDA} \leq V_{DD}$（3.6V）
V_{REF-}	负模拟参考电压输入	ADC 低 / 负参考电压，$V_{REF-} = V_{SSA}$
V_{SSA}	模拟地输入	模拟地电压，等于 V_{SS}
ADCx_IN[15:0]	模拟输入信号	16 个模拟输入信号

STM32F4 的 ADC 最大转换速率为 2.4MHz，转换时间约为 0.41μs（在 ADCCLK=36MHz、采样周期为 3 个 ADC 时钟下得到）。不要让 ADC 的时钟频率超过 36MHz，否则结果准确度将下降。在本任务中 ADCCLK 是通过对 APB2 的时钟（频率为 84MHz）进行 4 分频得到的，频率为 21MHz。

4.2.2　光敏传感器

光敏传感器是利用光敏元件将光信号转换为电信号的传感器，它的敏感波长在可见光波长附近，包括红外线波长和紫外线波长。光敏传感器并不局限于对光进行探测，它可以作为探测元件组成其他传感器对许多非电量进行检测，只要将这些非电量的变化转换为光信号的变化即可。

光敏传感器的工作原理是光电效应——金属表面在光照作用下发射电子的效应，发射出来的电子叫作光电子，示意图如图 4-9 所示。光电效应由德国物理学家赫兹于 1887 年发现，正确的解释由爱因斯坦提出。

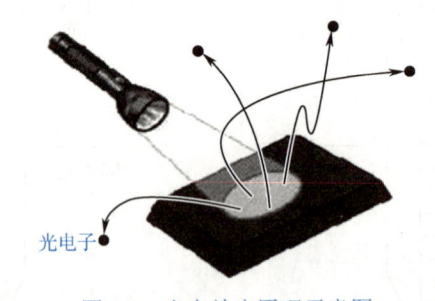

图 4-9　光电效应原理示意图

光敏传感器是最常见的传感器之一，种类繁多，包括光电管、光敏电阻、光敏二极管、光敏三极管、太阳能电池、红外线传感器、紫外线传感器、光纤式光电传感器、色彩传感器、CCD（Charge Coupled Device，电荷耦合器件）和 CMOS 图像传感器等。图 4-10 所示为常见的光敏传感器。光敏传感器是目前产量最多、应用最广的传感器之一，它在自动控制和非电量电测量技术中占有非常重要的地位。

（a）光敏电阻　　　　　　（b）光敏二极管　　　　　（c）光敏三极管

图 4-10　常见的光敏传感器

STM32F4 开发板板载了一个光敏二极管，如图 4-11 所示，它对光的变化非常敏感。

图 4-11　STM32F4 开发板板载的光敏传感器

光敏二极管与半导体二极管在结构上是类似的，其管芯是一个具有光敏特征的 PN 结，具有单向电导性，在工作时需要加反向电压。在无光照时，光敏二极管有很小的饱和反向漏电流，即暗电流，处于截止状态。在受到光照时，光敏二极管饱和反向漏电流大大增加，形成光电流，电流随着入射光亮度的变化而变化。当光线照射 PN 结时，PN 结中会产生电子—空穴对，少数载流子的密度增大。这些载流子在反向电压的作用下漂移，使反向电流增加。因此可以通过改变光照强度来改变电路中的电流。

串接一个电阻就可以将这个电流变化转换成电压变化，从而通过 ADC 读取电压值，判断外部光线的强弱。

技能训练：光敏传感器及 ADC 检测

设计要求：通过光敏传感器感应环境光强，STM32 通过 ADC 得到传感器的测量值，通过串口显示 ADC 值，经过转换计算得到环境光强。环境光强用 % 表示，取值介于 0% ~ 100%。

步骤 1：硬件电路设计

STM32F4 开发板上的光敏传感器的连接电路如图 4-12 所示，图中 LS1 是光敏二极管，光线越强，电流越大；光线越暗，电流越小。R58 为限流电阻，

微课

与光敏二极管串联，环境光强越强，电流越大，R58 上的电压越大（LS1 上的电压越小）；光线越暗，电流越小，R58 上的电压越小（LS1 上的电压越大）。

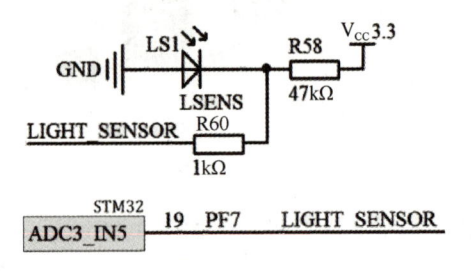

图 4-12　STM32F4 开发板上的光敏传感器的连接电路

STM32 的光敏传感器通过_____引脚的 ADC____通道____，读取 LIGHT_SENSOR 的电压，即可算得环境光强，从而在 LCD 上显示。

步骤 2：ADC 的 CubeMX 工程配置

（1）因为要用串口打印信息，所以复制并粘贴 2-3 USART 工程，重命名为 4-2 ADC。

（2）打开 4-2 ADC.ioc 文件，在 Categories 选项卡中，依次选择 System Core → Analog → ADC3 选项，在 Mode 栏中勾选 IN5 复选框，此时能看到右侧的 Pinout view 标签页中的 PF7 引脚被配置为 ADC3_IN5，如图 4-13 所示。

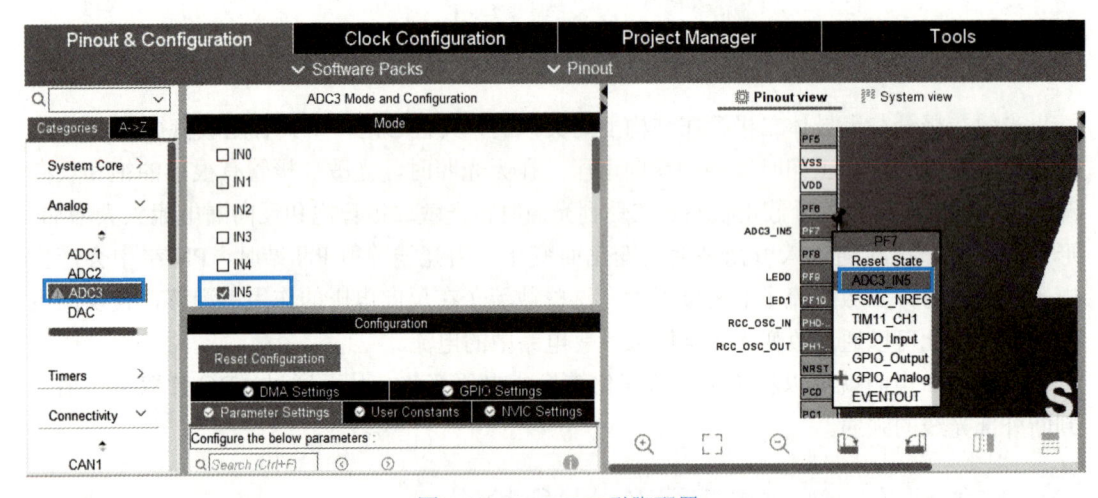

图 4-13　AD3_IN5 引脚配置

（3）在 Configuration 栏中选择 Parameter Settings 选项，按图 4-14 所示进行配置。设置预分频系数为 4，那么 ADCCLK=PCLK2/4=84MHz/4=21MHz，满足 ADC 时钟频率不超过 36MHz 的条件。

项目 4　智能调光灯设计

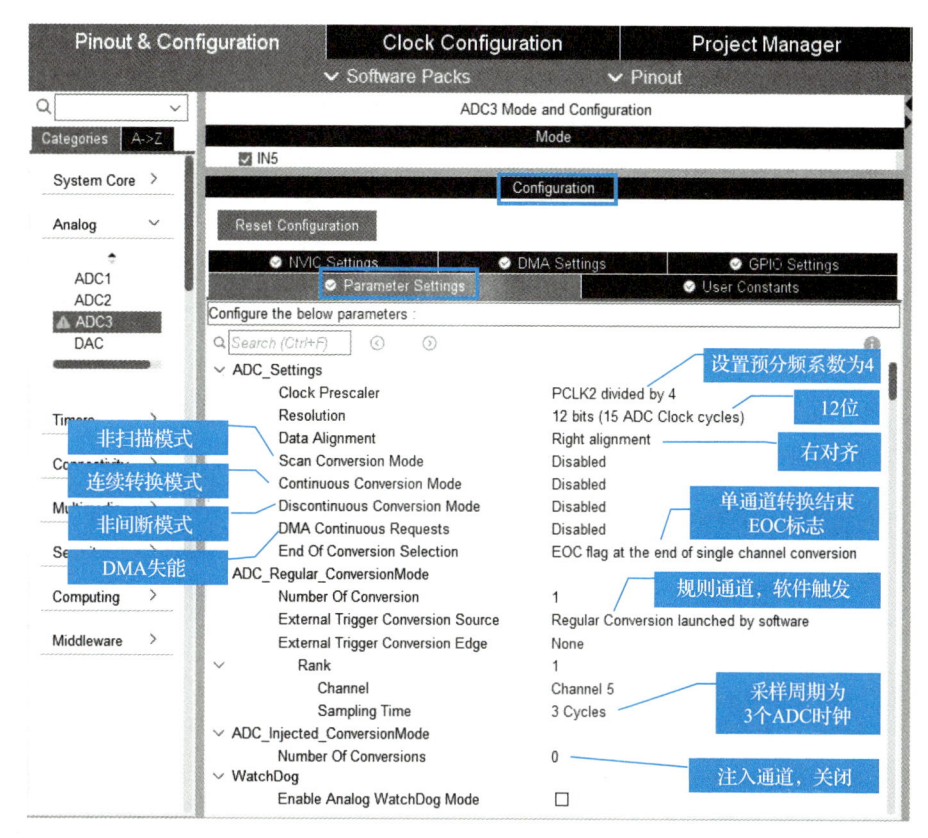

图 4-14　ADC3 参数配置

（4）保存，生成初始化代码。编译工程，直至无误。

步骤 3：编写光敏传感器实现代码

1. 分析 ADC 配置代码

打开 adc.c 源文件，可以在 MX_ADC3_Init() 函数中查看 ADC3 的参数，在 HAL_ADC_MspInit() 函数中查看 PF7 引脚（ADC3_IN5）的 GPIO 配置，请填写空缺部分。

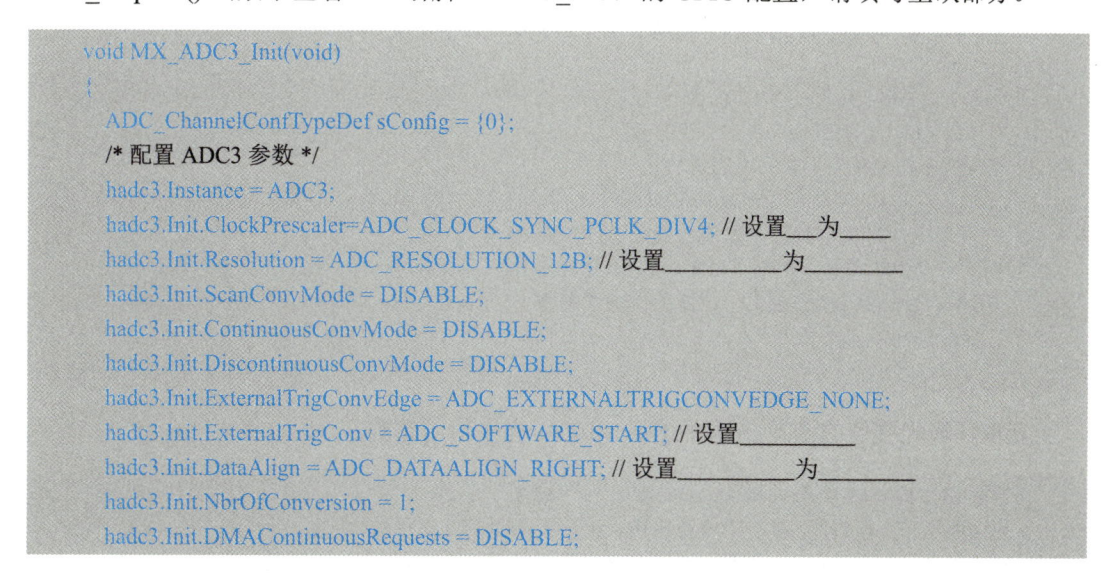

```
void MX_ADC3_Init(void)
{
    ADC_ChannelConfTypeDef sConfig = {0};
    /* 配置 ADC3 参数 */
    hadc3.Instance = ADC3;
    hadc3.Init.ClockPrescaler=ADC_CLOCK_SYNC_PCLK_DIV4; // 设置___为___
    hadc3.Init.Resolution = ADC_RESOLUTION_12B; // 设置_____为_____
    hadc3.Init.ScanConvMode = DISABLE;
    hadc3.Init.ContinuousConvMode = DISABLE;
    hadc3.Init.DiscontinuousConvMode = DISABLE;
    hadc3.Init.ExternalTrigConvEdge = ADC_EXTERNALTRIGCONVEDGE_NONE;
    hadc3.Init.ExternalTrigConv = ADC_SOFTWARE_START; // 设置_____
    hadc3.Init.DataAlign = ADC_DATAALIGN_RIGHT; // 设置_____为_____
    hadc3.Init.NbrOfConversion = 1;
    hadc3.Init.DMAContinuousRequests = DISABLE;
```

```
    hadc3.Init.EOCSelection = ADC_EOC_SINGLE_CONV;
    if (HAL_ADC_Init(&hadc3) != HAL_OK)
    { Error_Handler();
    }
    sConfig.Channel = ADC_CHANNEL_5; // 配置_____
    sConfig.Rank = 1;
    sConfig.SamplingTime = ADC_SAMPLETIME_3CYCLES; // 配置_____
    ...... // 省略部分代码
}
void HAL_ADC_MspInit(ADC_HandleTypeDef* adcHandle)
{
    GPIO_InitTypeDef GPIO_InitStruct = {0};
    if(adcHandle->Instance==ADC3)
    {
        /* 使能 ADC3 时钟 */
        __HAL_RCC_ADC3_CLK_ENABLE();
        __HAL_RCC_GPIOF_CLK_ENABLE();
        /* 配置 PF7 引脚→ ADC3_IN5    */
        GPIO_InitStruct.Pin = GPIO_PIN_7;
        GPIO_InitStruct.Mode = GPIO_MODE_ANALOG; // 模式为_____
        GPIO_InitStruct.Pull = GPIO_NOPULL; // 配置_____
        HAL_GPIO_Init(GPIOF, &GPIO_InitStruct);
    }
}
```

扫码看答案

2. 编写获得 ADC 值及环境光强的函数

（1）在 adc.c 源文件的用户代码 1 段中编写 2 个函数——获得 ADC 值的函数和获得环境光强的函数。

获得 ADC 值的函数，完整代码如下。

```
// 获得 ADC3 值
// 返回值：转换结果
uint16_t Get_Adc3(void)
{
    uint16_t ADC_Value;
    HAL_ADC_Start(&hadc3);   // 使能 ADC3
    //ADC3 是否在指定时间内完成转换
    if(HAL_ADC_PollForConversion(&hadc3, 100)==HAL_OK)
    // 获取 ADC3 的转换值，赋值给变量 ADC_Value
        ADC_Value = HAL_ADC_GetValue(&hadc3);
    HAL_ADC_Stop(&hadc3);    // 停止 ADC3 转换
    return ADC_Value;
}
```

获取环境光强值的函数，返回 0%～100% 亮度值的整数。

```
// 读取 LIGHT_SENSOR 引脚的 ADC 值
// 返回环境光强整数值：0～100 范围内，0 表示最暗 ;100 表示最亮
```

```
uint8_t Lsens_Get_Val(void)
{
    uint32_t temp_val=0;
    uint8_t t;
    for(t=0;t<10;t++) // 读取光敏传感器的 ADC 值 10 次
    {
        temp_val+=(uint32_t)Get_Adc3();           // 读取 ADC 值,求和
        HAL_Delay(5);
    }
    temp_val/=10; // 得到 10 次的平均值
    if(temp_val>4000)   temp_val=4000;
    return (uint8_t)(100-(temp_val/40)); // 将 ADC 值转换为环境光强并返回,取值介于 0 ~ 100
}
```

(2) 在 adc.h 头文件中声明前面编写的 2 个函数。

```
/* USER CODE BEGIN Prototypes */
uint16_t Get_Adc3(void);                 // 获得 ADC 值
uint8_t Lsens_Get_Val(void);             // 获取环境光强值
/* USER CODE END Prototypes */
```

3. 在主函数中编写光敏传感器检测光强的代码

(1) 打开 main.c 源文件,定义 ADC 值、环境光强值的全局变量。

```
/* USER CODE BEGIN PV */
uint16_t ADC_Value=0;         //ADC 值
uint8_t Lsens_Value=0;        // 环境光强值
/* USER CODE END PV */
```

(2) 在用户代码 2 段中添加代码,实现上电时通过串口输出信息并点亮绿灯。

```
printf("\r\n 光敏传感器和 ADC 测试 \r\n");
printf("\r\n 班级   组别   姓名 \r\n\r\n");   // 输出信息
GLED_ON();                                    // 在上电时点亮绿灯
```

(3) 在 while() 循环中添加光敏传感器测试代码,实现用光敏传感器测量环境光强并每秒通过串口输出一次 ADC 值和环境光强的功能。

```
while (1)
{
    ADC_Value=Get_Adc3();
    Lsens_Value=Lsens_Get_Val();
    printf("\r\nADC 值 =%d\r\n",ADC_Value);              // 串口输出 ADC 值
    printf("\r\n 环境光强 =%d%%\r\n",Lsens_Value);       // 串口输出环境光强
    HAL_Delay(1000);
}
```

(4) 编译工程,直至无误。

4. 下载程序，测试光敏传感器的检测功能

通过 USB 连接开发板的串口，下载程序后，如果绿灯被点亮，则说明程序运行正常。打开 XCOM，查看发送的信息是否准确。

调试方法：通过遮挡开发板的光敏传感器，或者用强光照射该传感器，观察串口是否能正确输出 ADC 值和环境光强。光敏传感器位置如图 4-11 所示，XCOM 显示的信息如图 4-15 所示。

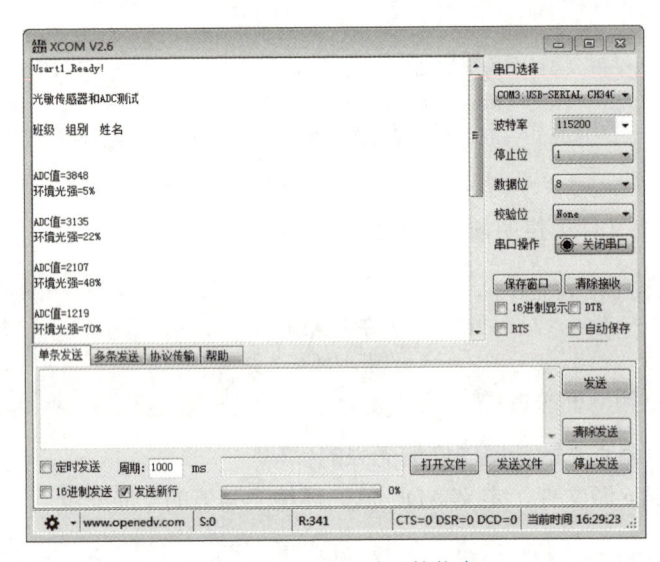

图 4-15　XCOM 显示的信息

任务实施

在实现前面的光敏传感器和 ADC 检测环境光强功能之后，根据调光灯自动模式的功能要求编写代码，与手动模式结合，实现智能调光灯的功能。

步骤 1：配置工程，编写 ADC 代码

（1）复制并粘贴 4-1 PWM 项目，重命名为 4-2 PWM_ADC。
（2）参考"技能训练"部分的步骤 2，对 ADC 进行配置。
（3）保存，生成初始化代码。编译工程，直至无误。
（4）根据前面"技能训练"部分步骤 3 第 2 点，编写获得 ADC 值及环境光强平均值的函数，同样在本项目的 adc.c 源文件的用户代码 1 段编写这 2 个函数，并在 adc.h 头文件中声明这 2 个函数。

步骤 2：编写主函数代码

（1）打开 main.c 源文件，添加全局变量，如模式切换、ADC 等变量。

```
/* USER CODE BEGIN PV */
int PWMvalue=0;              //PWM 比较计数值变量
uint16_t ADC_Value=0;        //ADC 值
uint8_t Lsens_Value=0;       // 光敏传感器值
uint8_t mode=0;              //0 表示手动模式；1 表示自动模式
```

/* USER CODE END PV */

（2）在用户代码 2 段中，将串口输出信息的实验标题改为"智能调光灯"，在上电时显示为"手动模式"。

```
printf("\r\n 智能调光灯 \r\n");
printf("\r\n 班级    组别    姓名 \r\n");
printf("\r\n========== 手动模式 ==========\r\n");
HAL_TIM_PWM_Start(&htim14, TIM_CHANNEL_1);// 开启 PWM 的 TIM14CH1
```

（3）在 while() 循环中添加自动模式的光敏传感器测试代码，实现用光敏传感器检测环境光强从而自动控制 LED 的亮度的功能，并在串口输出 ADC 值、环境光强及 LED 的实时亮度。

- 当检测到环境光强小于 30% 时，LED 最亮（亮度为 100%）。
- 当检测到环境光强介于 30% ~ 70%，LED 较暗（亮度为 50%）。
- 当检测到环境光强大于 70% 时，LED 熄灭（亮度为 0%）。

完整代码如下。

```
while (1)
{
    KEY_Ctrl();                // 按键控制函数
    if(mode==1)                // 自动模式
    {
        ADC_Value=Get_Adc3();
        Lsens_Value=Lsens_Get_Val();
        printf("\r\nADC 值 =%d\r\n",ADC_Value);        // 串口输出 ADC 值
        printf("\r\n 环境光强 =%d%%\r\n",Lsens_Value);  // 串口输出环境光强
        if(Lsens_Value>70)
                PWMvalue=0;        // 当检测到环境光强大于 70% 时，LED 熄灭
        else if(Lsens_Value<30)
                PWMvalue=100;      // 当检测到环境光强小于 30% 时，LED 最亮
        else PWMvalue=50;   // 当检测到环境光强介于 30% ~ 70% 时，LED 较暗（亮度为 50%）
        // 设置比较值 CCR1, 用于控制 PWM 占空比
        __HAL_TIM_SET_COMPARE(&htim14,TIM_CHANNEL_1,PWMvalue);
        printf("\r\nLED 亮度 =%d%%\r\n", PWMvalue);// 串口输出 LED 亮度
        HAL_Delay(100); // 每秒检测 10 次，并在串口输出
    }
}
```

（4）在用户代码 4 段的 Key_Ctrl() 函数中，将 KEY_UP 的功能修改为切换自动模式和手动模式，其余按键不变，修改代码如下。

```
case 4:                    // 按下 KEY_UP, LED0 最亮
    mode=!mode;            // 切换模式
    if(mode==0)
    {
        printf("\r\n========== 手动模式 ==========\r\n");
```

```
                PWMvalue=100;
        }
        if(mode==1)
                printf("\r\n========== 自动模式 ==========\r\n");
        break;
```

（5）编译工程，直至无误。

步骤 3：下载程序，测试功能

通过 USB 连接开发板的串口，下载程序后，打开 XCOM，查看上电发送的信息是否准确。按下 KEY_UP 切换调光灯的手动模式和自动模式，根据设计要求，查看手动模式的按键调光功能是否能实现，自动模式的测光功能是否能实现，自动调光功能是否能实现。如果功能不正确，请查看代码，调试电路直至功能正常。

任务 4.3 汉字及图片的 LCD 界面设计

任务描述

【任务要求】

在 LCD 显示设计好的智能调光灯 LCD 界面的基础上，实现每秒切换一次手动模式和自动模式界面，其中手动模式界面如图 4-16 所示。

- LCD 显示的中文信息如下。
  ◆ 智能调光灯（48 号，黄底黑字，居中）。
  ◆ 班级、组别、姓名（32 号，红色，居中）。
  ◆ 显示 ADC3、环境、模式和亮度（蓝底白字，24 号或 48 号）。
- 显示 LOGO：学校校徽或自选图像。

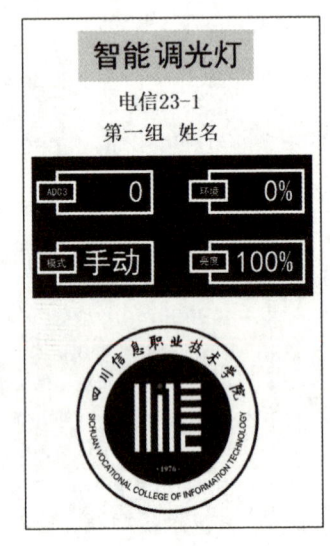

图 4-16 智能调光灯的手动模式界面

【学习目标】

知识目标	技能目标	素质目标
➢ 能说出 LCD 显示汉字及图片的原理 ➢ 掌握字符生成软件和图片点阵取模软件的使用方法	➢ 能使用字符生成软件 PCtoLCD 2002 输出中文字符点阵集代码 ➢ 能使用彩色图片点阵取模软件 Image2Lcd 输出图片代码 ➢ 能正确配置 LCD 工程，编写 LCD 显示汉字函数，添加图片显示驱动文件 ➢ 熟练运用 LCD 应用函数编写智能调光灯 LCD 界面代码	➢ 认识关键核心技术自主可控的重要性

任务学习

4.3.1 汉字显示原理

很多单片机系统都需要用到汉字显示。常用的汉字内码系统有 GB2312、GBK、BIG5（繁体）等，其中 GB2312 支持的汉字仅有几千个，而 GBK 不仅完全兼容 GB2312，还支持繁体字，总汉字数有 2 万多个。由于每个汉字都需要编码，因此对存储空间提出了较高要求，要使用汉字库就要使用外部 FLASH 来存储字库，并通过 SD 卡更新字库。STM32F4 读取存储在 FLASH 中的字库，并将汉字显示在 LCD 上。

本任务由于需要显示的汉字只有 20 多个，数量较少，因此不使用汉字字库，而是采用字符生成软件对用到的汉字取模，随后在 LCD 上显示。

LCD 显示英文和汉字字符的原理是一样的，都是通过控制像素点的亮灭来实现的。以中文宋体 16 号字库为例，每一个字由 16 行 16 列的点阵组成，即国标汉字库中的每个字均由 256 点阵来表示。可以把每个点理解为一个像素，把每个字的字形理解为一张图片，因此不仅可以显示汉字，还可以显示 256 像素以内的图形符号及其他非英文字符文字。

16 号"大"字的阴码像素如图 4-17（a）所示。阴码是 1 为亮，0 为灭，也就是在显示的时候，点亮 1 处的像素，熄灭 0 处的像素。阳码则相反，即 1 为灭，0 为亮。

图 4-17（b）所示为字体的逐列式取模方式，如"大"字的❶字节取模是从上往下取 8 位，对比图 4-17（a），第 1 列从上往下数第 6 个像素被点亮，用二进制数表示为 0000 0100，转换成十六进制数表示为 0x04。这样第 1 列剩下的 8 位像素取模就是❷字节，从上往下为 0000 0001，十六进制表示为 0x01。一个 16×16 的汉字需要 16×16=256 个像素才能显示一个汉字，一个十六进制数为 8 位，即一字节，因此存储 1 个汉字需要占用的存储空间为 256/8=32 字节。

（a）16 号"大"字的阴码像素　　　　（b）字体的逐列式取模方式

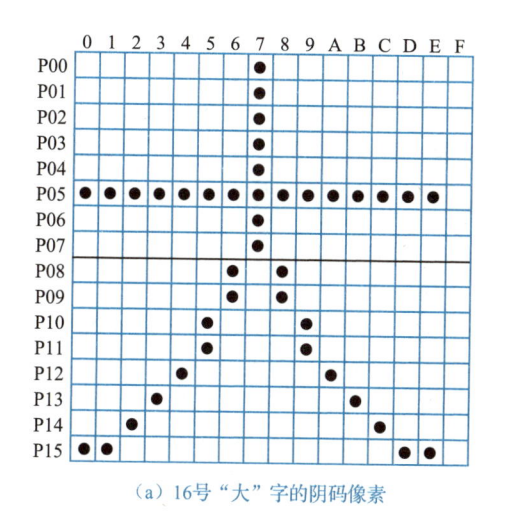

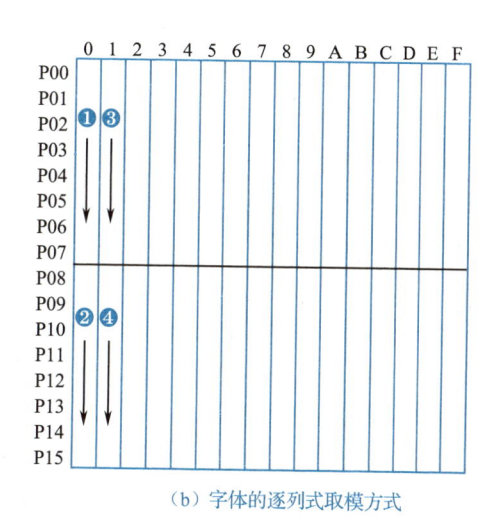

图 4-17　汉字字符的显示原理

由此得到，"大"字的阴码编码如下。

{0x04,0x01,0x04,0x01,0x04,0x02,0x04,0x04,0x04,0x08,0x04,0x30,0x04,0xC0,0xFF,0x00,0x04,0xC0, 0x04, 0x30,0x04,0x08,0x04,0x04,0x04,0x02,0x04,0x01,0x04,0x01,0x00,0x00},/*" 大 ",0*/

可以通过汉字取模软件，将汉字转换成十六进制二维数组，再根据二维数组控制 LCD 点阵的亮灭来实现在 LCD 上显示汉字。

4.3.2 图片显示格式

前面介绍过 LCD 显示汉字、其他字符及图像都是通过控制像素的亮灭来实现的。只是在显示汉字时，给出的是一个二进制点阵，根据二进制点阵中的"1"或"0"，通过程序控制像素的亮灭。在显示图片时，由于图片本身携带了颜色信息，因此可以直接将颜色信息通过 LCD 接口推送给 LCD，进而显示出彩色图片。

图片格式有很多，最常用的有 JPEG（或 JPG）、BMP 和 GIF。其中 JPEG 和 BMP 是静态图片，GIF 是动态图片。下面简单介绍一下这三种图片格式。

1. BMP 图片格式

BMP 是 Bitmap（位图）的缩写，是 Windows 操作系统中的标准图像文件格式，文件后缀名为 .bmp。

BMP 图片格式的特点：包含的信息较丰富，采用位映射存储格式，除了图像深度可选，不做任何压缩。因此，BMP 格式图片占用的存储空间大，但是没有失真。BMP 格式图片的深度可选 1 位、4 位、8 位、16 位、24 位及 32 位。在存储 BMP 格式图片时采用的扫描方式是从左到右、从下到上。

2. JPEG 图片格式

JPEG 是 Joint Photographic Experts Group（联合图像专家小组）的缩写，是一个国际图像压缩标准，后缀名为 .jpg。

JPEG 图片格式的特点：具有很好的压缩比，但使用的是有损压缩，在存储文件时会丢失部分数据。但是 JPEG 压缩技术十分先进，可以用最少的磁盘空间得到较好的图像品质。而且 JPEG 是一种非常灵活的格式，具有调节图像质量的功能，它允许用不同的压缩比对文件进行压缩，并支持多种压缩级别。压缩比通常介于 10：1～40：1，压缩比越大，图片品质就越低；相反，压缩比越小，图片品质就越高。可以在图片质量和文件尺寸之间找到平衡点。

3. GIF 图片格式

GIF 是 Graphic Interchange Format 的缩写，原意是"图像交互格式"，是 CompuServe 公司开发的图像文件存储格式。BMP 和 JPEG 这两种图片格式均不支持动态效果，而 GIF 图片格式支持动态效果。

GIF 图片格式采用 LZW（Lempel-Ziv Welch）压缩算法来存储图像数据，允许用户为图像设置背景的透明属性。此外，在一个文件中可存放多张 GIF 图片格式的彩色图片/图像。当在 GIF 文件中存放多张图片时，这些图片可以像演示幻灯片那样显示，也可以像动画那样演示。

GIF 图片格式的特点：图像比较小，常用来缩短图片的加载时间。在网络中传送图像文件时，GIF 格式图片比其他格式图片传送得快得多。

要在 LCD 上显示一张图片，可以使用 Image2Lcd 软件，这是一款简单易用的图片取模软件，能够将图片按规则转换成只有 0 和 1 的机器码。这款软件专用于图像模型，支持 JPEG、BMP、EMF、WBMP、GIF、ICO 等多种格式图片的输入，可以自动将选取的图片以二进制、C 语言数组、BMP、WBMP、Sigmate 的形式输出。根据实际使用需要，可以对图片的扫描模式、输出灰度（颜色）、输出图片大小等参数进行设置。

技能训练 1：汉字显示设计

要在 LCD 上显示汉字，可以在任务 3.3 中 LCD 工程的基础上，添加汉字编码和汉字显示的应用函数。

步骤 1：通过 PCtoLCD 2002 软件进行汉字取模

复制并粘贴 3-3 LCD 工程，将其重命名为 4-3 CHINESE_IMAGE 汉字_图像。由图 4-16 可知，需要取模的汉字如下（注意字符顺序）。

- 48 号，黑体字：_____（共____个字符）。
- 32 号，宋体字：_____（共____个字符）。
- 24 号，黑体字：_____（共____个字符）。

下面以设置宋体 32 号汉字为例，介绍汉字取模的方法。

1. 用 PCtoLCD 2002 软件生成汉字字模编码

打开 PCtoLCD 2002 软件，软件界面如图 4-18 所示。

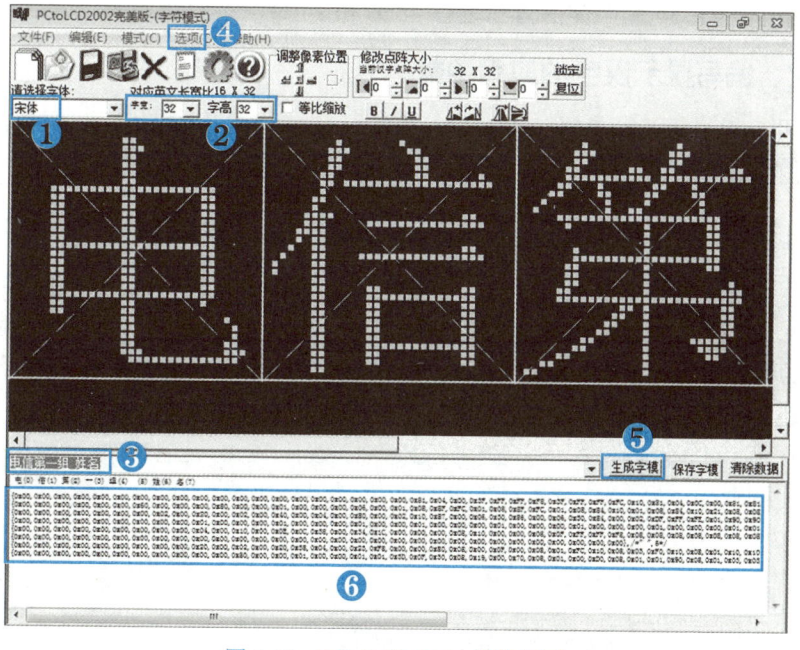

图 4-18 PCtoLCD 2002 软件界面

❶ 设置字体为宋体。

❷ 设置字宽为 32，设置字高为 32。

❸ 在输入框中输入需要生成字模的汉字，如本任务中的班级、组别和姓名，其中班

级为电信 23-1，所以输入汉字"电信第一组 姓名"等。

❹ 选择"选项"选项，在如图 4-19 所示的"字模选项"对话框中设置"点阵格式"为阴码，设置"取模方式"为逐列式，设置"自定义格式"为 C51 格式；在"每行显示数据"选区中将"点阵"设置为 128。单击"确定"按钮，返回如图 4-18 所示的界面。

❺ 单击"生成字模"按钮。

❻ 在代码框中，选中十六进制数形式的汉字字符的点阵数组，右击，在快捷菜单中选择"复制"选项。

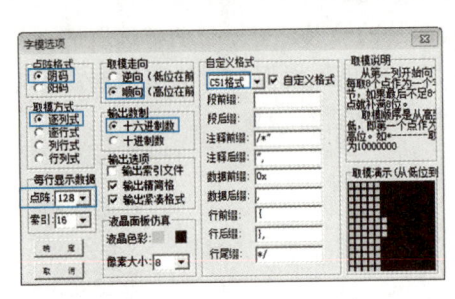

图 4-19 "字模选项"对话框

2. 将汉字字模编码添加到 font.h 头文件中

（1）打开 font.h 头文件，在最后一行 #endif 处粘贴复制的 PCtoLCD 2002 软件生成的十六进制数汉字字符的点阵数组，代码如下。

```
//32*32 汉字点阵   电(0) 信(1) 第(2) 一(3) 组(4)   (5) 姓(6) 名(7)
const unsigned char chinese_32[8][128]={
...... // 将 PCtoLCD 2002 软件生成的十六进制数的汉字字符的点阵数组粘贴到此
};
#endif
```

（2）请仿照以上 36 号字体的方法进行 48 号和 24 号汉字取字模操作。

步骤 2：编写显示汉字的应用函数

（1）仿照字符显示函数 LCD_ShowChar() 在 lcd.c 源文件中编写显示汉字的应用函数，完整代码如下。

```c
// 在指定位置显示汉字
//x,y: 起始坐标
//num: 要显示的汉字数组的初始下标
//snum: 要显示的汉字个数
//size: 字体大小 24/32/48
//mode: 叠加方式（用 1 表示）还是非叠加方式（用 0 表示）
void LCD_ShowChinese(uint16_t x,uint16_t y,uint8_t num,uint8_t snum,uint8_t size,uint8_t mode)
{
    uint16_t csize;
    uint16_t temp,t1,t,t2;
    uint16_t y0=y;
    csize=(2*(size/8+((size%8)?1:0))*(size/2)); // 得到一个字符对应点阵集所占的字节数
    for(t2=0;t2<snum;t2++)
    {
        for(t=0;t<csize;t++)
        {    if(size==24)    temp=chinese_24[num+t2][t];        // 调用 24 号字
            else if(size==32) temp=chinese_32[num+t2][t];       // 调用 32 号字
```

```c
        else if(size==48) temp=chinese_48[num+t2][t];        // 调用 48 号字
        else return;                                          // 没有对应的字库
        for(t1=0;t1<8;t1++)
        {   if(temp&0x80)    LCD_Fast_DrawPoint(x,y,POINT_COLOR);
            else if(mode==0) LCD_Fast_DrawPoint(x,y,BACK_COLOR);
            temp<<=1;
            y++;
            if(y>=lcddev.height)        return;               // 超区域了
            if((y-y0)==size)
            {   y=y0;
                x++;
                if(x>=lcddev.width)     return;               // 超区域了
                break;
            }
        }
    }
}
```

（2）在 lcd.h 头文件中声明显示汉字的应用函数，代码如下。

```c
// 在指定位置显示汉字
void LCD_ShowChinese(uint16_t x, uint16_t y, uint8_t num, uint8_t snum, uint8_t size, uint8_t mode);
```

步骤 3：编写汉字显示代码

在 main.c 源文件中的主函数中将原来的字符串显示代码修改为汉字显示代码，如图 4-20 所示。

在编译无误后，上板调试，查看是否能正确显示姓名、班级、组别等汉字。

```
LCD_ShowChinese(240-32*2,100,0,2,32,0);//居中显示，32号字，电信
LCD_ShowString(240,100,16*4,32,32,(uint8_t *)("20-1"));//32号字，20-1
LCD_ShowChinese((480-32*6)/2,150,2,6,32,0);//居中显示，32号字，第一组姓名
```

标注说明：
- x轴起始坐标
- y轴起始坐标
- 汉字数组的初始下标
- 非叠加方式
- 字号
- 要显示的汉字个数

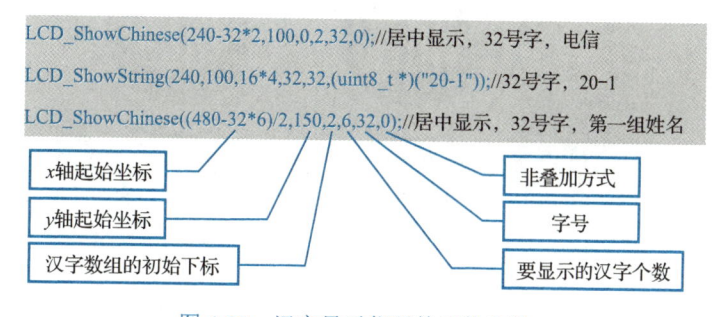

图 4-20 汉字显示代码的函数参数

技能训练 2：图片显示设计

步骤 1：添加图片显示驱动文件

在前面汉字显示工程的基础上，将图片显示驱动文件 graph.c 和 graph.h 复制到工程的 LCD 文件夹中，同时在工程中添加头文件路径和源文件路径。

graph.c 源文件和 graph.h 头文件中分别定义了图像数据头结构体和 4 个显示图片的应用函数。

```c
// 图像数据头结构体
//__packed typedef struct _HEADCOLOR
typedef struct
{
    unsigned char scan;    //scan: 扫描模式
    unsigned char gray;    //gray: 灰度值，1 表示单色，2 表示四灰，4 表示十六灰，8 表示 256 色，12 表示 4096 色，16 表示 16 位彩色，24 表示 24 位彩色，32 表示 32 位彩色
    unsigned short w;      //w: 图像的宽度
    unsigned short h;      //h: 图像的高度
    unsigned char is565;   //is565: 在 4096 色模式下为 0 表示使用 [16bits(WORD)] 格式
    unsigned char rgb;     //rgb: 描述 R、G、B 分量的排列顺序
}HEADCOLOR;

void LCD_ShowBMP(uint16_t x,uint16_t y, unsigned char** bmpname, uint16_t width, uint16_t height,uint8_t mode); // 用字符取模软件显示单色 BMP 格式图片
void image_display(uint16_t x, uint16_t y, uint8_t * imgx);    // 在指定位置显示图片
void image_show(uint16_t xsta, uint16_t ysta, uint16_t xend, uint16_t yend, uint8_t scan, uint8_t *p);
// 在指定区域显示图片
uint16_t image_getcolor(uint8_t mode, uint8_t *str);           // 获取颜色
```

步骤 2：通过 Image2Lcd 软件进行图片取模

（1）下载图片取模软件 Image2Lcd 及校徽，也可以自行准备一张图片。

（2）打开 Image2Lcd 软件，打开待转换的图像，设置参数，如图 4-21 所示。

图 4-21 Image2Lcd 软件界面

① "输出数据类型"下拉列表：选择图片的输出形式，有二进制、C 语言数组、BMP、WBMP、Sigmate 五种形式。这里选择"C 语言数组"选项，使用 C 语言数组形式存储和使用字模，将图片格式文件转换为图片点阵代码表，并给出每个像素的颜色数值用十六进制数表示的点阵。

② "扫描模式"下拉列表：位图是由一个个像素构成的，可以选择水平扫描或垂直扫描，蓝框内为从左到右、从上到下的水平扫描方式简易示意图，当选择不同扫描模式时该示意

图也会对应变化。

③ "输出灰度"下拉列表：选择像素的构成方式。在单色模式下一个像素由一个非黑即白的点构成，适合用在单色屏上（如单色 OLED）。在色彩模式下引入不同颜色的 LED。这里根据 LCD 颜色 RGB565 格式选择"16 位真彩色"选项，位数为 16 位，即一个像素由 5 个红色 LED、6 个绿色 LED、5 个蓝色 LED 构成，可以显示 2^{16} 种颜色。

④ "最大宽度和高度"框：设置输出图像的大小。295×295 就表示图像由 295×295 个像素组成。需要注意的是，Image2Lcd 软件输出图片的比例和原图是一致的。如果要将图片放在 LCD 的下半部分，则输出最大宽度和高度要小于 480×400（宽×高）。

保存为 ***.h 文件，文件名必须为英文，本任务文件名为 Scitc_logo.h。将该文件放在 LCD 文件夹下，再添加到编程软件的工程中。

步骤 3：编写代码实现图片显示

（1）添加头文件 graph.h 和 Scitc_logo.h。
（2）添加图片的全局结构体变量定义。

HEADCOLOR *imginfo;

（3）在主函数的 while() 循环中，添加显示图片的代码。

imginfo=(HEADCOLOR*)gImage_Scitc_logo;   // 得到文件信息
image_display((480-295)/2, 450, (uint8_t*)gImage_Scitc_logo);   // 在指定位置居中显示图片

（4）编译工程，下载程序，查看 LCD 界面是否能正常显示汉字及图片。

任务实施

在前面 4-3 CHINESE_IMAGE 汉字 _ 图像工程的基础上进行修改，添加智能调光灯的 LCD 界面代码。

步骤 1：对 ASCII 码取模 48 号字符集

在如图 4-16 所示的界面中，ADC3 值、环境光强和 LED 亮度的数值默认是用 48 号字显示，但是 font.h 头文件中没有 48 号字，因此需要按照任务 3.3 "拓展训练 2" 部分，用 PCtoLCD 2002 软件生成 48 号黑体字的 95 个 ASCII 码字符集，添加到 font.h 头文件中，并在 lcd.c 源文件的 LCD_ShowChar() 函数中添加调用 48 号 ASCII 码字符的代码。

【提示】如果不使用 48 号字，可以用原有的 32 号字代替 48 号字。只需要将后面代码中显示 ASCII 码字符的 LCD_ShowString () 函数中的 48 号字换成 32 号字即可。

步骤 2：在主函数中编写智能调光灯 LCD 显示的代码

（1）在 main.c 源文件中的用户添加全局变量 PV 区，添加模式切换的全局变量定义。

uint8_t mode=0;   //0 表示手动模式；1 表示自动模式

（2）在用户声明函数 PFP 区，声明加载智能调光灯 LCD 界面的函数。

void load_UI(void);   // 声明加载智能调光灯 LCD 界面的函数

（3）在 main() 主函数中的用户代码 2 段添加 LCD 初始化函数和加载 LCD 界面函数。

```
TFTLCD_Init();          //LCD 初始化函数
load_UI();              // 加载 LCD 界面函数
```

（4）删除原来 while() 循环中的代码，编写每秒切换一次手动模式和自动模式的代码，其中手动模式的 LED 亮度为 100%，其余参数为 0；自动模式的环境光强为 50%，LED 亮度也为 50%。

```
while (1)
{
    if (mode==0)          // 手动模式
    {
        LCD_ShowChinese(110,326,5,2,48,0);      //48 号字，模式为"手动"
        LCD_ShowNum(110,226,0,4,48);            // 不检测 ADC3 值，显示为 0
        LCD_ShowNum(330,226,0,3,48);            // 不检测环境光强，显示为 0%
        LCD_ShowNum(330,326,100,3,48);          // 固定显示 LED 亮度为 100%
    }
    else if(mode==1)  // 自动模式
    {
        LCD_ShowChinese(110,326,7,2,48,0);      //48 号字，模式为"自动"
        LCD_ShowNum(110,226,2026,4,48);         //ADC3 显示为 2026
        LCD_ShowNum(330,226,50,3,48);           // 环境光强显示为 50%
        LCD_ShowNum(330,326,50,3,48);           // 固定显示 LED 亮度为 50%
    }
    mode=!mode;                                 // 模式切换
    HAL_Delay(1000);                            // 每秒切换 1 次
}
```

（5）在用户代码 4 段中编写智能调光灯 LCD 界面的函数。

```
void load_UI(void)
{
    /* 顶部标题及个人信息 */
    POINT_COLOR=BLACK;      // 笔触颜色为黑色
    BACK_COLOR=YELLOW;      // 背景颜色为黄色
    LCD_ShowChinese((480-48*5)/2,20,0,5,48,0);    // 居中显示，48 号字，按键调光灯
    POINT_COLOR=BLUE;       // 笔触颜色为蓝色
    BACK_COLOR=WHITE;       // 背景颜色为白色
    LCD_ShowChinese(240-32*2,100,0,2,32,0);       // 居中显示，32 号字，电信
    LCD_ShowString(240,100,16*4,32,32,(uint8_t *)("20-1"));  //32 号字，20-1
    LCD_ShowChinese((480-32*6)/2,150,2,6,32,0);   // 居中显示，32 号字，第一组 姓名
    /* 绘制中间蓝底白框图形 */
    LCD_Fill(20,200,460,400,BLUE);          // 中间区域填充蓝色
    LCD_Fill(60, 215,220,285,WHITE);        // 绘制左上方白色大矩形
    LCD_Fill(280,215,440,285,WHITE);        // 绘制右上方白色大矩形
    LCD_Fill(65, 220,215,280,BLUE);         // 填充左上方白色大矩形为蓝色
    LCD_Fill(285,220,435,280,BLUE);         // 填充右上方白色大矩形为蓝色
    LCD_Fill(30, 230, 100,270,WHITE);       // 绘制左上方白色小矩形
    LCD_Fill(250,230,320,270,WHITE);        // 绘制右上方白色小矩形
```

```
    LCD_Fill(35, 235,95,265,BLUE);            // 填充左上方白色小矩形为蓝色
    LCD_Fill(255,235,315,265,BLUE);           // 填充右上方白色小矩形为蓝色
    LCD_Fill(60, 315,220,385,WHITE);          // 绘制左下方白色大矩形
    LCD_Fill(280,315,440,385,WHITE);          // 绘制右下方白色大矩形
    LCD_Fill(65, 320,215,380,BLUE);           // 填充左下方白色大矩形为蓝色
    LCD_Fill(285,320,435,380,BLUE);           // 填充右下方白色大矩形为蓝色
    LCD_Fill(30, 330, 100,370,WHITE);         // 绘制左下方白色小矩形
    LCD_Fill(250,330,320,370,WHITE);          // 绘制右下方白色小矩形
    LCD_Fill(35, 335,95,365,BLUE);            // 填充左下方白色小矩形为蓝色
    LCD_Fill(255,335,315,365,BLUE);           // 填充右下方白色小矩形为蓝色
    /* 编写中间蓝底白字显示的文字 */
    POINT_COLOR=WHITE;   BACK_COLOR=BLUE;
    LCD_ShowString(41, 238,24*2,24,24,(uint8_t *)("ADC3"));    //24 号，ADC3
    LCD_ShowChinese(261,238,0,2,24,0);                         //24 号，环境
    LCD_ShowString(330+24*3,226,24,48,48,(uint8_t *)("%"));    //48 号，%
    LCD_ShowChinese(41,338,2,2,24,0);                          //24 号，模式
    LCD_ShowChinese(261,338,4,2,24,0);                         //24 号，亮度
    LCD_ShowString(330+24*3,326,24,48,48,(uint8_t *)("%"));    //48 号，%
    /* 在 LCD 下半部分显示 LOGO */
    imginfo=(HEADCOLOR*)gImage_Scitc_logo;                     // 得到文件信息
    image_display((480-295)/2,450,(uint8_t*)gImage_Scitc_logo); // 指定图片显示位置
}
```

（6）下载程序，查看智能调光灯的 LCD 界面是否如图 4-16 所示，汉字及图片是否能正常显示。

项目整体实施

将本项目中的 PWM、ADC、LCD 显示汉字及图片等内容结合，实现智能调光灯项目的综合功能。

1. 功能设计要求

（1）上电显示如图 4-16 所示的界面，进入手动模式。

（2）按下 KEY_UP 切换模式，LCD 显示当前模式，同时显示 LED 的实时亮度。

➤ 自动模式：由光敏传感器检测环境光强，从而自动控制 LED 的发光亮度，并在 LCD 上显示 ADC 值、环境光强，以及 LED 的实时亮度。

◆ 当检测到环境光强小于 30% 时，LED 最亮（亮度为 100%）。
◆ 当检测到环境光强介于 30%～70%，LED 较暗（亮度为 50%）。
◆ 当检测到环境光强大于 70% 时，LED 熄灭（亮度为 0%）。

➤ 手动模式：按下相应按键，可调节 LED 的亮度，并在 LCD 上显示 LED 的实时亮度，光敏传感器不工作。

◆ 按下 KEY_UP，在切换到手动模式时，LED 最亮，显示亮度为 100%。
◆ 按下 KEY0，LED 亮度增加 10%。
◆ 按下 KEY1，LED 熄灭，显示亮度为 0%。

◆ 按下 KEY2，LED 亮度减小 10%。

2. 设计决策

整体项目实施方法有两种，可以选择其一完成。

方法一：以任务 4.3 的 4-3 CHINESE_IMAGE 工程为基础，添加 PWM 和 ADC 的配置，在工程中添加按键驱动文件及按键控制函数，完成整体设计。

方法二：以任务 4.2 的 4-2 PWM_ADC 工程为基础，在实现智能调光灯功能的基础上，添加 FSMC 配置，将汉字及图片的 LCD 界面设计相关代码添加到项目中，完成整体设计。

下面以第二种方法完成智能调光灯的整体设计。

3. 项目实施步骤

步骤 1：复制工程，移植 LCD 文件

复制并粘贴 4-2 PWM_ADC 工程，将其重命名为 4-4 SMART_LAMP 智能调光灯工程。打开 ioc 文件，参考任务 3.3 "技能训练"部分步骤 2，对 LCD 的背光引脚进行 GPIO 配置，初始低电平，上拉，再对 FSMC 进行配置，保存文件，生成初始化代码。

将 4-3 CHINESE_IMAGE 汉字_图像工程中的 HARDWARE 文件夹下的 LCD 文件夹复制到本工程目录下，添加 LCD 头文件路径和 lcd.c、graph.c 源文件路径。编译工程，直至无误。

步骤 2：添加汉字及图片的 LCD 界面设计相关代码

打开 main.c 源文件，参考任务 4.3 "任务实施"部分添加 LCD 界面的相关函数及代码。

（1）添加头文件 lcd.h、graph.h 和图片相关头文件 Scitc_logo.h。
（2）添加图片的全局结构体变量定义：HEADCOLOR *imginfo。
（3）声明加载智能调光灯 LCD 界面函数和模式切换的界面函数。

```
void load_UI(void);                        // 声明加载智能调光灯 LCD 界面函数
void Mode_Switching(uint8_t mode);         // 声明模式切换的界面函数
```

（4）在用户代码 4 段中添加 load_UI() 函数和模式切换的界面函数。前者可参考任务 4.3 "任务实施"部分的步骤 2，模式切换界面函数相关代码如下。

```
void Mode_Switching(uint8_t mode)          // 加载模式切换界面函数
{
    if(mode==0)                            // 手动模式
    {
        LCD_ShowChinese(110,326,5,2,48,0);         //48 号，模式为手动
        ADC_Value=0;                       // 不检测 ADC3 值，显示为 0
        Lsens_Value=0;                     // 不检测环境光强，显示为 0
    }
    else if(mode==1)                       // 自动模式
    {
        LCD_ShowChinese(110,326,7,2,48,0);         //48 号，模式为自动
    }
    LCD_ShowNum(110,226,ADC_Value,4,48);           // 显示 ADC3 值
```

```
        LCD_ShowNum(330,226,Lsens_Value,3,48);        // 显示环境光强
        LCD_ShowNum(330,326,PWMvalue,3,48);           // 显示 LED 的亮度
}
```

(5) 在 main() 主函数中的用户代码 2 段中添加 LCD 初始化函数和加载 LCD 界面函数。

(6) 在 while() 循环内的最后添加模式切换的界面函数,实现 LCD 实时输出 ADC 值、环境光强及 LED 亮度的参数。

```
Mode_Switching(mode);        // 模式切换的界面函数
```

步骤 3：上板测试

编译工程,下载程序,上板调试功能。

【项目评价】

按照分组,由项目验收员检查本组成员 3 个任务的完成情况,并将情况汇总,进行小组自评、组间互评、教师评价,完成项目考核评价表,如表 4-6 所示。

表 4-6　项目 4 考核评价表

姓名		组别		小组成员				
考核项目	考核内容	评分标准			配分	自评 20%	互评 20%	师评 60%
任务 4.1 调光灯手动模式设计（20 分）	硬件设计	LED、按键引脚的 GPIO 配置正确			5			
	软件设计	GPIO、TIM 和 PWM 配置正确、按键调光灯的按键功能代码编写正确			5			
	功能实现	4 个独立按键功能都能正常实现,各 2 分;串口输出信息正确,2 分			10			
任务 4.2 调光灯自动模式设计（20 分）	软件设计	STM32 工程中的 ADC 配置正确,5 分;智能模式的代码编译无误,5 分			10			
	功能实现	在手动模式下能实现按键调光,5 分;在自动模式下能实现测光、控光,串口输出正常,5 分			10			
任务 4.3 汉字及图片的 LCD 界面设计（20 分）	LCD 显示	LCD 汉字及图片颜色正常,10 分;图片显示不正确扣 5 分			10			
	智能调光灯 LCD 界面设计	智能调光灯的 LCD 界面显示汉字、图片、LOGO 等,每错误一处扣 2 分			10			
智能调光灯整体设计（20 分）	软件设计	正确将前 3 个任务组合成一个完整的智能调光灯项目,代码编译无误			10			
	功能验证	智能调光灯 LCD 界面所有信息显示齐全、自动模式、手动模式的功能都正常			10			
职业素养（20 分）	信息获取	能采取多样化手段收集信息、解决实际问题			5			
	积极主动	主动性强,保质保量完成相关任务			5			
	团队协作	互相协作、交流沟通、分享能力			10			
合计					100			
评价人		时间			总分			

【思考练习】

一、选择题

（　　）1. 使用 CubeMX 软件配置 PWM 的工程文件，PWM 的配置代码在以下哪个文件中？
　　　　A. gpio.c　　　　B. exti.c　　　　C. tim.c　　　　D. pwm.c

（　　）2. STM32F407xx 中可用于 TIM14_CH1 的 PWM 引脚有哪些？
　　　　A. PF9　　　　B. PF10　　　　C. PA7　　　　D. PA9

（　　）3. 在 STM32F407xx 中，以下哪些定时器不能用作 PWM？
　　　　A. TIM1、TIM8　　　　　　　　B. TIM2～TIM5
　　　　C. TIM6、TIM7　　　　　　　　D. TIM9～TIM14

二、填空题

1. PWM 是英文 Pulse Width Modulation 的缩写，中文含义为（　　　　），是一种非常有效的利用 MPU 的（　　）输出对（　　）电路进行控制的技术。

2. STM32F407xx 在内部集成（　　）个（　　）位的 ADC，它们是（　　）型的，共有（　　）个复用通道，可测量（　　）个外部信号源和（　　）个内部信号源。

三、思考题

1. 假设 STM32F407xx 的系统时钟频率为 84MHz，如何编程产生频率为 1kHz、占空比为 25% 的 PWM 波形？

2. 无源蜂鸣器本身没有内部振荡电路，因此需要一个方波信号才能驱动其发声，当输入的 PWM 频率与 C 调中音 Do、Re、Mi 三个音阶的频率相同时，蜂鸣器就能发出对应的音调。STM32F407 外接无源蜂鸣器电路原理图如图 4-22（a）所示，蜂鸣器引脚接在 PB7 引脚上，试着编写程序，让蜂鸣器发出如图 4-22（b）所示的音调。

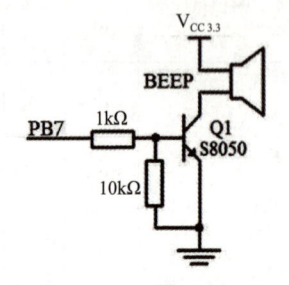

（a）STM32F407外接无源蜂鸣器电路原理图　　　（b）C调中音Do、Re、Mi三个音阶的频率

音符	音阶	频率/Hz
中音1	Do	523
中音2	Re	587
中音3	Mi	659

图 4-22　思考题 2 图

3. ADC 与 DAC 的主要功能是什么？

附录 A　开发板部分电路原理图

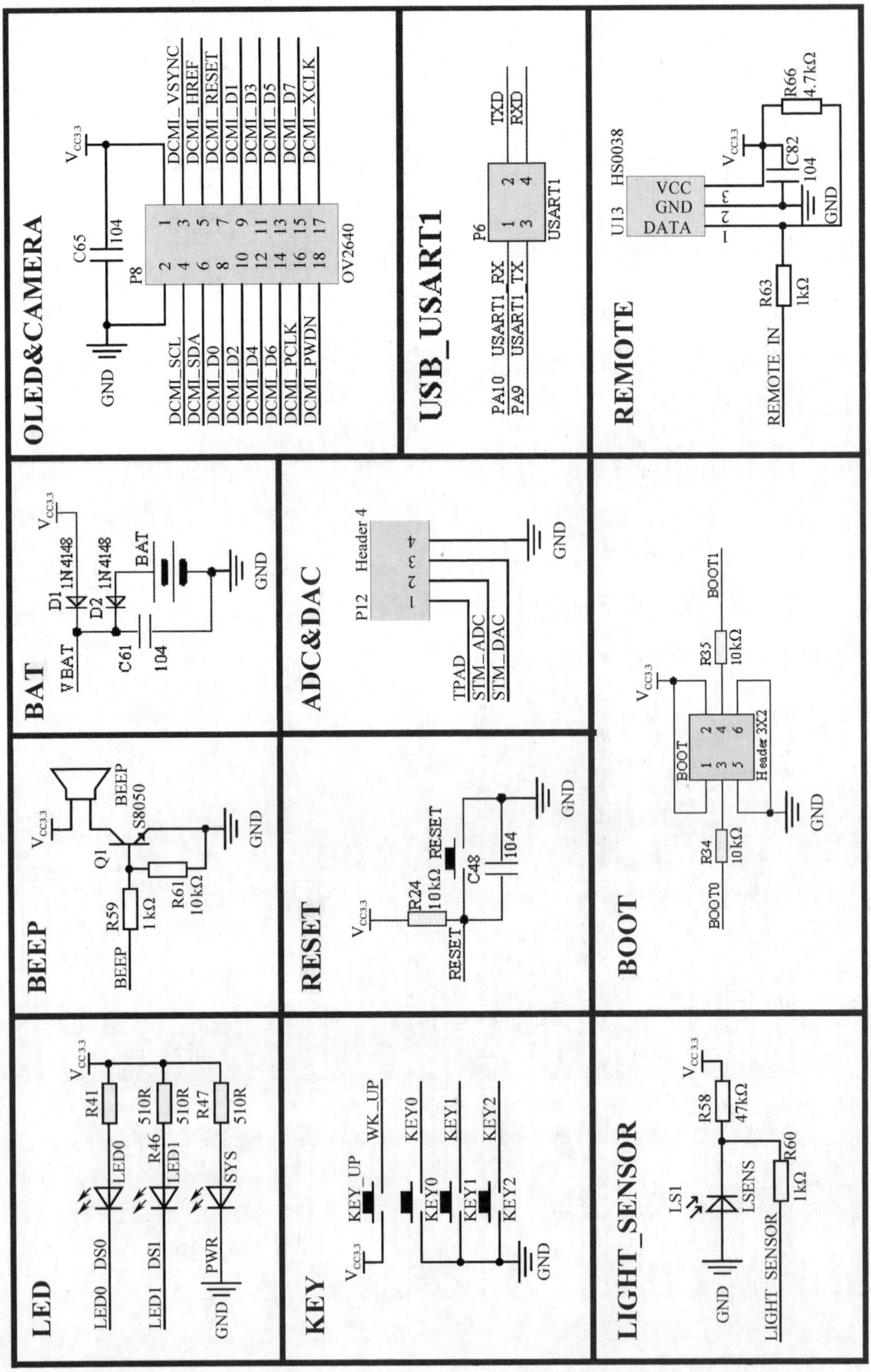

OLED&CAMERA
USB_USART1
REMOTE
BAT
ADC&DAC
BEEP
RESET
BOOT
LED
KEY
LIGHT_SENSOR
OV2640
DCMI_VSYNC
DCMI_HREF
DCMI_RESET
DCMI_D1
DCMI_D3
DCMI_D5
DCMI_D7
DCMI_XCLK
DCMI_SCL
DCMI_SDA
DCMI_D0
DCMI_D2
DCMI_D4
DCMI_D6
DCMI_PCLK
DCMI_PWDN
C65
104
P8
GND
USART1_RX
USART1_TX
PA10
PA9
TXD
RXD
P6
USART1
HS0038
U13
VCC
DATA
R66
4.7kΩ
C82
R63
1kΩ
REMOTE_IN
VBAT
D1
D2
1N4148
BAT
C61
P12
Header 4
TPAD
STM_ADC
STM_DAC
Q1
S8050
R59
R61
10kΩ
R24
C48
BOOT0
BOOT1
R34
R35
Header 3X2
R41
R46
R47
510R
LED0
LED1
DS0
DS1
SYS
PWR
KEY_UP
WK_UP
KEY0
KEY1
KEY2
LS1
LSENS
R58
47kΩ
R60
LIGHT_SENSOR

附录 A　开发板部分电路原理图

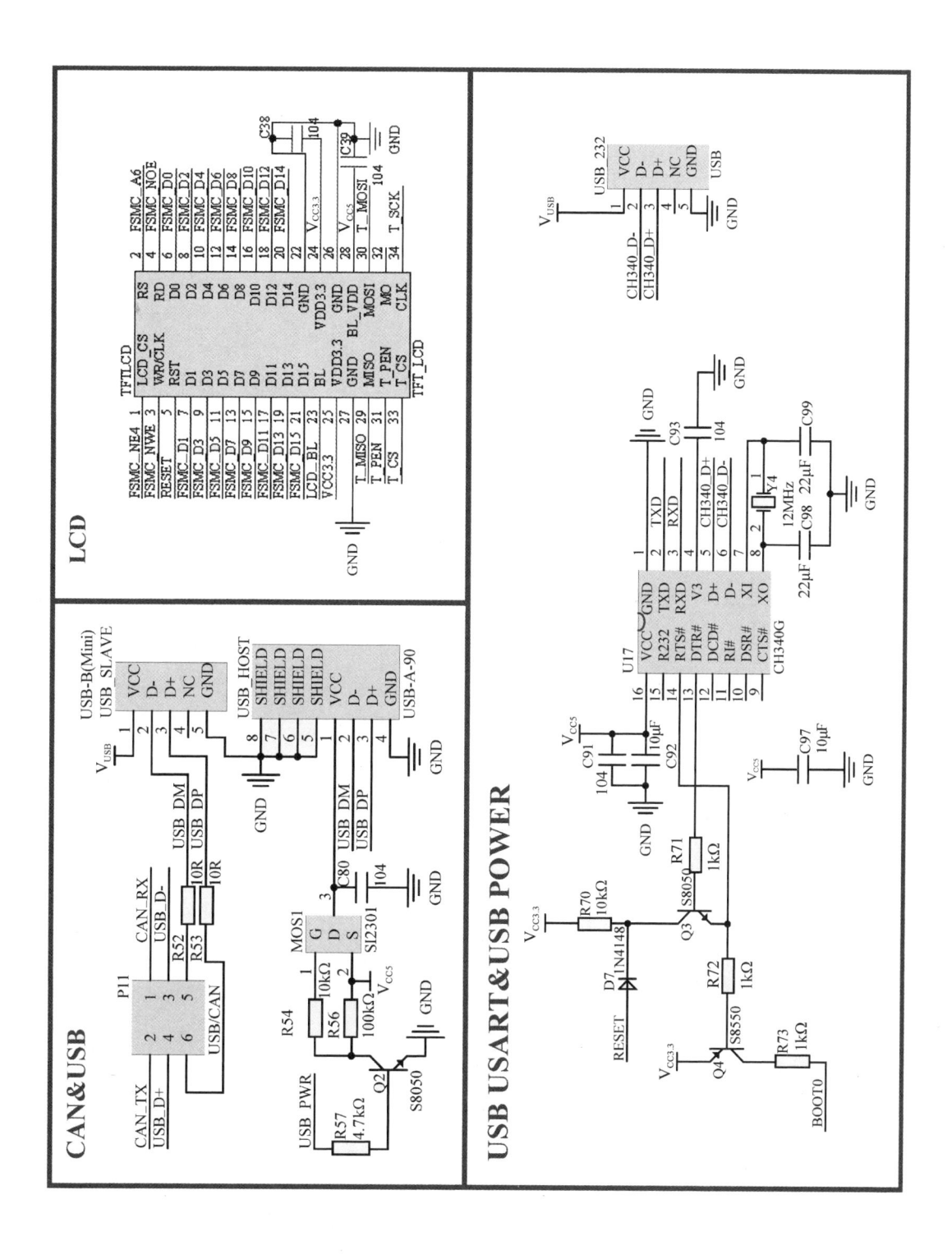

参 考 文 献

[1] 王伟波，鄢志丹，王钊．STM32Cube 高效开发教程（基础篇）[M]．北京：人民邮电出版社，2021．

[2] 张洋，刘军，严汉宇，等．精通 STM32F4（库函数版）[M]．2 版．北京：北京航空航天大学出版社，2019．

[3] 梁晶，吴银琴．嵌入式系统原理与应用 基于 STM32F4 系列微控制器 [M]．北京：人民邮电出版社，2021．

[4] 屈微，王志良．STM32 单片机应用基础与项目实践（微课版）[M]．北京：清华大学出版社，2019．